转型期社会生活与文化变迁研究丛书

丛书主编：忻 平

上海卫星城规划

（一）

吴 静 李如璏 闫艺平 王雪冰 许 欢

周升起 夏 萱 包树芳 何兰蔚 潘 婷 编

赵凤欣 陆世莘 陶雪松 娄 健 刘 洁

上海大学出版社

图书在版编目(CIP)数据

上海卫星城规划/吴静编. —上海:上海大学出
版社,2016.1
(转型期社会文化生活丛书/忻平主编)
ISBN 978-7-5671-2094-5

Ⅰ.①上… Ⅱ.①吴… Ⅲ.①卫星城镇-城市规划-
研究-上海市 Ⅳ.①TU984.17

中国版本图书馆 CIP 数据核字(2016)第 018165 号

责任编辑 焦贵萍 王雪梅
封面设计 张天志
技术编辑 金 鑫 章 斐

上海卫星城规划
吴静 等编
上海大学出版社出版发行
(上海市上大路 99 号 邮政编码 200444)
(http://www.press.shu.edu.cn 发行热线 021—66135112)
出版人:郭纯生
*
南京展望文化发展有限公司排版
江苏句容市排印厂印刷 各地新华书店经销
开本 787×960 1/16 印张 42.75 字数 742 千字
2016 年 5 月第 1 版 2016 年 5 月第 1 次印刷
ISBN 978-7-5671-2094-5/TU·003 定价:120.00 元(两本合定价)

编　辑　凡　例

1. 本编按编年体例,以时间为经(1927 年—1999 年),以决策规划、建设生产、社会生活等主题为纬,将有关上海卫星城资料,分章、节、目编纂成帙。所录资料,以上海卫星城规划为纬,主要以《申报》、《民国日报》、《人民日报》、《解放日报》、《文汇报》、《新民晚报》等报纸为主,同时根据主题需要,从相关期刊、网络等摘取资料,间有已出版书籍的相关资料。各种资料均详注出处,便于读者鉴别使用。

2. 为便于读者阅读,本卷每章章首均设编者按,以交代史料编纂背景和意图。

3. 所辑资料,原则上照录原文,其中少了口述回忆资料,在不损害原意基础上由编者作适当的技术处理;所引书报资料中,凡与本卷内容无关者,均予删节,删节处以(上略)、(中略)、(下略)表示。

4. 凡原件或破损残缺,或因字迹不可辨认者,均以括号标明;错、别字用[　]更正于后;衍字用(　)标明;脱字用〈　〉补入;文义不通难以理解者除照录外,用[?]存疑。

5. 凡简化字、繁体字等,除个别有特殊含义者外,均改用通行字体;人名、地名则一仍其旧。

6. 为体现史料原貌,凡正文于标题中的数字,无论阿拉伯数字或中文大写数字,均尊重原文。注释中则统一为阿拉伯数字。

7. 所辑资料,无表现或仅有句读号,一律予以标点;原文不分段者,作必要分段。不常见的人物、事件、团体、机构等,酌加简注。

8. 注释所引书目,仅在首出时注明编著者、出版单位和出版年月等,后引不再重注。

总　序

在上海大学"211 工程"第三期项目"转型期中国民间的文化生态"研究中,我们推出了一套"转型期中国(上海)文化生态研究丛书"。如今"211 工程"第三期项目已经结项,研究团队对于"转型期中国民间的文化生态"课题继续开展深入的研究,在原来的基础上有了一些新的发现。其研究成果的视角与表现形式也有所不同,故在原来"转型期中国(上海)文化生态研究丛书"的基础上,我们再推出一套"转型期社会生活与文化变迁研究丛书"。后者是前者的延续和升华。

随着社会时代的变化,社会生活内容也随之变化,新的社会生活内容的出现、旧的社会生活的消失以及贯穿社会的恒常内容,都成为社会生活研究需要关注和深入研究的方面。正如有学者指出,人类存在并活动于社会生活之中,从某种意义上说,人类历史就是一部社会生活史,因而社会生活具有独特的、不可替代的研究价值和意义。① 社会生活史是学术界近年来广泛关注的研究领域,并出现了诸多优秀成果。但学界对于社会生活史的一些基本问题的认识还存在分歧,这也意味着社会生活史的研究还有相当多的薄弱之处,需要我们投入更多研究精力。

1840 年以来,在中国现代化过程中,中国社会和社会生活发生了巨大变化。这一变化体现在各个领域,与传统社会迥异,开始了近代社会的转型和文化变迁。"西力东侵"和"西学东渐"对近代中国的社会变迁和文化转型的影响很大,东南沿海和沿江地区的社会变迁与文化转型的启动及发展最早、最快,中部和北部地区的启动及发展其次,西北和西南地区的启动及发展最晚、最慢。整个社会变迁和文化转型呈现出从东向西、从南向北逐渐递减的趋势。一般而言,城市的社会变迁和文

---

① 梁景和:《社会生活:社会文化史研究中的一个重要概念》,《河北学刊》2009 年第 3 期。

化转型要早于和快于乡村的社会变迁和文化转型,大城市的社会变迁和文化转型要早于和快于中小城市的社会变迁和文化转型。①

本丛书共有六本专著,分三大模块从不同时间、不同角度与不同区域诠释社会生活和文化的变迁。

一、社会行为与文化

近代中国社会秩序出现了激烈的变动,在这一过程中无论是个人、组织还是国家在表现形式上及文化塑造上亦随之变化。近代中国,由于内忧外患的加深,整个社会弥漫着愤怒的情绪,面对异常耻辱的外侮,一些爱国者愤而自杀。爱国运动中的自杀行为经过了一些社会建构的环节,被赋予并放大了社会意义。刘长林在《社会转型过程中一种极端行为研究——1919 - 1928 爱国运动中的自杀与社会意义》一书,以 1919 - 1928 年社会运动中的自杀事件为例,深入研究自杀社会意义所赋予的问题。

"五四运动"是改变近代中国思想气候的重大事件,《新青年》对"五四时代"时期的社会和文化有着巨大的影响,这种影响是通过阅读实现的。作为"新文化元典"的《新青年》,历来是学术界的重要研究对象。以往对《新青年》的研究,基本从思想史、报刊史、社团史以及文学史四个角度展开,但邓金明的专著《社会生活变迁与青年人阅读生活——以〈新青年〉杂志研究为中心》另辟蹊径,从阅读生活的角度来研究《新青年》。重点研究《新青年》杂志的阅读和传播活动,揭示近现代中国文学生活的深刻变迁。

二、当代文化转型与人文素养

在当代社会变动中,文化也面临着转型问题;如何认识当代中国的文化矛盾,必须认真思考当代中国所处的社会文化转型的根本特点。曾军的《城视时代——

---

① 郑大华、胡峰:《近代中国社会变迁与文化转型的特点》,《光明日报》2010 年 12 月 14 日。

社会文化转型中的当代中国文学与文化》,重点讨论视觉文化影响下的文学新变、都市化进程中的文化冲突以及审美现代性与现时代中国的精神状况。

王天思的《历史的逻辑:主流信仰的理伦培养》,一书,对当前主流意识形态、主流信仰的培养进行了阐述。在当前构建和谐社会的历史新时期,公民作为社会的主体,其人文社会科学知识及素养是国民综合素质的一个重要方面,是直接影响社会和谐程度的一个重要因素之一。欧阳光明的《新时期的都市人文素养——一项基于上海市人文社会科学知识与素养的调查和研究》一书,在抽样调查和系统数据分析的基础上,全面考察上海市民群体掌握社会科学知识、应用社会科学方法以及弘扬人文精神的现状,分析上海市民的人文社会科学知识和素养的特点及存在的问题等。

三、社会变迁与城乡文化

在中国现代化过程中,城市与乡村均发生了巨大的变化,并对社会生活产生重大影响。在现代化进程中,城乡之间人口流动,促进了城乡发生巨大变化。当然城乡发展不平衡,总体而言,城市保持了引领乡村的发展态势。城乡发展不平衡,主要还在于乡村虽然也保持了发展,但其发展速度远远逊于城市。

吴静等编写的《上海卫星城规划》(一、二)一书展现了新中国成立以来上海卫星城的规划历程。李缄的《社会变迁、城乡流动与组织转型——〈宁波旅沪同乡会会刊文论选〉》,通过对资料的详尽搜集,展示宁波旅沪同乡会是联系宁波和上海以及进一步影响宁波、浙江、上海乃至其他地区的。王光东在《社会中的文学与文学中的社会——新世纪以来城乡流动与文学关系研究》中,重点分析城乡流动在文学的表现,以及如何影响了文学。中国乡村教育在现代化进程中出现了重大变化,同时也显现出特别突出的问题。

本丛书没有统一的结论,而是从专题静态研究出发,通过以上不同专题的研究,从历史、文学、哲学等不同学科和视角,重点分析社会生活与文化变迁,以期探求中国民间文化生态在动态时间上的多姿状貌。

各作者希望从各自专题出发,对一些问题、现象或群体进行深入的研究,为当前社会生活研究提供一份详尽的研究样本。当然,由于时间、精力以及学识等各种原因,缺点和问题难免存在,敬请方家批评指正!

本丛书得到中央财政项目"城市社会生活与文化变迁"的资助,得到第三届文汇·彭心潮优秀图书出版基金资助出版,特致谢意!

丛书编委会

目　录

序　言

一

　　卫星城是城市发展到一定阶段的产物。18 世纪欧洲工业革命启动了近代城市化进程,但因城市人口和工业的过度集中,其集聚效应和规模效应也带来了诸多的"大城市病"。为了"生活更美好",近代以来作为现代化的核心和驱动力,城市不断扩大规模,不断拓展成为一个必然过程。其结果是,城市规划者的目光投向大城市的郊区和边缘地带。于是,人类的城市化路径发生了重大转向:城市向郊区发展!卫星城由此兴起。

　　卫星城理论最早源于 1898 年英国社会学家霍华德提出的"田园城市",其主要目的是解决工业化过程中人口集聚所带来的城市缺陷,如城市空间拥挤、社会和政府管理弊端等。20 世纪初芬兰学者萨里宁针对大城市的过度膨胀所带来的诸多社会弊病提出"有机疏散理论",进一步发展了卫星城理论。1924 年荷兰阿姆斯特丹国际城市会议上提出建设卫星城市,得到各国响应。第二次世界大战之后,英、美、苏、法、日等国普遍展开新城建设。

　　与西方世界卫星城发展历程迥异的是,我国卫星城的建设是伴随着本国工业的发展而展开。因此,新中国卫星城最初的作用主要是为工业建设发展提供空间,这是由近代以来的中国国情决定的。

　　近代中国的半殖民地半封建社会性质,决定了我国的工业化是走外生型道路,这也决定了近代中国工业是以轻工业为主的特征。1949 年新中国成立以后,其独立自主的发展方针决定了我们必须大力发展工业。国家的工业建设方针主导了城市建设的方向,因此,新中国之初,以工业建设为主要特征的城市建设带动了我国卫星城的建设发展。

　　新中国卫星城建设发端于 20 世纪 50 年代末 60 年代初,先后在上海、北京、天津、西安、成都等城市进行规划建设,至今已历经近 60 年,大致可分成四个阶段:

(1) 20世纪50年代末至60年代中期是卫星城兴起时期,其中尤以上海五大卫星城的建设最为典型。(2) 60年代中期至70年代末是卫星城建设的挫折发展时期,受文化大革命和复杂国际局势的影响,全国各城市的卫星城建设趋缓乃至中止。(3) 20世纪80年代初至90年代末是卫星城进一步发展时期。"文革"结束后,随着改革开放的不断深化,人口不断向城市集聚,在工业化和城市化的推动下,卫星城建设再次在全国各大城市普遍展开。(4) 21世纪以来,在城市化和城镇化的时代冲击下,中国卫星城建设则以新城镇、城市群的新形态继续在全国深入。尤其十八大以后,卫星城建设被纳入了中国城镇化健康发展体制,进入一个和谐健康发展时期。

二

我国的卫星城建设从建国之初一直持续到当今,其建设的持续性和多元化,布局优化和区域差异性,城乡统筹合理化和高效性,成为当代中国城镇化的有益探索。

目前学界对我国卫星城的研究,主要集中在以下方面:

第一,卫星城理论研究。在西方卫星城理论和实践基础上,结合新世纪以来我国新城建设的展开,张捷、赵民(2005、2009),仇保兴(2006),段进、殷铭(2011)等国内学者对新城规划和建设有一定的思考。

第二,卫星城规划研究。这类研究主要集中在城市规划建设方面的通史类著作,如同济大学城市规划教研室(1982)、曹洪涛、储传亨(1990)、李一彬(2007)、上海市城市规划设计研究院编著(2007)等介绍了我国卫星城建设的相关信息。当然,关于卫星城规划建设内容,更多集中在各城市的方志和专业志中,如《上海城市规划志》、《南京城市规划志》等,介绍了上海、南京等城市的卫星城规划建设史。

第三,卫星城建设研究。目前学界的研究主要集中在改革开放后北京、上海、西安、广州等大城市。如李嘉岩(2003),孔祥智、陈炎(2005)、周文斌(2008)等研究北京卫星城建设的人口规划和产业规划;后奕斋(1980)、陈贵铺(1985)、黄文忠(2003)、苏莎莎(2008)王同旦(2009)、黄坚(2010)、包树芳(2015)等对上海卫星城进行了较为深入的探讨;张桂花(2005)、李宏志(2008)、付倩(2011)等对西安卫星城的研究;房庆方(1987)、赵科亮(2008)等对广州卫星城的研究。

总体而言,目前我国学界关于卫星城的研究,主要集中在20世纪80年代后,缺乏对建国以来卫星城建设的长时段综合性研究;研究的理论和方法单一,未反映不同时期各地卫星城建设多样化、区域性特征,对新中国卫星城建设的实相和特点、城市化建设规律等研究不足;多侧重于卫星城的理论和城市规划领域,对于丰富多彩的经济、社会、文化、生活等诸多生动鲜活的历史内容远未涉及。

迄今尚无全面系统的卫星城相关资料的收集和整理,是上述问题存在的重要原因。有鉴于此,收集和整理新中国卫星城建设资料,显得十分重要了。

三

上海城市发展的特殊性,以及建国之初其卫星城规划建设的典型性,使得上海卫星城的研究具有重要意义。

我们团队研究卫星城建设已经数年,但尚属刚刚起步阶段。首先从资料积累开始,我们从档案资料、公开报道、发表的文章和口述资料等材料选取相关资料达数百万字。分类编辑资料出版,以为研究者使用。本卷以"规划"为主,是为第一卷。

本卷聚焦上海卫星城的规划。所录资料,按编年体例,以时间为经(1927—1999年),以上海卫星城规划为纬,主要以《申报》《民国日报》《人民日报》《解放日报》、《文汇报》《新民晚报》等报纸为主,同时根据主题需要,从相关期刊、网络等摘取相关资料。

20世纪50年代末至60年代中期,是新中国上海卫星城建设的初步发展时期,但根据近现代上海城市规划建设的历史传承与延续性,本书将其时间追溯到"大上海计划"时期。

本书共分为四部分。

第一部分是上海卫星城萌芽阶段(1927—1955年)。主要阐述"大上海计划"、"大都市计划"和"上海市总图规划",这些规划为新中国上海卫星城方案的提出奠定了基础。

第二部分是上海卫星城的初步发展阶段(1956—1966)。这一时期上海工业目标朝着高级、大型、精密、尖端方向发展,在"大跃进"的推动下,上海开始规划建设闵行、吴泾、嘉定、安亭、松江五大卫星城。

第三部分是上海卫星城的曲折发展阶段(1967—1978)。在"文革"背景下,国家缩短重工业战线、压缩城镇人口支援农业生产等政策实践,使得这一时期上海卫星城的建设发展进入"减速"发展阶段。1971年国务院决定引进国外先进的成套石油化工化纤设备,在金山建设上海石油化工总厂;1977年冶金工业部决定建设一个大型钢铁基地,在宝山建设上海宝山钢铁总厂。这两个大型企业的规划建设,预示着金山卫、吴淞-宝山两个卫星城的崛起。

第四部分是上海卫星城深入发展阶段(1979—1998)。文革"结束后,随着改革开放的不断深化,人口不断向城市集聚,在工业化和城市化的推动下,明确了中心城、卫星城、郊县小城镇、农村城镇4个层次分明、协调发展的城镇体系,上海卫星城建设再次深入展开。

20世纪50年代后期,上海城市工业布局呈现出近郊工业区和卫星城同步规划情况,其中工业布局是以近郊工业区为主的特征。1958年嘉定、上海、宝山、松江等10线先后划归上海市,使得有些工业区转为卫星城,如吴泾在确定为工业区展开建设不久,就被定为第二个卫星城。鉴于此,本书将工业区的规划亦收录其中。

此外,上海工业布局中还有不少工业区的布局和建设,在日后发展中,有些拓展为卫星城,有些发展缓慢甚至没有发展起来。鉴于内容分散和资料庞杂,将另行编辑。

21世纪以来,在城市化和城镇化的时代冲击下,上海卫星城建设则以新城镇、城市群的新形态继续深入。按照课题研究计划,该部分内容将另卷专题展开,因此,本书未将其收录在内。

一、上海卫星城发展的萌芽时期（1927—1955）

近代上海是个多元复杂的城市，呈现出四国三方的格局。租界的文明与华界的落后，为了谋求民族振兴与发展，1927年新成立的南京国民政府上海特别市政府多次提出城市建设计划草案，并于1929年确定了"大上海计划"。

"大上海计划"是近代上海第一个全面的、大规模的、综合性城市发展总体规划。但当时国内战争频仍，国库亏空，上海市政府的财政亦是入不敷出，致使城市建设因资金捉襟见肘而断续进行，直至1937年"八一三"事变后停止。

1945年抗日战争胜利，租界被收回、上海的主权完整后，市政府明确上海市工务局负责都市计划工作。当时留学归国的建筑师和工程师，在先后编制的都市计划三稿过程中，采用了"有机疏散"、"快速干道"、"功能分区"和"区域规划"等欧美现代城市规划理念。

1950年初都市计划三稿经陈毅市长批准同意刊印，随后在新的时代背景下，都市计划中的城市规划理念及设想很快被束之高阁。但规划提出的"有机疏散、组团结构"理念，以及确立的卫星城与环城绿带建设思路，对新中国时期上海的历次城市总体规划起到一定的影响。同时，国民政府时期的工务局诸多市政专家、工程师继续留任，原工务局局长被先后任命为上海市人民政府工务局局长、上海市规划建筑管理局局长，这对后来卫星城方案的提出产生深远的影响。

1950年3月苏联专家巴莱柯夫等来上海指导城市规划。专家对"大上海都市计划"予以否定，提出以市区为中心进行扩建，该指导意见深刻影响了上海城市规划建设工作。1953年苏联专家穆欣指导编制的《上海市总图规划示意图》依然采取了此原则。

大上海计划

1927 年 7 月,上海特别市政府成立,遵循孙中山"设世界港于上海"的方针,多次提出城市建设计划草案。1928 年 10 月,由工务局编制的《全市分区计划草案》,对新市区选址和城市总体功能布局进行了统筹安排,初步选定在江湾一带建设新市区,还以江湾为城市未来的中心,制定了未来上海交通干道计划。1929 年 7 月,由旧上海市政府第 123 次市政会议决定,正式推出的"大上海计划",决定将北邻新商港、南接租界、东近黄浦江,地势平坦的江湾一带(约 7 000 亩合 460 公顷土地)划为市中心区域。同月,在第 124 次市政会议上,决定设立市中心区域建设委员会,负责都市计划的编制与执行。8 月 12 日,上海特别市中心区建设委员会正式成立,掌管计划建设事务,由工务局局长沈怡担任主席,并聘请建筑师董大酉为该会顾问。

1930 年 5 月,市中心区域建设委员会首先编制《上海市中心区域道路系统图说明书》,为中心区域其他设施计划提供基础。同时为通盘筹划全市建设,向各局印发《大上海计划目录草案》,要求提供资料。6 月,又编制了《上海市全市分区及交通计划图说明书》,计划范围为黄浦江以西,北新泾、虹桥以东,漕河泾以北,全市计划为商业、工业、商港、住宅等分区,提出了水道、干道系统计划。7 月,市政府向铁道部专报《上海市交通计划图说明书(铁道计划之部)》。12 月,市中心区域建设委员会对外公布了《建设上海市中心区域计划书》,对市中心区域计划进行了较为详细的介绍。按照这一规划,新建设中的"市中心区域"并不在江湾镇旧镇的中心,它的中心设在江湾区的东部,靠近黄浦江,后来称为"江湾五角场"。1931 年 11 月,绘制了《大上海计划图》其发展目光不再局限于传统的南市、闸北等华界地区,建设范围有很大的拓展,发展速度足以与租界抗衡。对市中心的水陆交通、市政交通、文化体育设施等做了具体规划。

在 1933 年—1936 年期间,上海市政府按大上海计划建成了其美路(四平路)、黄兴路(北段)、浦东路(浦东南路、浦东大道)等道路,建造了市政府大厦、图书馆、博物馆及虬江码头第一期工程。但是,随着日本侵华战争的深入,"大上海计划"进程受到严重影响。在日本占领上海期间,上海市复兴局编制了《上海新都城建设计划》、《上海新都市建设计划图》。该计划范围以苏州河口为中心,半径 15 公里,面积约 5.74 余万公顷,特别强调军事和交通运输方面的特别要求。

（上海市城市规划设计研究院编著《上海都市规划演进》,

同济大学出版社,第 40—41 页）

市政府昨开会议

上海特市市政府于昨日上午九时开第二十七次市政会议,各局长均到,由张市长主席席议决重要案件:(一) 编订大上海计划。上海商埠日趋发达,建设大上海全部计划之编订亟待进行。议决:由各局分别编订尽十七年一月三十日以前编就送府汇总,以便于明年二时间刊布。(一) 举办土地升科。上海市内无主及有主而不纳粮之土地甚多,亟宜清丈以袪积弊。议决:由土地财政两局赶速计划办理。(一) 人力车罚款用途。公用局呈请将检验并稽查人力车罚款提充购置办理交通事业应用器物费用,议决:截至十月二十日止以前,所收罚款银六百三十三元七角准予提充购置办理交通事业应用器物之用,如何支销,该局应造册呈报,至以后罚款仍须照常悉数报角。(一) 开辟新西区。新西区为市政府所在地,各局不久亦将迁往,一切马路建筑均宜开辟。议决:由工务局规划马路及各项建筑以便即日进行。(一) 规定各区域名称。特别市各区域名称之规定,已议决由工务局妥拟划分区域办法及其名称再行会议决定。

（《申报》1927 年 10 月 29 日）

上海特别市区域图
上海特别市市政府布告
第二十四号十六年十一月十八日

为布告事,查上海特别市暂行条例第四条载,本市区域以上海、宝山两县所属原有之淞沪地区为特别市行政范围,其区域之划分,由市政府呈请中央政府核定之。又第五条载,因时势需要而扩大区域,得由市长呈请中央政府核定之各等语。上海为通商巨埠,发展端赖港政,将来计划应使海轮进口咸得停泊吴淞码头货栈悉聚该处是。大上海计划重心当在沪北、沪西,则越界筑路密如蛛网,已达青浦县境,交涉收回关系全区市政尤赖行政官厅措置之有方至浦东,则洋商厂栈林立,久经放任,丧失主权,市政规划刻不容缓。而沪南七宝乡以隶属上松青三县之故,政令不一,乡民苦之,亦应划入特市区域。当经参酌淞商埠区域,吴淞商埠计划并缜密讨论,始划入宝山县之杨行、大场两乡,并松江、青浦两县,七宝乡之一部,以小河为界,又以县境有犬牙相错之处,地面篇幅既欠整齐规划,道路复多窒碍,故又划入两汇县周浦乡之一部。此本府拟定特市区域之理由,并无好大喜功开拓地盘之意,当为识者所共晓,区域范围拟定后,即经绘具地图。呈请国民政府令省派员会勘。逮省委莅沪,又复召集上海、宝山、松江、青浦、南汇五县县长会议,并会同省委实地查勘,以昭郑重。复经议决,以原呈所定范围为区域,当又分别呈咨去后。兹奉,批准予备案等因。奉此除区域图应候印就公布外,合行布告仰全市市民一体周知,此布。

(《申报》1927 年 12 月 1 日)

张市长回沪后之谈话以国府慰留辞意已打消
大上海计划月内可颁布

上海特别市市长张定璠氏,前以省市间与县市间行政权限不甚分明,致与发展大上海之种种计划办事上时多牵制,特赴宁与国府诸委员接洽一切。张市长已于前日公毕回沪,本报记者特于昨晚趋车往访,藉叩其赴宁接洽结果。张市长当在其私邸向记者表示云:余在宁与国府诸委员所接洽之问题,已有相当结果。发展大上海之计划书将于一月内呈报国民政府颁布施行。余之辞意,以国府诸委员之慰留今亦已打消。此后,余将于每日下午二时至三时间在市政府接见宾客市民对上海市政之建设,苟有意见发表,余甚所乐闻,至余此次赴宁,与国府诸委员解决划分省市间与县市间之权限问题,并非余之好大喜功,此实为发展大上海计划前途便利上有不得不如此者,云云。

(《申报》1927 年 12 月 31 日)

大上海建设刍议
黄 炎

引言 无论何人,一闻上海之名词,其心目中所存,必为英法二租界。此无他,人人心目中以租界为主体,以华界为附属品故也。夫租界以外之地,如是其广,租界之外之人,如是其众,而均在不足轻重之列,非至足惊异者也。

一般西人之言曰,租界草创之始,不过一片荒凉地耳,经西人数十年之经营,而得今日之繁盛,乃者民气日张,收回租界之浪声日高,按之事实,得毋(类)于垂涎租界之利,而思染指乎。如果热心为国,则中国幅员,若是其广,何不力事经营,自建一最大之口岸。即不然,何不于与租界毗连之华界,照样办理,同臻繁盛? 斯言也,骤闻之殊无以应也。

然则租界之兴隆,果为少数西人之力所造成乎? 吾知其大谬不然也。今日之租界,众人之力所造成者也,中西人士所共同造成者也。且以吾国人所尽之力为多。虽然,国人不尽其力以经营自主之城市而必尽力于租界,则又何故。满清时代,归咎于官僚之腐败,民国以来,委过于军阀之昏庸。今者青天白日之旗,飞扬沪上,秉政诸公,均一时俊彦,而党治所及之地,兴办市政,便利交通,早已成绩卓著。推此而论,自今以后,上海之建设,必将勃兴,使成世界最新式都市之一,至少亦必能剔除积弊,筹设新工,以一改从前萎靡不振,污秽满途之局面。

行之匪艰,知之维艰,先总理中山之学说也。上海将来建设诸端,苟实心实力以为之,无不迎刃可解,惟党政施行伊始,对于地方利害,而尤关于技术诸问题,容或来遑考虑。作者不敏,竭其经验观察,若此刍议,以质当世。

现在所称为上海者,指定闸北、租界南,南市而言,此为狭义得上海。本刍所论,乃合浦东西龙华吴淞而为广义的大上海,苟大上海之经营而奏效,则租界在包围中,其商务之重心,四而分散,其存在与否,自可不成问题。今将各区论列如下:

南市 南市及龙华一带之特势,列举于下:

(1) 与城厢及法租界接壤,(2) 有甚长之河岸,(3) 有铁道运输之便利,因此,是区颇占重要。城内原为住居之区,而近年商务,亦甚可观。现在空旷之地,可供将来发展者,在南车站及铁道之西南向一带。再西与法租界并行之一带,苟适当发展,实为最相宜之住居地段。

沿浦河岸,自法界起迄龙华港止。共计长二万六千余尺。下游一段,早已用作轮船码头,起卸货物,异常拥挤,稍上则工厂林立,地无遗利。再上一长段,则多未辟。至日晖港口,沪杭路之货栈在焉。

全区域,自龙华至南站铁道横贯其间,水陆二面,均称便利,故南市之发达,势所必至。新西区已开放马路多条,先所亟宜兴办者,厥惟沿浦江自绍码头起,至龙华止,在各厂家之后面,增开甚宽广之马路一条,再从此干路,添出直达法界与城内宽大路数条,则区域内地及上段浦岸,自能逐渐发达矣。

自南市至闸北,除铁路外,无直接可通之路。将来租界收回,自无问题。现今此步尚无端倪,则南北两市之媾通,实有不容缓者。其中最易举行者,莫如沿铁路修造广宽马路一条,从龙华附近起,过徐家汇,梵王渡,麦根路,以至闸北。将沪闵长途汽车路与沪太长途汽车站接通。不独南北政治区域,军事运输,往来无阻,即南北两市与浏河闵行间,亦可直达。铁路之旁,原多隙地,均由自己怠惰不振之所致。将来租界无论存在与否,而今日必须有所举行亦彰彰矣。

闸北 闸北之为要区,无待赘言,南临苏州河,北有铁道,运输称便,宜兴工艺。且与公共租界接连,商务亦盛。此区内部之改良,首推放宽道路,在苏州河多建桥梁。此端早已为地方人士所注意,而今之市北共巡捐局亦已顾虑及此矣。

闸北区域,可分为铁路以南与铁路以北二段。路北之商务,远逊路南。致此之故,因铁路为之梗,使往还大感不便。查现在穿过沪宁路之马路,仅有二处,穿过沪淞路之马路,以宝山路为最要,其北尚有二三处,可通之路,如是缺少,故铁道不啻鸿沟,使全区不通声气。且铁路与马路均属平过,火车通行之时,马路上车辆,立即停顿,拥挤不堪,此象尤以宝山路为最甚。故铁道之存在,固地方之利,今则反为发展之障碍。救济之方,厥惟于车站以西,新建旱桥三四处,务须在卫要之地,宽阔坦坡,汽车行人,均得往来无阻。再宝山路之交叉处,亦宜改造,使铁路在马路上面通过,既避危险,尤便行旅。

闸北区域内,马路自来水电力三者,均远不如南市。马路之改建,路下阴沟与路面,当兼营并顾,自来水向取给于苏州河,水质污浊,水量不足。于卫生与火险二端,均极有碍,今则新埋水管,取水黄浦。从依周塘剪淞桥引入。路途既远,工程浩大,当督促进行,早日竣事。电力风向公共租界贩卖,区内工厂林立,需电甚多,又将来通行电车,供给尤巨,筹设新式宏大之发电厂,亦属不可缓者。

闸北北部,广大无垠,仅可发展。导之向东,直达黄浦,实最合用,单向北方及沿铁路发展,似非计之上者。是以沿租界东区界线当广辟马路一条,直达河岸。再从横辟马路数条,联络各要镇如江湾吴淞引翔港等处以及现成之各路。上海商港,轮舶幅凑,已极壅塞,日后势必向下游进展,则军工路一带自必称为繁盛之区域矣。

浦东 浦东沿岸,深水之码头甚多,停泊轮船,较浦西反占优势。然不能曾尽用其利如浦西者,约有下列诸因:(1)上海市场在浦西,(2)浦东无市政机关,(3)两岸之间无新式交通方法。

浦东中部,对于市场,近在咫尺,而临浦江,独俱优胜,理宜繁盛发达,与上海并

峙东西。今以江海关为中心点,试绘三个圆圈,以一英里二英里三英里为各圈之半径,则浦东方面,在圆圈内者如下:

	河 岸 线	地 面
在一英里内者	? 8 200 尺	1 750 亩
在二英里内者	19 800 尺	8 000 亩
在三英里内者	33 000 尺	21 700 亩

浦东方面,在三英里内之河岸,几尽利用,而地面之经发展为工商之用者,不过百分之十五耳。反观浦西,则地无遗利,价昂无比矣。

浦东之接近市场金融中心,并有优深之河岸,实为工商业发展之如意地点。吾人于此,宜特别加意。果能措置得当,发达必甚迅速,前程正无限量,浦西所能兴办者,浦东亦能办之,是以先总理中山先生之建国大纲中,亦有迁徙黄浦江,发展浦东之计(划)焉。

欲谋建设,须分步骤。第一步于浦东区域设立健全之市政机关,使负责切实规划建设之责。然后细测地势,绘为详图规定大纲,何处为工业区,何处为居住区,何者应先,何者应缓,按序渐进,逐年兴办,则事可成。

目前建设中所最要者,即道路之交通是已,故第二部须着手于道路。从高昌庙对江和兴铁厂起,沿浦江而下,迄高桥港止。原有提塘,以防水患。今当依其旧址,削直加宽,筑为大路,以联络沿浦一带之工厂码头,并贯通上南川与上川两条已经通车之长途汽车路。呵成一气。然后在浦江角上开辟纵横马路多条,使平地划为市庐。

第三步为筹设黄浦江中之交通。目下浦东与浦西间之往还,大公司自备小火轮,按时开行,以轮送各公司之人员顾客,他人亦得借乘,如是者十余只。黄浦轮渡公司每时有小轮开往浦东各码头。此外有班头小轮行驶上海与东沟及高桥之间。除上述者外,则惟持舢板渡船而已。建设之始须在适要出如十六铺一带,设立轮渡。轮船不宜太小,如长十二丈,吃水六七尺者,亦可应用。轮上可容纳多数之渡客,并汽车货车等。轮数往来二只,两岸建造适当之码头,总计所费,不过十五万元左右,每次过渡,可收渡费,以两地现势及班头之生意推之,轮渡建设,不惟便民,且可获利焉。

以上所言,为急切可施行者,日后地方逐渐兴隆,各项建设,随时增加。浦江中之交通,轮渡一处不足,可增设之。再不足可造桥以通之,桥之费,在二百万以上。或穿隧道送黄浦江底下通过之,隧之费,往来二路,计八万元以上。如再求发展,则将沪杭铁路再龙华架桥直通浦东各处。如是浦东之发达,当与浦西并驾齐驱矣。

吴淞 吴淞居黄浦江之出口处,河岸长而深,合于巨轮之停泊,后有淞沪武路,与沪宁沪杭通轨。以言交通地势,均较上海为优。然自光绪年间,开辟商埠以来,商务上毫无发展,吴淞江岸,仍不过为小船停泊之所。往年张南通有吴淞商埠之组织,而未见成效。去岁孙传芳有淞沪特别区之规划,亦无所建白。名虽淞沪并称,实则淞仅一不足重轻之乡镇而已。

然则吴淞一隅,果足以开筑港口,发展经营以称为工商繁荣之区域否,何以上海日臻兴盛,至不能容足,而吴淞则萧条零落全无生气,此非地劳使然,实人力未尽也。按日下吴淞无市政,无栈房,无码头,又无其他公共用品,如自来水,煤气,电话,电报等等。所以轮船入口,先经吴淞,以无各种供应及停泊处所之故,不得不直趋上海。向使吴淞有深广之码头,以容巨舶,宽大之储栈,以积货物,并有各种新式器具,以便交通。则轮船何苦而必欲多劳往返,耗费时间,担冒险阻而来上海乎。

六年以前,浚浦居鉴于上海商务日隆,从事推究,港务发展技术上各种可能方法,以为吴淞一区,宜作为东方大商港之基址,如何经营处理,曾有详细之图绘与方策。厥后请六国著名工程家,组技术委员会,以讨论之,当有英之代表名(扑)满者以吴淞离上海太远,一旦发展,上海商务,首受影响。特建异议,谓将来商港,以租界附近为佳。故将该居经数年筹备而成之各项计划,悉行废弃,而指定杨树浦周家嘴以下,浦江中一片浅淤滩地,深不盈尺者,为新港建设之基,其处心有不堪问者。

试问吴淞果辟为商埠,建造种种近世大港所应有之设备,来沪轮船,必泊吴淞,斯时上海不将变为古城,而彼英人之利益,不将大受打击乎。

今者上海港内自周家嘴以至高昌庙,两旁无隙地。商业日兴,港内不能容,不得向外扩展。应时势之所需,莫妙于开拓吴淞,使成轮阜,以助长上海大商港之发展。

设备进行,须预定程序,按步为之,第一设立一市政商埠机关,负责建设一切事宜。次之将自炮台湾三夹水起至依周塘剪淞桥止,一带沿浦河岸,宜建深水码头者,一概收为国有,或归商埠机关节制。复次在炮台湾建造水深三丈以上之码头一座,同时能容洋海中最大轮船二只,岸上建货栈房屋以及各种新式交通器,便举行各项市政公工程。海轮之来停泊者按吨按时以取费。此步骤竣,若干时后,按形势之所需,设法推广,一面市政交通工艺商场等相辅进行,如能经营合度,井井有条,数年之间,不难在扬子江旁建立一簇新之大市场,使今日之租界,降列于第二等之地位。

苏州河 苏州河为上海通达内地之要道,故于上海各问题中,实占相当之为之。今年以来,何身日就淤塞,船只日益增多,以致河中船务,壅塞不通者,常历数月以至十余日不等,商务上所蒙之损失,不可数计。

苏州河之管理权,绝不统一,江南水利局,沪北工巡捐局租界工部局,海关理船厅,以及浚浦局,均有一部分之权利。管理者愈多,河务愈无顿理之望矣。

欲谋整顿,须确定一管理机关,一面规定保守改善河道之路线,以求水流畅达,一面疏浚河底,以求航行之顺利。

数载以还,河中亦尝用机浚浚,由江南水利局主其事。惜其工程系局部的,而非通盘筹划的,措置亦未合度,经费亦不充足,未能竟其功。

整理苏州河方案,集中管理权于一机关一也。筹措可靠款项二也,聘任正直而有经验之人才三也。购置挖泥机器,常年兴工,使不壅塞四也。

试以马路为例,凡路上之车辆,均须捐照纳资,以供修缮之所需。河中之船只,犹夫车也,河之疏浚保养,犹夫路之修缮也。浚苏州河而需巨款,则河中往来直接蒙利之船只,理宜负大部分之费用。果创设船捐以资工程,则其数当亦可观。

上海港务 上海未中外通商之口岸,为远东之门户,其能成立繁盛,全赖黄浦江中之商港,足以容纳海外之巨舶。上海租界,以不平等条约,而让与外人治理,而上海所托命之上海港,则并未租给任何国也。虽于辛丑城下之盟,载明我国应负开浚黄浦之义务,然仍为吾国主权范围以内者也。为今之计,亟宜秉自由意志,行使主权,以从事港务之设施。至于如何进行,如何更张,则头绪纷繁,非本篇所能容。且作者地位与职务所关,直言不无所抵触。如有讨论,请俟异日。

以上各节,不过就目下情形,可立即兴办者,举而出之,作为建设之起点,非谓大上海之规划,如是而已也。

(《工程》,1927 年第 3 卷第 1 期)

大上海建设方案
——陈震异

上海为中国经济的地位

大上海新港地点之选定

理想的新上海港建设置之区域

大上海新港建设之方法

大上海新市街建设之方法

一、上海为中国经济的地位

中国通商口岸,共计四十六处,全国贸易之中心,南为广州北为天津中部即上海是也。据最近海关调查报告,以上三处,贸易之总额,广州一亿万元,天津一亿五千元,上海六亿三千万元。由此以观,上海洵为全国贸易中心中之中心点也。夫上海非但外洋各国至中国航路为集中地,即中国沿岸及长江航路亦以此为集中地,他如沪宁沪杭甬而铁路之起点,均在于此。若以贸易区域而言,南徙福建省起,北至北部各省,诚为全国第一商埠也。中部各省与外洋直接贸易额,约占全国总贸易额之半数,而独以上海为第一。各国输入中部洋货共计五亿万元。就中上海约占四亿万元,在上海本地销去价额,约达一亿二十万元。其余六成六乃入长江流域北部各省。故长江流域及北部各省洋货,经由上海输入者居多。长江流域之物产,十分之九亦经上海输出,北部各省出产,亦经上海输出者居多。于是乎上海为全中国贸易之中心,可晓然矣。徒知上海贸易之消长,即可知中国前途之盛衰,并可知上海为中国经济地位最重要者矣。

二、大海新港地点之选定

扬子江横贯中国之中部,一大动脉也。其沿岸人口计达一亿八千万之多,而上海为其咽喉,诚为长江及海洋之要冲也。上海之运命,须视其外洋联络如何以为衡。扬子江通商口岸全系天然优势,今后益见其发达,顺从时势之要求,有不得不计及天然地利,于是乎上海筑港问题,殊为中外人士亟亟然所当研究也。夫近世之交通机关之发达,不可限量。兹就海船而论,其速力虽不及火车,然旅客邮件及货物,尤以海船搬运,独居多数,以其运费较廉故也。近时海运之发达,渐渐采用大船主义。一九、二十年美国费城,曾开万国海运业之大会,提议船型制限案,即规定船长九百尺,幅阔百五尺,吃水三十尺是也。当经大会审查,颇有反对,虽未实行,然而船型益见其大。据专门家之推测,解禁后实现云,预料将来发达,船长当达一千六百尺,幅阔百六十尺,吃水四十八尺或五十尺。以视一九一二年之提案,有过之而无不及也。观上海黄浦滩之现状，乾潮时水深仅十六尺至十八尺，满潮时水深不过二十六尺至廿八尺。上海吴淞港务局，力为浚泄，极为困难。吴淞上海间之航路，乾潮时水深仅二十六尺至二十八尺，两岸之间，不过六百尺以上。然其浚港经费，已时形不足矣。原来此项规定，甚为狭小。对于世界之巨船之入港。殊不能容。近世贸易渐渐倾向集中于大港，即小港渐次减少停留船舶。欲谋今后海运之发达，不得不预谋建设深水港，以便货物之起卸。此为中外公私团体及个人对于上海筑港问题发表意见。诸多讨论，著者管见所及，略述如下：

A、开通运河联络太湖案

拟由太湖开一运河之松江而达黄浦江，又从长江之江阴开一运河而至太湖，设置水闸，俾长江潮水涨至太湖后，注入黄浦，是系退潮流水，即将上海之泥土拥入黄浦江以致浚泄其水深之工程益复增大，并不能适应大船之出入。况此二河，流域迁远，工程大而费用巨，如欲实行，必须先从经济上筹划之，自可恍然不易实施矣。

B、黄浦江建设水闸案

拟在吴淞与江南机器局两处设置水闸，而为德国港。此案如果实行，势必水流为之延长十六里，河幅曾阔一千尺乃至二千五百五十尺，全面积殊增至六点八平方里，此比伦敦港则有七倍。汉堡港则有二倍之大。其缺点有三：甲、往来船舶，须停吴淞待候开闸，方能出入，颇不利。乙、黄浦闭塞，必须维持一定水准，所有黄浦及各运河船与民船，殊多阻碍。丙、黄浦之流水一经停滞，饮水之来源，殊不洁净，排泄污水亦颇不易。

C、黄浦开通水道案

黄浦江右岸弯曲部分，如或扩张，须在高桥河合流处开一新河，直贯浦东，复于龙华铁路接轨处之上流第二转弯会合黄浦江之正流，似此自龙华至杨树浦，殆成一直线，再由此处弯曲而达吴淞。新河造成之时，可将三十英方里之地圈入，作为市街之中心，且作成一新黄浦滩，而现在上海前面缭绕滋洄之旧黄浦江，则填塞之以作为广马路及商店地，又现在黄浦江左岸自杨树浦角起，至江心沙上流转弯处止，跨旧黄浦江面，及新开地，而于鳞接新开河之左岸，筑一船坞，其面积约六万英方里，并与江心沙上流设一小闸，以通船坞，坞内水深四十尺，新开河之水深亦四十尺。此系孙中山先生提案。但其中可研究者有四。甲、江心沙设置水闸，往来黄浦船舶，极不便利。乙、孙中山先生之计划，未查江阴以下之水道甚窄，水流过激，似将上流之泥沙拥入黄浦江，然吴淞至上海十二里水流，以退潮水流之力，将黄浦江上流之土沙拥出,亦颇不少。第因路途过远,水势必减,拥入之沙泥未必甚量拥出。丙、工程浩大,经费难筹。丁、既将长江之水灌入黄浦江,适如(乙)条所述拥入黄浦江泥沙,断难甚量拥出,则将长江泥沙渐渐塞满黄浦江,浚江经费益复增大矣。

D、开通浦东运河连接江海案

第一水闸,务使黄浦江与长江隔断,再由杭州湾横贯浦东。开一运河,直达黄浦江之上流,将今之取道铜沙垣而入吴淞者,将来当可直由外海而入黄浦江矣。但据港务局技师长 H. Vor. Hcldenstam 氏所考虑,杭州湾水深,非但不适于现在之要求,即将来改良亦无余地云,是即与孙中山先生主张杭州湾乍浦岬与澉浦岬之间。另设大港以代上海之议相同。既越本问题之范围,而与上海根本大计划无甚关系,暂不置论。

E、吴淞镇附近建设新港案

此案由前吴淞商埠局长张季值氏所建议,不知吴淞自南石塘之炮台湾以至海军学校一带,适当三夹水之冲,屡遭大暴风,巨浪过屋,惟自谭家浜至陈家宅等处,仅可建筑码头船渠而已,并据张氏之报告,谓吴淞口自谭家浜起,西经剪松桥而至杨树浜一带,长不过四里,非但建设新港有嫌其距离太短,即土地购入之价亦甚昂贵,况吴淞镇前临于海,面后通铁路,愈形狭窄,殊非商港所宜建设之地点,可断言矣。

F、江阴下流建设新港案

江阴下流云者,指江阴至吴淞一带之谓也,其间距离计有八十二海里。新港将设何处,迄今犹未选定,是否适当,殊难论定。

以上六案悉经作者详细审查,有知其建设新港,尚待讨论之处甚多。然将何以解决上海大商埠之悬案耶,惟欲建设大上海商港,其要素有六,倘贸然不顾,徒托空谈,终无裨于事实,识者有知其不当,兹将所有谓六要素者列举于下。

一)、新港地点,不可离上海过远

如孙中山先生之主张,将来中国东部之大商港,当设杭州湾沿岸之乍浦岬与澉浦岬中间,殆由上海港一方而论定之。惟上海有特殊关系,建设黄浦新港为一种救济法,由是以观,上海之原地,既不适于建设大港也明矣,然又不能抛弃现有特殊之关系,并不可远离上海。另设新港也明矣。

二)、须设四方无阻碍之处

黄浦江沿岸,旧式市街之他价,异常昂贵。欲谋改造,费用既巨,规划亦难实施,故须选择四方无阻碍之处,而为大上海新港之用,有不容已也。

三)、须接近上海

上海为中外交通之冲要,若偏于江则不便于海,专近于海则不利于江,二者必须兼顾,斯建设之商埠,乃有价值也。

四)、须设无泥沙壅塞之处

黄浦旧港因泥沙易为壅塞而不宜,故大上海之新港,必须力避此种天然之障碍而建设之。

五)、须避不利于船舶之风向

上海一带之风向,每年九月起至翌年二月间,午前多西风,渐转北风,夕刻即变为东风。六七八三个月殊多南风与东风,故筑港之先,不可不注意及之,良以停留船舶,大有关系也。

六)、必须注意附近交通之要道

上海为全国贸易之中心,必全赖交通便利,既须利用江海之水道,尤当联络陆地铁路,否则即不足为大上海新港之设置也。

三、理想的新上海港设置之区域

前举六点,皆为新港所不可缺之要素,当考有关系地图,深究上海之地理,而求新港相当土地。得一适当场所,即在宝山县之西北,月浦乡之东方,其附近江湾,适合理想上新港之地域,并与上列六要素亦无远背,其理由如下:

第一,月浦乡附近在吴淞上海,相距尚不甚远。

第二,月浦乡沿江附近,殆为新处女地,凡百计划,皆可任意设施,又无阻碍。

第三,接近江海,内外交通,既便海船,又便帆船,正所谓不偏于海,亦不偏于河,适得其所。

第四,可免黄浦江泥沙壅塞之患。即长江下流亦无此种泥沙之弊,然新港建设之主要条件,须照孙中山先生改造江水入海之法,务使江岸狭窄,流水增大,泥沙庶可拥入远海,自无淤塞之患。

第五,月浦乡附近向有防波堤,藉蔽春冬各方风向。若在吴淞镇则无此便利。河幅既狭,又无设置避风之处。

第六,月浦乡对岸之白茆口琅玗口之间,又有适当地点,堪以建设商埠,足与南京之浦口相埒,利用沪宁沪杭甬铁路,便可如之。

四、大上海新港建设之方法

世界上港湾设备最完全者,首推德国,彼邦曾在青岛建设商港,堪为模范,试运之如左。

该港建筑大小二港,大者停泊大海船,其面积计有三千八百八十亩,小者停留小汽船与民船,其面积计有四十八亩。二者环设防波堤,以蔽西南向大风,大港筑设三条栈桥。

第一栈桥长有七百二十米远。幅阔一百二十米远。

第二栈桥长有一千二百米远,幅阔一百米远。

第三栈桥长有一百六十米远,幅阔三十米远。

前二者同时得以停留六千吨级之船舶十二支,各栈桥上均有屋盖,起卸货物,概用起重机,铁路直入栈桥内载卸货物。防波堤一端为贮炭所,浮船渠计容一万六千吨之船舶。

德之本国所称实业模范都市者,即弗朗克弗与弗因剌是也,面向莱茵河。其筑港计划,前面浚泄十数里,其规模与英国曼彻斯特运河相同。又于市之西面建筑极完备船港,往来与莱茵河船舶,皆以此为终点。数年后之船货载运数量,当比以前曾二十倍,其工事已预为着手,渐见港面之狭小,不适于大船之停泊,有害于商业之发达,乃于该市东方购渐农地一千零四万坪,别筑新港。而其购地之方法,在未发表计划以前,先派技师计划一切,以作收买土地之准备。观其内容,以三百四十六万坪为道路铁路护岸用地。一百零一万二千坪为建筑新港之用地,六百九十万坪为工场用地。俾各种专门港咸集一大港,即木港、石炭港、谷物港等是也。起卸货物,均用最新式起卸机,临港铁路,铺设甚多,直入该港右岸,又设水压电力起重机,前后转运,均极便利,装卸货物或由火车直达于船上,或由船上直达于火车与机房,均极便利。而为一切极经济的设施,有非笔舌所能形容也。兹就工场用地而论,共为设备搬运地面积约达百三十八万坪,运搬石炭用地,约占三十四万五千坪,至工场所需原料或从船上运至陆地,其有制造品或从船上运入机房,参酌种类情形,分别处置,均极妥适而书善美。大工场设于港以通港,铁路支线,并设其间,更就其都市筑港之规模、合理、经济、三要点而言之,均无缺点。新港航行沿岸,长九里,铁路支线,延长三十五里,道路延长三十里。此种施设较诸纽约、波斯顿、曼彻斯特、利巴浦路等所谓世界的港湾,亦无逊色,其人口虽不过四五十万,而都市中支出筑港经费,竟达三千六百万元之多,彼邦市民之气魄,何其伟大哉。据此而论定大上海新港之地点,若设于宝山县月浦乡附近,最为适当,该处江岸陆地,尚属新处女之情状。无太大阻碍。凡百设施,皆可任意为之,惟第一要点,即预定计划,划定港区之范围,决定购地规则,适如德人之经营,先将未设港湾以前地价,定一标准,分别等级而后购入,是为最重要。欲设港湾必须先选优良技师,详细测量港之水位水深,以及调查风力、风向、地形、地质,以便选择适当地点,而为基础。上海一带既多东西北三种风向,故此三面港口,决不可开,北堤宜长,南堤宜短。港口设在东南,庶避剧风,安全停泊也。至港内设施,非但仿照德国计划已也。即各种水力电、机械,亦须设备。凡百货物船舶机房火车起卸方法,尤须以经济敏捷自由三要点为标准,而经营之。港之建筑须分门别类,设置木材、石炭石油、谷物以及一切商品船舶之停泊港。修理船渠,亦须宽阔,将来新港应设各种专门港,直接联络现在吴淞上海铁路支线,庶犹事半功倍之效果。

五、大上海市街建设之方法

新市街与新港相依若唇齿,不可偏重,故规划新港之先,必须预为设计新市街之地步,仿照德日两国,划定市区之种别,即按其用途性质,分别种类之谓也,划定专门区域,凡同一性质建筑物,均照建筑规则,集中一处。俾各发挥其职业,概言之都市之用途,不外于工业商业居住三者都市计划。第一着手,必先决定市区种别,以谋将来各该区之发达。倘一建筑物,有害于他之用途,即为妨害都市之发达,是即破坏设施系统,例如将工场设于商业或住宅区域,即有妨害其卫生健康也甚大,所有地价,殊为之减少。商市殊难望其发达。然则大上海新市区之种别,究应如何分划耶,查照上海之风向及新港地点。工业市区应设宝山县城南,与吴淞镇附近,职工住宅区域,必须力避工场之风向,以免煤烟而害及职工之卫生。商业区域,应在月浦乡新港前面,所有高等及一般住宅,应在月浦乡之西部与罗店广福乡一带最为适当。而月浦乡之沿岸与北部以及罗店广福乡之西部,广植森林,以蔽东西北三种风向,预防冬季之北风,庶可配置一切家属、职工部屋及其副舍,建在北侧,寝室居中,设于南方。苟从以上各点注意及之,新市街之计划,殊易着手矣。市区种别之内容,按照日本最近颁布市区规则。(一)住宅市区。(二)商业市区。(三)工业市区(余从略)。夫都市之设计,最重要者道路问题是也。道路为都市之神经系统,犹人身之血脉。德国专门技师,参酌卫生、经济、美术、三要点而为设计之标准。街路之阔,百五十尺乃至三百五十尺,路之中央设置花坛与树园,两边电车路,其外为车马自动车及马路,再次为通行路。通行路与马路之间植树,通行路与市面之间,设置小花坛或植树,其规模之伟大及设备之完美,洵足令人惊骇。

道路设计既成,即须先行设备各种建筑物,如地下水道、沟渠、瓦斯、电话等干线,同时埋线,庶免将来另行装设,多费手续及其经费。至水道至设备,预为将来改装之便利地步,近于住宅,当在通行路之侧,苟能实行大上海计划。其区域比现在约增六倍,人口亦多至三倍,势必拥至八百万之多。势必凌驾伦敦之上已哉。藉长江流域一带,无限广大,背地计有二亿居民,为极大货物消费户,地上地下,又有无限藏之富。是故不得不考求世界极大商场,而知宝山与现在之上海,洵为富大有都市可能性;一旦至此,能不深自惊异大上海膨胀之力大乎哉。

(《大上海建设方策》,陈震异,《总商会月报》1927年第7卷)

创办淞沪长途汽车之管见

永　康

实施大上海计划之初步工作,市政之兴盛,全视乎交通之便利与否为标准。交通不便,则其市政必衰,商业亦不能发达。故欲求市政之兴盛,必先利其交通。吴淞地处上海之北隅,辟为商埠以来亦有多年,何其商业仍如是之衰落,此皆交通不便之故也。其地虽有火车可以直达上海,然火车之开驶,每日数班必有定时,故商旅仍不能称便焉。前上海特别市市长黄膺白先生在任时,曾拟有大上海之计划,此项计划甚为周密,以上海之华界划分四大区域,即闸北至吴淞为商业区,南市至龙华为农林区,浦东为工厂区,沪西为住户区。后以黄市长辞职,市政府改组,致此大上海计划未能实现。今闻张定璠市长接任以来,对于市政极意整顿,而于前黄市长之大上海计划亦十分赞同,并拟在最短期间先后使其实现。至其实施之手续,先将闸北之吴淞之商业区为实行之第一步。于是,余遂有创办淞沪长途汽车之愚见,因汽车之为用较火车为便,只需平坦之大道即可行驶,开行之班次亦可无火车定时之限也。

创办淞沪长途汽车之手继,可将全线分为四段:(甲)沪江段,即自闸北至江湾车站。此段路线较以后数段为易办,因其道路皆平坦无阻,路之面积亦甚宽阔,平时亦有汽车往来其间,故其开驶之手续无用困难,若有车辆于最短期间即可实现;

（乙）江华段,自江湾至张华浜。此段路线较其他三段为冷僻,因所过之处皆为农田,自江湾东行沿淞江而行,亦有现成之道路;沪江段汽车行驶后,市面不难实现;（丙）华淞段,自张华浜至吴淞。……

（《申报》1928 年 2 月 14 日）

大上海财政计划之内容

上海特别市自闻张市长继续到府办公消息,各局均力图振作,以冀最近之将来建设一伟大的新上海市。该府附设的设计委员会,亦以职责所在,对于整个的大上海计划理应各抒所见,以备当轴采择。该委员会费委员绍宏,对于财政一项颇有心得,现正在起草财政计划,标题为"大上海财政计划之我见",内容共分四章：第一章绪论,注重划清省市权限与收回租界二点;第二章调查与统计细目,分社会方面、财政方面、经济方面其他等等;第三章计划关于财政方面,分(一)划一税目,(二)统一税权,(三)更新税则,(四)整顿税收,(五)整理预决算;关于经济方面,分(一)改良币制,(二)创设银行(附设金库),(三)发行公债,(四)创设公典;第四章结论。洋洋洒洒,洵一篇大文章也。

（《申报》1928 年 2 月 15 日）

松宝上南青县冶讨论会宣言

交通便利商业发达的上海,自十里而数十里而数百里,扩大成功一个规模最宏远世界最著名的大上海。民众有不乐从的么！寂寞乡村一跃而成热闹市场,民众有不心满意足的么！然而特别市政府披露了大上海计划以后,东也反对西也反对,这是什么缘故呢？一定有各种理由在里头,那是吾人不能不研究的。(一)凡是做一件和地方有关系的事,要把具体计划,谋诸大众付诸公论,通盘筹划公开进行,才可收圆满的效果。现在特别市政府从没有计及此点,大上海的目的和计尽都没有具体规定,只凭片面的理想,不顾利害,不采民意任意割,竟随便接收照这样做法,好像和从前的军阀专事扩充地盘一般,那如何能使民众心悦诚服呢！现在青天白日之下,是否应该再用这种独裁专制的方式,这是第一点要请当局注意的。(二)怎样是乡,怎样是市,怎样是特别市,当然有极显明极自然的界限,断不是牵强拉凑而成的。上海市闸北市的社会经济情形人民生活状况,和四乡大异,即和洋泾等市也不相同,所以这两市可冠以特别二字,还觉相称。现在强拉洋泾类似的普通市算他做特别市,更拉满望田畴的乡村也当做特别市,那么,特别市的精神还存在么?特别市的名实还相符么?精神既失、名实又不符,照这样做法特别市还办得好么?这是第二点要请当局注意的。(三)大上海的计划,照先总理的意思,不过原要把上海港口改良,做成一个东方最完善的商港;并不说要把上海全县市乡和邻近各县市乡收入特别市政府之下、扩大区域、遂称尽大上海的能事。所以上海的大不大,当在业务上精神上力求发展,不当单在区域上着想。吾们以为就并要扩大区域,应该先把原有的上海闸北两市,切切实实地办起来,有了相当的成绩,再逐渐扩展开去也不算晚。现在连办理原有两市都有令人不能满意的地方,而竟急急于强把邻近市乡,一股脑儿都收进去要他都市化,这种大而无当,不说质的充实,但求量的增加的,做法恐怕先总理的本意,断不是这样罢。这是第三点要请当局注意的。(四)广东不是有特别市么,南京不是有特别市么!广东特别市,不闻把广州扩做大广州;南京特别市,不闻把江宁扩做大江宁。独上海特别市要奄有上海全县市乡,并且硬割松宝南青的许多市乡,庞然算做大上海,这是什么理由、什么根据?况且建国大纲上,不是说自治区域,以县为单位的么?为什么现在偏偏要把上海县取消呢?这是第四点要请当局注意的。总之,办理政治,须遵照先总理天下为公的遗训。现在上海特别市政府的大上海计划,不顾民众心理不察地方情形,失却总理本旨,违背建国大纲,究竟与总理遗训是否符合,这真使吾五县民众百思而不得其解的。所以吾们的意思,要请国民政府把现在上海特别市政府的大上海计划,采取真正地方上的民意,从速加以纠正,这是我们所馨香祝祷的。特此宣言。

(《申报》1928 年 3 月 9 日)

张市长回沪后之重要谈话

省市划分治权会议详情各方谅解结果圆满。上海特别市张市长昨晨(十八)八时半,偕同秘书长雍能、朱局长炎之、潘局长公展、由京回抵上海。各报记者以此次张市长进京,系为讨论省市划分职权等问题,事关重要,结果如何,颇为市民所乐闻。昨特往谒探问,详谈二小时,兹纪其谈话如下:(问)张市长在京躭搁几日?会议几次？(市长答)余偕周秘书长朱潘两局长，十四日乘夜车赴京，十五十六两日连开会议两次，省市问题，讨论已有结果，十七晚乘夜车回沪。(问)第一次会议情形如何？(答)十五日下午五时，在大学院开第一次会议，除国府常务委员蔡先生外，到国府审查委员蒋作宾、宋渊源、法制局长王世杰、江苏省政府钮主席、叶秘书长、茅民政厅长、张财政厅长、南京特别市政府何市长、姚秘书长、陈教育局长、陈工务局长及上海特别市政府余等四人。蔡先生主席，谓国府对于苏省与两特别市之权限问题及市政府秘书局长等叙级问题，交付审查。余认为须待各方交换意见，方可决定。故今日召集讨论会，次由何市长帮助南京为首都所在，故特别市制度有保存之必要。次由余就法律事实，帮助上海特别市系根据国民政府颁布之暂行条例，为中华民国特别行政区域，直隶中央。当然须与苏省应划分职权，其区域之划定，系经省市政府各派代表会勘，呈准国府备案，且党部系统、上海特别市党部与苏省党部同等；军事方面，淞沪卫戍司令亦直隶中央。凡此均足证明上海特别市地位之重要，次由周秘书长报告省市会勘市区之经过，及严师愈以苏省政府代表签字议案及地图，并呈准国府备案之情形，并宣读往来公文，帮助市区地图，省府代表始渐了解。蔡主席亦帮助前此国府易副官接见各市乡代表时，发表谈话，系不明划界经过情形，致有误会。嗣潘局长详述上海应定为特别市之理由，谓上海为世界六大商港之一，不当视为江苏之上海，而当视为中华民国之上海。依照总理实业计划所定大上海之规划，即现有市区或尚觉其小，至市府经济事业，目前固有所不及，但市政设施，应先划定足敷展布之区域，然后可以预拟精审之全部计划，分期实施。故为实现总理大上海计划起见，上海特别市区域，不宜过于狭小。有人谓总理主张分县自治，不当漠视县治；殊不知总理主张县治，系谓一省底定之日，训政开始，办理地方自治，以县为充分发展之区域，非谓必设县而后可以自治，亦非谓不及一县者不能办自治；至提倡县治之精神，尤在厉行考试，慎选县长以后，赋予县长以充分之治权使其负一县行政之完全责任。若目前县政府下各局局长，概归其有关系之省政府各厅长委派，使县长办事不能如身使臂，如臂使指，此真是集中省权，与总理主张县治之精神相悖。要提倡县治，只须省政府注意，从放弃其一部分地方治权入手，若划入特别市之区域，当然由市政府开始训政，使市内各区自治事业逐渐完成，更何悖于总理之主义云云。蔡主席颇以为然。南京市两局长均谓省市区域权限，宜绝对划分清楚；姚秘书长谓，目前困难之发生，系由于省政府不明了特别市之地位，不依照条例，将市区内治权移交，非特别市制度有所困难也。嗣苏省政府代表以书面提出五项问题，即(一) 区域之划分、(二) 行政权之划分、(三) 地位之确定、(四) 税收之划分、（五）拨款之确定,钮主席并声明对于沪宁两特别市事业非常同情,尤其上海为全国重心,必有绝大发展,惟望在时机上注意。藉为讨论标准,各厅长亦先后发言,大致相同,最后由蔡主席嘱两特别市政府对于苏省政府所提五项问题,以书面提出意见,翌日续议。是晚议至十二时始散,会议亘七小时之久,双方意见较为接近。（问）第二次会议情形如何？（答）十六日下午四时,在大学院继续开会,列席人员同前。首由两市政府各发意见书,蔡主席宣布先议南京特别市各项问题,次议上海特别市政府所提意见,各方颇能谅解,议至八时始毕,结果圆满。即在大学院晚餐,蔡主席以省市问题解决,举杯相祝,尽观而散。（问）上海特别市与苏省政府间各项问题,究竟如何解决？（答）将来国府自有明令,现就所忆及者言之:（一）市区。就国府核准备案,并由市政府公布之上海特别市区域图为根据,上海特别市政府对于下列各市乡,为尊重江苏省政府意见计,暂缓接收。俟事业进展,有接收必要时,再行呈报国府,并商请江苏省政府令饬各该县将治权移交。计开（上海县属）陈行乡、塘湾乡、北桥乡、颛桥乡、马桥乡、闵行乡、曹行乡、三林乡、（南汇县属）周浦市、（松江青浦县属）七宝乡、（松江县属）莘庄乡、（宝山县属）杨行乡、大场乡。（二）行政权。依照上海特别市区域图,除前项所称暂缓接收之各市乡外,应遵照上海特别市暂行条例第一第二条之规定,请江苏省政府即将市政府现须接收之上宝两县所属各市乡之全部行政权,移交上海特别市政府。（三）地位。上海为东方第一商埠,为求实现总理大上海计划及适应时势之需要起见,依照上海特别市暂行条例,确认上海特别市为中华民国特别行政区域,市政府之地位与省政府等,其各局职权之独立性及长官叙级问题,由国府交法制局核议。（四）税收。市区内之税收,除国家税外,其现归省县政府所征收之地方税,一律划归市政府征收。江苏省政府如有筹款之必要时,特别市政府当予以协助。（五）拨款。市区、行政权、税收各款决定后,向由江苏省政府财政厅按月拨给上海特别市公安局经费,在上海特别市未能完全接收上海全县以前,由江苏省政府就所征国税项下,按月拨款补助。至于南京特别市各项问题,除区域及拨款外,其解决办法大致相同。并由蔡主席将议决各重要条款,签字存卷,交法制局王局长整理,预备日内向国府常务委员会提出审查报告书,经国府分令省市政府后、即可分别执行。至十月间,上海特别市区划定后,数月来省县与市政府间权限之纠纷,至此可谓大体已告解决。此后市政府当本其预定之计划,先在第一期接收之各市乡内,斟酌情况、逐步实施,希望市民与市政府通力合作,俾于可能范围之内,日渐完成大上海之计划云云。

《申报》1928 年 3 月 19 日）

中山路昨行开工典礼

市政府土地、工务两局,筹建中山路测量土地,订定路线已大致就绪。特于昨日上午在龙华镇龙华寺举行上海特别市中山路开工典礼。兹将举行典礼情形分志于后。

军警防范 昨日军警到者计有三十二军特务营一营、三十七师第二团二营六七两连、市公安局保安队一队、县警察四分所一队及龙华镇保卫团一小队,分布于龙华寺之四周及中山路之起点破土处,以资警戒。

会场布置 (龙华寺)寺门綦彩牌楼一座,左右交义党国旗,上悬上海特别市中山路开工典礼白布横额一方;礼台设于寺内之广场上,台西向上覆以芦蓆正中悬孙总理遗像,左右悬党国旗,前置鲜花四盆,两旁各悬四联,其词谓(修治道路以利民行)(建筑中山路是实行大上海计划的初步)(中山路是纪念总理的路)(中山路是贯通南北的要道)(兵工筑路是实行兵工政策)(筑路就是实行民生义)(市内的街道是全市的血脉)(筑路是训政时期最重要的工作)。

到会人员 到者有三十二军钱大钧军长,淞沪卫戍司令熊式辉司令,海军司令部代表江海关监督李景曦,上海特别市市长张定璠,江苏交涉公署交涉员郭泰祺,上海县政府、兵工厂、吴淞要塞司令部、上海总商会、各路商联会、闸北商会、上海县商会、全国道路协会、南洋兄弟烟草公司、华商烟草公司等代表暨市政及各局职员约一千五百人左右。

临时职员 主席张定璠司仪俞达,干事金国珍、王绍斋、莫衡、招待窦孟轩等二十余人。

开会秩序 一全体肃立,二公安局军乐队奏乐,三向国旗党旗及总理遗像行三鞠躬礼,四主席恭读总理遗嘱,五静默三分钟,六主席致开会辞,七演说,八主席张定璠及钱大钧军长行破土礼,九奏乐十散会。

市长张定璠开会词 今天举行中山路开工典礼,承各界来宾参加深为感谢。现在上海特别市筑路,很多从来没有举行开工典礼,何以要举行中山路开工典礼呢? 因为建筑中山路有六个重要的意义:第一,总理是我们革命的导师,是党国唯一的领袖,我们建筑中山路是纪念精神不死的总理;第二,总理生前有大上海的计划,现在上海军事时期早已过去,应该努力从事建设事业。我们建筑中山路是实现大上海计划建设中最重要的工作；第三，总理生前曾主张兵工政策，既可裁兵以减少破坏，又可筑路以从事建设事半功倍，法良意美。我们建筑中山路是决定秉承总理政策利用兵工。第四，上海南北两市因租界横亘其间，居民商旅往来常有许多不便，尤其是军事上受种种限制，中山路筑成南北交通不须假道租界，开上海市交通的新纪元。第五，沪西越界筑路至今尚成悬案，我们有路不筑，却被外人侵占，不平等条约尚未取消，更受条约外的不平等，何等痛心！中山路自闸北交通路至龙华寺，环租界半周，筑成至少可以减少外人越界筑路的觊觎。第六，中山路路线自北至南计长十三公里，约合计二十二华里。现在上海各马路没有这样的长路线，中山路筑成为上海市空前未有伟大的马路。有以上六个重要的意义，所以我们要郑重的举行中山路开工典礼，尚望各界来宾及市民予以精神上和物质上种种的后助，使得中山路在最短时期内成功，这是兄弟在举行中山路开工典礼热烈的当中报告了六个重要意义之后，一个最大的希望。

演辞纪要 市政府工务局长沈君怡报告云，民国元年上海市议会曾建议开筑龙华至闸北干道，盖鉴于越界筑路日多一日，故筑是路以抵制，奈以款巨工艰，未见实行。民国十二年中华全国道路协会曾建议筑一围绕租界之马路，亦未致实现。迨市政府成立，一面整理旧有市政，一面谋新市政之发展，乃筹筑中山路延接南北，即以此为大上海计划实现之基础。该路在龙华起，沿沪宁路达交通路接闸北之旧有中山路，迨该路成功再谋展长六十里直达吴淞，成为上海最长之干路。此路全赖军政当局之援助，沪埠开关已八十七年，精华全蓄于租界，华界一切不良无可讳言。则军政当局之助成该路，不特实现总理计划，抑且发扬民族精神。中山路路线与民元市政会议所言略同，与道路协会所定稍异，将来该路发达则亦为收回租界最大工作，云云。次三十三军钱大钧军长云，中山路筑造以后有三点可以纪念总理：一建筑方面，总理在革命过程中，与沪埠有深切之关系。以总理名名路，甚觉恳切隆重。二总理有大上海计划，筑路为实现其初步，将来全部计划必可成功。三总理兵工政策，在北伐成功后必厉行裁兵，熊司令派兵筑路，亦为裁兵之提倡，本人亦当派兵促其成立，云云。次卫戍司令熊式辉云，中山路之成，以制限抵抗外人越界筑路，租界之收回、交通之发达必也。张市长苦心经营与民合作，本人亦拨兵建筑中山路，俾早日完成北伐，促进收回租界，云云。次海军司令杨树庄代表李景曦云，中国路政不修，交通不便，予外人以种种侵占机会。今本总理精神与计划开始建设实行筑路，则交通便利商业发达，租界可不收自收。倘全国若是，则有无限希望。祝该路成功云云。次交涉员郭泰祺云，中山路筑成，越界筑路即能解决。今市政府张市长对市政之计划建设积极进行,必为收回租界之先声,以该路纪念总理不死之精神,吾等无任愉快,云云。次尚有总商会林康侯、沪杭沪宁两路管理李屋身演说,不及备录。举行破土,追演说毕,全体鱼贯至中山路起点,一军乐队、二来宾、三各机关职员、四张市长、钱军长、熊司令、三十七师四团二营六七连五三十。

(《申报》1928 年 3 月 27 日)

市中心区域择定后之规划

太平洋社云,上海特别市市政府为实现建设大上海计划起见,爰设立市中心区域。建设委员会讨论一切并发行公债,以五十万为市政中心建筑费。现悉市中心区域业经择定其详细规划,亦已公布,兹探录如下:(一)水陆运轮。本市水道方面,黄浦江实为干流自运没。历年开浚以遒吃水二十四呎之商轮,已可直高昌庙附近。自杨树浦以北,更可航行吃水更深之船舶。故现时重要码头,均在租界或其他附近一带。惟将来商务发迄海舶日增,非建筑大规模之商港不足以应需要。则未来之码头区域,其地位将在吴淞引翔一带,面浦东沿岸之地点堪为商港扩充之用。所有内地运轮目前大都取道吴淞江,将来市中心北移,则蕴藻浜将为内地运输之枢纽。若能于黄渡附近开击运河,使与吴淞江联络一气,转运当益加便利。至若陆路方面,已成之铁道干线有二:一为沪宁线,以闸北之北站为终点;一为沪杭甬线,以南市之南站为终点。两大干线之间,则有自南站经龙华、徐家汇、梵王渡至北站之联络,北外有淞沪支线,由北站起经江湾、吴淞而达炮台湾,此本市之铁道线之现在情形也。论其布置之地位,不特无裨于本市之现状,甚且妨碍其将来之发展。其显而易见,为闸北方面因铁道横互其间,至今市面凋落无振兴之余地;加以铁道地位与水道码头相去甚远,使水陆失其联络之资,亦非得计。故将来市中心向北迁移,则现有上海之铁道线,势非改道不可。兹假定真如为运轮总站,由此筑支线北经大场、胡家庄、折东沿蕴藻浜南岸至吴淞一带,与商港相衔接,更由真如筑高架铁道,经彭浦而抵江湾。即以江湾为未来之上海总则,旅客及轻便货物可直接轮入中心,沪宁沪杭甬两路线,则改由龙华至真如相衔接,所有现有之真如北站间沪宁线之一段,北站至吴淞之支线一律拆除,以利发展。沪杭线之地位,仍可保存。惟自南站起将路线延长至董家渡,筑桥渡浦,沿浦岸向北直达高桥沙,则浦东方面,亦可起卸货物之一部分,无须集于浦西一地矣。(二)干道系统。江湾既为全市之中心,故南北东西之交通，当以该处为交点。拟自宝城厢起，筑干道渡蕴藻浜经江湾镇之东，接北四川路穿上海旧县城，抵南车站，复渡浦利用上南汽车路之一段，通杨思镇西三林塘、陈行镇、杜家行，直达闸港镇是为南北干道；更自江湾镇向东，利用翔殷路、引长至浦滨，与浦东之高桥镇相贯通，向西经大场与沪太长途汽车道连接，是为东西干道。至其余各干道之规划，要皆以联络各村镇及车站或各区为标准，过有已成之路，其地位较为重要而断续不相衔接者，则贯通之，总计全市干道之长约五百余公里，已成之道路约为全体五分之二，正在建筑中者有贯通南北两市之中山路。

(三)分区规划。甲、行政区。将来江湾一带既为本市中心，则行政机关、银行、博物院及其他公共建筑等，均将集中于此。故拟定为行政区。乙、工业区。选择工业区之地位，应注意之点，约有五端。一、应保存固有工厂；二、应接近河流或铁道，以便货物之运轮；三、须在最频数风向之下方，以免煤烟吹入市内；四、应与住宅区隔离；五、须与古迹及天然风景之美无所妨碍。查吴淞江蕴藻浜一带，及高昌庙沿浦之处，现已工厂林立，应仍保存为工业区。此外，如浦东陆家嘴洋泾镇附近，及真如大场之沿铁道一带，均可尽为工业区。丙、码头区。浦西方面，剪淞桥以北，沿黄浦之滨直达炮台湾一带，陆则铁道与沪宁线联络，水则有蕴藻浜之便利，浦东方面陆家嘴及高桥沙一带亦有铁道与沪杭路相连络。故沿浦两岸铁道经过之处，均可为码头区。丁、商业区。商业区之所在大都为交通便利，行旅必经之地。除租界方面已成之商区外，北部沿浦一带迤西至南北干道，南至引翔北迄宝山均可为商业区。盖将来码头及干道筑成，则该地商业自有相当之发达。且市中心、工业、商店、戏院、旅舍势将云集于此，而此一自然之商业地点。浦东方面，沿码头一带，亦有形成商业区之可能。戊、住宅区。住宅区应与市场工厂隔离，然亦不宜过于僻远，江湾大场之间、公共租界跑马厅以西、徐家汇以东以及杨树浦陈家嘴带，可尽为混合之住宅区。其中大部分之建筑为分散式，小部分为联合式，又梵王渡徐家汇之西及浦东高桥区一带划为分散式之住宅区，以其去市廛较远，接近郊外，空气新鲜，堪为别墅学校新村等建筑之用。以上所述，为本市中心区域计划之大略，实即大上海计划之初步，直接关系本市市政之发展，间接影响于全国工商业之发达甚巨。

（《申报》1929 年 9 月 21 日）

建设新市区实现大上海计划

上海市长张群昨日下午在威海卫路四十三号市政府俱乐部,招待新闻记者茶话,并报告过去未来之市政,以市政工作范围甚广,昨日所谈只及工务与公用事业两项,尤注重于市中心区。市政府新屋,本年七月七日之举行奠基,该日为上海特别市政府成立之五周纪念;市政府新屋建筑费约五十万元,一年竣工。今于该日兴工建筑,可谓为建设市中心区之发轫,亦即为实现孙总理大上海计划之初步也。

整理旧市区效果,张市长谓:上海市政府成立以来,已逾三载,工作方面最重要之目的,即在完成训政时期之建设,实现总理大上海之计划。但在过去三年之间,多为时势所拘,财力所围,殊愧成效之未着,更少近功之可言。对于旧市区之整理,只能维持现状,徐图进展;至若新市区之开辟,亦仅拟具计划,尚未施工,今当训政伊始,允宜群策群力。

(《申报》1931 年 1 月 16 日)

上海市中心区建设之起点与意义
吴铁城

上海本为一普通城市,因为数十年长期之建设,以及无数人才苦心经营,遂造成其今日重要之地位,今日之上海,非特已成我国经济文化之中心,且亦为世界重要的商埠,轮船辐辏,商贾云集,全国货物集散于此,估计十之六七,而人口亦已增至三百十有余万,自国府定都南京以来,因其为长江门户,东南之屏障,上海在政治、外交、军事,经济上之地位益形重要,故今日上海之繁荣发展,实与整个民族之生存,以及国民之生计,有深深的关系。

惟吾人纵观上海原有之设施,最初并无整个之设计,各处街道,均少有计划之规定,今与改善,已成困难,此后对于交通上之影响,将益不堪,以户口及商业而论,上海已成全世界第五都市,轮船之来本市者,每年连数千万吨,然无论大小船只,抵埠以后,必须再正一个小时甚或数个小时以上之路程,方得停泊,有时,乘客尚不得直接登陆,而各种货物,尤不得水路联军之便,此种时间上与经济上的损失,实为世界各大商埠所罕有,亦为上海今后发展莫大之。

故总理高瞻远瞩,早已与其所著实业计划一书中,指陈上海改造之方针,总理之言曰:"上海现在虽然已成为全中国最大之商港,然苟长此不变,则无以适合于将来为世界商港之需用与要求。"

任从何点观察,上海皆为僵死之港,然而在我之中国发展计划书,上海有特殊地位,与此番度之,上海仍可得一种救济法也。

"我之设世界港与上海之计划书,欲仍留存现在自黄浦江口起江心沙上游高桥合流点止,已成之布置。……于是以我计划,当更延长浚浦局所已成之水道,又扩张黄浦江右岸之弯曲部由高桥合流点,开一新河,直贯浦东,在龙华线铁路接近处上,第二转弯起,填至杨树浦角,复于黄浦江正流合流,如此则由此点知道斜对杨树浦之一点,江流直线如绳,由此更以缓曲线连于吴淞,此新河将约三十英方里之地圈入,作为市宅中心,且作成以新黄浦江,而想在上海前面缭绕潆洄之黄浦江则填塞之以作为马路,以及商店地。"

当民国十六年本市首任市长黄鹰白先生就任之初,即遵循总理遗教,确定全市区域及种种建设计划,张伯璇继任市长,仍遵循以往方针,努力进行,并于十六年十一月设立设计委员会,研究市政上各种问题,又为明了各市区之状况起见,于十七年七月,率同各局长,亲至各市区视察,同时接受一部分市区,使直辖市于府,为建设市中心区域之地点,十八年七月,公布市中心计划书,并设立市中心区建设委员会,为促进市中心区之发展繁荣起见,毅然主张在市中心区域,先建筑市政府房屋,以资提倡,并在本市发行第一次市政公债项下,指定的款,以充经营市中心区域之用,十九年七月成立建筑师办事处,二十年五开始招标,六月初正式开工,七月七日举行市府新屋奠基典礼。

故今日市府新屋落成,实皆继任市长苦心筹划,惨淡经营之功,继城今日纵观其成,继往开来,实觉职责之重也。

诚以市府新屋之落成,仅为市中心区建设之起点,而以大上海计划之繁重与远大,则此区区之建筑,实仅为沧海一粟,惟吾人今日所应自信者,现在市中心区之地点,北近吴淞,南邻租借,东灌黄浦,西接铁路,交通便利,地点适中,中心一名,名副其实,数年之后,其发展与繁荣,必可远驾租借之上,此则我上海市民,所应取以自信,勇往直前,而努力从事与建设。促其发展着也。

晚近以来,国民精神上有一最大之病症,即为民族自信心以及文化创造力之的消失,群迷信软化,而不知西方物资来明之真谛,在物质之创造与改进,非在物资之享用与消费,以致衣、食、住、行,种种生活之需要,举非西洋物资,群趋颓唐,鄙弃国粹,而终未有人肯连用其精力,以自谋改善,故上海自八十年以来之发展,非但未能有裨于吾国民族文化丝毫之进展,而国民之习尚,民族之精神,反日渐堕落,无怪英国文豪,萧伯纳氏,一抵吾土,即深骇我国文化之已消失。

夫国于大地,必有于立,一国之民,对于其自身生活上之需要,苟无创造之能力,实为其民族生命上最大之危机,自振其创造文化之精神,居住租借为安,去勿一思其民族之危机自振其创造文化之精神,自谋其生活状态之改善,自开其繁荣发展之园地,以自立其民族发展之基础乎。

故上海市中心区之能否发展,并非单纯一市之问题,实乃我整个中国名族能否创造文化,能否自立,能否革除其因循依赖偷安享乐之劣性之试验,而今日市府新屋之落成,小言之,固为市中心区建设之起点,大上海计划实施之初步,然自其大者远者而言。实亦我中国民族固有创造文化能力之复兴,以及独立自强精神之表现也。

市政学家孟鲁氏 Munro 有言:"觉醒的市民,为都市发展之原动力"是则今后市中心之建设,大上海之发展,当尤有赖我市民之觉醒,愿我市民,认识市中心区建设,深刻远大之意义,努力合作,以竟全功,有厚望焉。

（《中央周报》第 281 期,1933 年 10 月 10 日）

市长报告建设计划

诸位来宾,今天上海市政府举行新屋落成典礼。承中外来宾光临指导,非常荣幸。兄弟忝长本市未及两载,任职之始适逢沪变,勉竭愚忠,应付艰巨,并承当地贤达,友邦人士共同合作,协力匡助,幸得恢复上海的和平,安定本市的秩序。我们今天在此举行如此隆重的盛典,回想过去怆痛的岁月,实在犹有无限的伤感。兄弟受党国付托之重,市民期望之殷,在本市这样艰难困苦的过程中、实在也未敢一日忘怀于我市民的疾苦,无一日不思积极勤谋战区的恢复,朝乾夕惕,凡可福我市民、济我灾黎者,终当用最大的诚意、最大的决心,奋力图之。凡此种种,或已拟具计划,或已见诸实施,虽因财力时间关系,尚未有特殊的成绩,然此心耿耿,终当不负我市民的期望。今天市府新屋落成,其中艰难缔造的经过如何,其中深刻伟大的意义如何，兄弟已在今天各报所刊的"上海市中心区建设之起点与意义"一文中，有详尽剀切的陈述。在这里，仅能把兄弟的感想简单的分几点来说明、第一、大上海市之建设，系根基于本党总理之建设计划。市中心区之建设，为完成大上海市计划之第一步，今天市政府新屋的落成，尤为市中心区建设之起点，大上海市经历任各市长——黄膺白先生、张伯璇先生、张岳军先生——苦心擘画，惨淡经营，努力的结果，方具今日的雏形。兄弟今天一方面代表市民，谨向前任各市长，表示敬意，一方面谨当本前任各市长的精神，努力从事于大上海市的建设，以实现总理的遗教。第二、但是以大上海计划的繁重和远大，现在市政府的新建筑，仅能算是沧海的一粟。然而，现在市中心的地点，北近吴淞，南邻租界，东滨黄浦，西接铁路，地点适中，交通便利。数年以后，必有相当的发展和繁盛，深望我们上海市民要一致自信，不要依赖别人已成的建设，应该自己起来创造繁荣发展的新天地，以表现我们中华民族固有创造文化的能力。观乎上海市民过去对于建设上海市之努力，余亦深信将来必能使本市成为一最健全最繁荣的大都市。第三、上海是全国经济文化的中心，又是世界大都市之一，中国现在正在建设的过程中，我们在消极方面，固应消除一切建设之障碍。在积极方面，尤应勤谋新中国建设计划之推进，新中国之建设，其最在者。

（《申报》1933 年 10 月 12 日）

大上海都市计划

"大上海都市计划"是 1945 年抗战胜利后，为适应战后上海的重建和复兴，巩固和发展上海在全国的作用地位，当时的上海市政府设立上海都市计划委员会，编制了"大上海都市计划"。

1946 年 3 月，成立了都市计划小组。8 月，上海市都市计划委员会成立，共有委员 28 人，当时的上海市长吴国桢任主任委员，工务局局长赵祖康任执行秘书，其他成员来自于建筑、金融、工商、政法界，甚至还有医生，制定出《大上海都市计划初稿》。1947 年，上海都市计划委员会编制完成《上海市土地使用及干路系统总图二稿》。1948 年 2 月，完成《大上海都市计划总图草案报告书（二稿）》。计划范围修订为以市界为限，包括 14 个行政区，面积 893 平方公里。确定上海为港埠都市，也将为全国最大工商业中心之一，是中国与国际的金融中心。

1949 年，上海市都市计划总图三稿提出，都市计划不是市政方面片面的改良所能奏效,整个社会和经济的组织,都非彻底革新不可。三稿的主要内容为区划及交通两部分。三稿计划设淞阳、蕴藻、殷江、真南、蒲虹、莘宝、曹塘、闵马、高陆、泾斯、周盛共 11 个相对独立的新计划区,各区彼此间用绿地隔离,区内居民一切日常生活需要均能在区内求得。

(《上海城市规划志》编纂委员会编:《上海城市规划志》,

上海社会科学院出版社 1999 年版,第 76—86 页。)

上海市政工程之建设

赵祖康

抗战即以胜利,建国正待努力,此乃政府既定之国策,亦为人民一致之要求,夫我国地大物博,人口众多,自当早登国富民强之域,乃时至今日,仍然生产萎缩,经济偏枯,难免时代落伍之议,窃尝深究其故,虽以战争破坏,敌为摧残,为不容忽视之因素,但平心而论,自民国建造以来,政局动荡不安,以致未能尽力之建设,实为致命之打击,现战事结束,建国之机会,展在吾人之前,吾人应如何把握之机会,急起直追,内以实现民主主义,外以维持国际和平,国建之重要,事势之迫切,无有愈与此着,夫建设之事,千头万绪,诚非一言可尽,蒋主席在《中国之命运》一书中,关于国民今后努力之方向,及建国工作之重点,言之系详,凡关心国事之人,当以二复斯篇,现祖康所欲言着,仅关于上海市政工程之建设,就目下所能见及着,择要述之:

赶修旧工,上海市政工程,经敌为摧残之余,大都残败不堪,例如,桥头道路,房屋码头各项工程,或年久未修,或淤塞不通,现市区收复,工商业逐渐展开,上海地位,顿行重要,关于原有工程,必须赶速修理,以应急需,兹将已行举办者述之如下:修理河南路桥及四川路桥,油漆外白渡桥及浙江路桥,修理码头五百平方公尺,修理路面及人行道六万公尺,出清淤泥四千立方公尺,疏清河渠四万公尺,疏睿河浜二千公尺,清理险井及格利六千座,修理公共房屋六十处,整理公园十余处。提高技术,所谓提高技术云者,即对于工程之建设,以最新颖之方法,从事设计及建筑之谓也,夫欧美各国,关于各种之工程,如土木、市政,电机、机械诸类,皆设有工程学会,在承平时代,故以集合同志研究专门学术,在战争时代,更需加倍努力,期乎克敌制胜,是以技术之进步,一日千里,而工程之设施,亦日新月异,上海市之工程建设,八年来与外界交通隔绝,在技术上毫无进步,较之欧美,望尘莫及,对于本市之工程建设方面,自当应用最新学理,以期提高工程水平,而应时代之需要。(三)建立制度,战前本市有设有工务局,专司工务建设,而旧两租界,则各设工务处,执掌工务及公用两项事物,彼此组织,决然不同,伪组织时代,虽已将旧市区与旧租界合并,然其当战争时期,诸事因陋就简,即偶有设施,亦仅以两租界为限,现战事结束,建设开始,为谋大上海工程之发展,则确立行政制度,实为必要之举,故与局内分设营造、结构、道路、设计四处,主管各项事务,此外,复旧上海全市割为六区,各设工务管理处,专司该内工程之修建,如是建立制度之后,行政有一定系统,而办事可收圆滑之效矣。(四)计划发展,夫我国之将来,势必走入工业化之途径,其必要之步骤,需将大宗农业品输出国外,以换取大量机械设备及材料,所以司后我国对于贸易,必有鸣人之发展,上海系国际间通商大埠,地位重要,将来繁荣之程度,人口增加,极有超出以往记录之可能,是以各项工程计划,如交通设施,道路系统,建筑规范,河渠设施,机构荷重,园林布置等项,皆需原及将来之发展,而欲为之备,现在决定举办者,如拓宽道路,浙江路,改进中正路,建造平民住宅,修筑新路路基等,建立林荫道,仅全部计划之开端而已,所望者经吾人一番计划之后,数十年后之上海只有繁荣卫生安乐环境,则吾人之努力,为不虚矣。

综上四点,为祖康主持沪市工务所见到者,室内外专家,倘能给予指导协助,则工务局全人所期望者也。

(《中国建设月刊》,1945 第 1 卷第 4 期)

未来大上海　美丽的梦
世界第一流都市　人口一千五百万
都市计划会今日商讨百年大计

上海都市计划委员会,将于今日下午三时召开委员大会,负责设计建设大上海都市计划之公用局,工务局,行政院工程计划团,财政局,卫生局,社会局,以及全国工程专家,均将参加,商讨确定大上海都市计划之总团。据华东社记者获悉:计划中之建设大上海计划总图可分为三部:(一)自然建设,(二)经济建设,(三)社会建设,惟以此项计划,为百年大计所紧,故其总图于拟订前,须作缜密之审订,为确知目前上海之实情起见,现已分拟调查原则五点:(一)大上海区域之调查,(二)本市人口居住调查,(三) 工商业之调查,(四) 交通调查,(五) 公用事业调查。以上五项调查,除统计全市容量观测,全市房屋现状及全市河道用途,均在调查之列。目前本市区械仅能容纳人口五百万人,计划中之区域将扩充至可容纳一千五百万人口之世界第一流大都市,此项计划中之上海区域东至浦东,南至南汇,西至龙华,北至江湾大场,现以人口籍集市中心,因之交通拥济,交通为难,此次计划中,将以浦东为住宅区,市中区为商业区,其余边郊为工厂区。至于三项建设,其自然建设大部属于物质及地理之建设,如道路码头房屋,公园公用交通等固定性之物质建设,并注意港口之发展,铁路飞机场及公路干线之衔接,俾成为海陆空各项交通运输之总汇,然后再与各种工商业之分布,及住宅学校园林公共建设之设置,以及文化等社会建设互相配合,至于经济建设及社会建设,将以物理基础加以确定,并须顾经济之社会发展,参照目前实际需要加以实际配合其详细计划,今日将予继续讨论云。

(《申报》1946 年 1 月 7 日第 6 版)

市府会议决议　设都市计划委会
主任委员由钱市长兼任

上海市政府于十五日上午九时举行第二十一次市政会议,钱市长另有要公未到,由何副市长主席,议决各案如下:

(一) 社会局拟具上海市度量衡检定所组织规程草案暨上海市度量衡检定所办事细则草案,提请讨论案,决议,照审查意见修正通过。(二)民政处拟具上海市区造产委员会组织规程草案,提请讨论案,决议,通过。(三)卫生局拟具上海市市立宰牲场组织章程草案,提请讨论案,决议,修正通过。(四)工务局拟具上海市都市计划委员会组织规程草案,提请讨论案,决议,修正通过。都市计划委员会组织规程。

规定 (一)直隶于上海市政府,设主任委员一人,由市长兼任,委员十六人至二十八人,副市长、秘书长、各局局长为当然委员,其余由市长指派,或聘请专门人村充任之。(二)每月开会一次,设秘书一人,由工务局长兼任。

(《申报》1946 年 2 月 16 日第 3 版)

建设上海　设施计划　推行状况
赵局长昨在市府报告

本报讯　上海市政府昨晨九时举行纪念周,出席吴市长国桢,何秘书长德奎,各局局长,各处处长暨市府职员共四百余人,由吴市长领导行礼加仪,由工务局局长赵祖康报告,略谓:工务局从去年光复迄今,九月之间,各项主要工作以及预定设施计划之推行状况如下:

道路工程

本市现有道路全长约一千公里,其中柏油路约三百公里,弹石路与煤屑路各约二百公里,在敌伪时期,损毁过多,据接收时调查估计,应修补路面为三十万平方公尺,半年来因车辆载重增加,路面不胜负担,续有摧毁,故平时养护,极感困难,九月来修补及新筑路面与人行道计五十万平方公尺以上,现在每月修补路面面积,约三倍于去年每月之数,已翻修完工路面如市中心之五角场,谨记路,中华路,民国路,交通路,就中华路延长至飞机场一段,虹桥路,中正东路慢车道,翻修工程正在进行,为一劳永逸计,拟选择交通要道,逐步彻底翻修。

拓宽路面

先将主要干道开辟拓宽,原则以发展市郊交通,俾解决日前集中中区之畸形现象,除南京西路跑马厅一段拓路工程进行尚见顺利,此外如界路向西经新民路接西藏路之开辟,以及浙江路之拓宽,惟以拆屋让路,困难重重,工程进行迟缓,惟拓宽华山路俾沪西重车轨道可以南北衔接,此项计划,现殊属必要,正积极筹备中。

拓宽征费

该局为拓展道路,以市库支细,不得不就地征收工费,办法已由临时参议会议决通过,并呈行政院备案,其计算方法以受益面受益线为区别,因地价增值面征收受益面摊费,因市面繁荣而征收受益线摊费,希望市民能明了此项经费之目的与办法之公允,与政府充分融合协助建设。

防潦防汛

本市地势低洼,沪西尤甚,其先天缺点,为州路与华山路以西水管约为十二吋,每值雨季高潮,积水不易排泄,该局已拟就整个防潦计划,一面泄水通畅,一面防止倒灌,标本兼施,预计经费一百另四亿元,需时一年以上,决非目前财力所能负担。即为治标计,亦需二十亿元之多,现仅就最急需工程,先行举办,计费八亿元,本年八月即可完工,今秋水患当可减轻。

桥梁码头

本市桥梁,除不能行车之小桥,大小计二百二十二座,跨苏州河大桥十六座,市有码头三十五座,在浦西廿七座,均损毁甚重。九月来已予次第抢修,对发展浦东,亦有浦江大桥之计划。

平民住宅

本市房荒严重,初拟建设三千幢,以市为支细,先在南市大木桥路兴建一百五十幢,业于六月一日开始。

公园苗圃

本市已开放者十三处,九个月中游园人数计三百五十万人,先后成立苗圃五处,补种行道树三千株。

抢修海塘

全部计长二十八公里,现拟择急抢修,需费三十亿元,由行政院救济总署及市府三方平均负担,已在高桥海滨浴场南缺口先行抢修,今仅市府拨到第一期工款五亿元,相差过巨,而物价高涨,倘不能如期拨还,戋戋之数,恐难为济。

赵局长又称:本市为东方唯一大商埠,为改造并建设新上海,该局有都市计划设计委员会之组织,聘请专家,从事研究设计,对本市道路系统,水道系统,该局均有缜密详细测量,已完成全市一万分之一及二万五千分之一道路全图,交中华书局刊印,即可出版。

(《申报》1946年6月18日第4版)

从都市计划观点论上海市之划界

赵祖康

上海市市区范围,自民国十六年奉行政院核定地界,嗣于十七年间,市府仅接收十七乡区,尚余十三乡区以江苏省政府未能交出,作为市方暂缓接收区域,以迄于今,悬案不决,盖已十有余年,市乡发展交受其困,未接收之乡民则大多蕲望市府即予接管建设。兹值省市两方于抗战胜利之初继续商讨划界期间,愿以都市计划之出发点,从客观分析比较,一论此应有的合理解决之原则与实际问题。

近代都市之建立,可视为国家或政治文化经济交通之焦点,都市繁荣得到合理之发展,则国家或世界蒙受其福利,此理至明,毋庸详论。故战后欧美各国建设,对于农村之普遍建设虽甚重视,而于都市之复兴扩展尤极注意。英国对于市乡建设,有市乡建设计划部之设立;美国对于都市居屋都市街道等,在战时及战后联邦政府,均予以行政上及经费上之协助。至于都市之计划,则无论英美,每有以附近小城市及乡村配合,一并规划,以期得到较为完善之设计对象。

是以省市划界之原则,首应以从整个国家政治经济文化交通的利害之衡断为前提,再次则应以市为中心,而以邻接县乡为其辅佐,共冈发展为目标,最后则应注意无伤于省之政治经济文化交通之将来的地位。此三原则,实为讨论省市划界双方所应共同采取之依据。

上海市之都市计划初步工作,现正由市工务局积极进行。都市计划者,"都市之整个的远大的自然底成长(PhysicalDevelopment)计划"之谓。都市之自然的建设,其固定性较社会的建设为大,故尤须有远大整个计划为其目标,始不致贻削足适履,噬脐莫及之患。上海都市计划之拟订,现正以今后五十年计划为目标,而再以五年计划十年计划为推进之步骤。故论上海市目前区域范围,如以五十年计划

为对象,最为合理。兹姑将"人口密度""水线长度""交通配备""绿面积与工业区"等四点,分谕其需要:

上海人口在民国二十五年计有三百八十万,在目前据市府民政处今年四月调查则为三百三十九万,尚有塘湾周浦二区,未统计在内。(其中经受战事影响,在人口曲线上,有显明之中断。)据以往六十年之统计记录,估计未来之发展,参照马尔萨斯人口论,上海人口之成长每二十五年增为二倍,五十年后则为现有之四倍,即一千二百万人。即从严格估计,今后上海市计划如以一千万人口为对象,当不能谓为夸大。至于人口之密度,现在有达每方公里二十万人以上者(黄浦警区浙江路一带及泰山警区西门一带),照我人所拟都市计划,将来拟分为三级,计每平方公里(一)五千人,(二)七千五百人,(三)一万人。盖人口过密,不特有碍卫生,助成交通拥挤,且可使生活状况低落,增加造成犯罪之原因。近代都市建设均趋向于人口之分散,不得不尔也。照上三级分布,如以民十六年奉准之上海区域范围面积八百九十余平方公里计,五十年后仅可容七百万人,以总数一千万人计,尚有三百万人须居住于市区之外,其一部份不啻为上海市民朝来本市,夕散四乡,其一部份则为上海四周卫星城市乡镇之人民。此从人口密度论,上海市区倘不能扩大范围,至少亦当照民十六规定以应事实需要,一也。

上海市之繁荣,甚有赖于扬子江与黄浦江水线之发展。上海港口之吞吐量,在民国十九年达最高纪录,计进出口船舶总吨位为三千八百万吨,大约居全世界港埠中第七第八位次,在吾国则为第一巨埠。吾人倘比拟吴淞宝山为上海之咽喉,则黄浦江不啻为上海之食管肠胃。现宝山城因县城关系,民十六范围即未能作合理之划分,划归上海市区,黄浦江上游,如曹行、塘湾、北桥、颛桥、马桥、莘庄、七宝、闵行等乡,亦在暂缓接收之列。上海市现有浦江码头水线约一万二千公尺,照今后五十年发展计划,上海市港口吞吐量,大约可达每年一万万吨,其码头水钱,应有约三万公尺,势须非尽量利用黄浦江两岸不可。此从水线长度论,上海市区域似应以宝山县城划入市区,而黄浦江两岸至少仍照民十六定案,二也。

都市之盛衰,系于水陆空交通者极大,上海市区内铁路路线及车站之配合,未能合乎理想,有碍市内各种工商运输业之发展。前上海市工务局所拟都市计划,亦包有对于京沪沪杭甬两铁路路线与车站之改线改地建议,由前上海市政府咨请前铁道部,予以考虑,乃因限于经费,格于环境,中央地方未能切实合作,至计划不能实现,殊属可惜。兹者,租界收回,各种交通技术,显有进步,是项计划或须修订,但铁路货运总站之应自麦根路移往沪西,铁路客运总站之应改建,或亦向外略移,似均属必要之冈，此与市区范围至有关系。如杨行、大场、真茹，自须仍属市区，庶易配置；他如沪南之龙华、闵行，沪西之虹桥、七宝、莘庄，浦东之周浦等处，或为机场所在，或为铁路所经，或为公路所通达，均系交通冲要之区，自应仍属于上海市区以内。此从交通配备论，上海市区应照民十六原案规定，三也。

上海建成区域，如前公共租界前法租界及虹口等一带，市肆林立，房屋栉比，人口密度至高，公园旷地不敷。据我人调查统计，现有公园面积，约一千市亩，合六十余公顷，就建成区论，约合面积千分之六点七，如以全市论，则仅合面积万分之八。今后园地布置，自应照近代都市设计，多设"绿地带"及公园旷场等，而现在尚未建设之乡区，最合于此项理想布置之用，亦即乡区之加入市区者愈多，则园场布置愈能充分，愈合于优美卫生之理想。照伦敦战后计划之理想，仅就公园面积论计合每千人得地四英亩，倘以今后五十年上海人口一千万计，应有公园面积四万英亩，合一万六千公顷，较之现状，须添关者何止二三百倍？

至于上海工厂地点，自经沦陷于敌伪管理，渐有侵入住宅区之趋势，即沪西亦所不免，对于居民健康，有甚大之威胁。此种工厂，不少为染织厂或制革厂，所排污水尤碍卫生，亟应确定分区办法，责令改善，或竟还移。至将来沪市工业前途，一旦港口铁路改良扩充，自更方兴未艾，所需厂基土地，尤无限制，工业区之规划，目前已属不容或缓，此从"绿面积"及工业区论，上海市区域亦应维持民十六旧案所规定，四也。

要之，上海市区之面积，如照民十六案全都接收，则与北平市相埒，较之欧美各大都市，如纽约、伦敦、支加哥等，尚不如远甚。倘更刘过小，本市既捉襟见肘，无以展布，即邻近各县，亦同受其害，必也，予以合理适当之区域，至少如民十六原案者，则不特本市可有发展之地，即邻近各卫星县乡，亦将同沾其利。现欧美先进各国，已从都市计划，进而至于区域计划，及国家计划，其政治区域已渐渐设法与经济区域相配合，则上海市区域范围之划定，应从整个国家民族复兴建设之观点出发，以力谋吾国第一港埠第一都市及其四周各县乡之繁荣发展也，明矣。（卅五·六·廿八）

《申报》1946 年 6 月 30 日第 7 版

扩展上海市伟大计划

本市建筑师与工程师八人，得技术专家之协助，费时五月，已拟定初步伟大计划,将上海扩大为容纳一千五百万市民之成都市,是项计划,现已呈交市府各局长研究,俾市政当局从而拟具详细工作计划,改造上海市,其第一阶段以五年为期。依照初步计划,本市商业区将扩展至南市,而南市错综复杂恍如迷宫之狭道小街,均须拆除,全部重造。汉口路将放阔,成为次要交通大道,西端贯穿跑马厅,该厅本身一部分划为民政管理机关中心地,余者改建公园,全市其他各处,亦将添辟公园及运动场,距商业区食愈远、则供市民游散之公园面积愈大,以期增进市民健康。上海市郊区域将扩展至太湖畔及杭州湾边之乍浦,主要工业区设在吴淞附近之蕴藻浜,主要港口依照总理遗训,设在乍浦,吴淞区设次要港口。浦东方面开辟住宅区,惟什九仍将留供种植之用。据计划设计人称,中国人口居住都市者,约占百分之五,根据他国情形推断,中国逐渐实行工业化,可使都市人口增至百分之四十,理想中之上海人口为二千五百万人左右,然容纳此庞大人口所必要之区域,现在已经建立者,尚不足什一,故上海将有其他大都市所未获之绝好机会,可在处女地上设计新的都市区域及完善之交通。数百年来,都市设计人仅致力于计划庞大,对于现代生活中行动迅速之车辆交通,则类多忽视其重要性,故计划中上海应辟有科学化设计阔达二百米之主要交通大道,及七十米阔之次要交通大道,以便就会繁路之车辆交通。设计人此次拟具计划时,因乏各种统计及调查,致工作时异常困难,然费时五个月,已告完成,较诸伦敦及纽约都市计划之设计,费时数载者,迅速多多。

(《申报》1946 年 7 月 10 日)

建设大上海都市计划会成立
计划时期以五十年需要为准备
推定土地交通区划等七组委员

〔**本报讯**〕 上海市都市计划委员会,昨日下午三时,在市府会议室举行成立大会,并召开首次会议,出席者兼主任委员吴国桢,当然委员赵祖康、祝平、赵曾珏、张维、谷春帆、吴开先(李剑华代)、顾毓琇(李熙谋代),聘任委员奚玉书、黄伯樵、李庆麟、施孔怀、薛次莘、陆议受、范文照、梅贻琳、卢树森、徐国懋、钱乃信、王志莘等卅余人,参议会议长潘公展列席。

主席致词希望表面实际工作同时并进

首由吴国桢主席略称：都市计划委员会，原由内政部所规定，各省各市都应设立，所以今天上海市都市计划委员会宣告成立，本人是极为愉快的。上海在过去始终未曾有过整个具规模的都市计划，有之，也仅及于市中心区而已。虽然过去之旧英法两租界，不能不承认其有相当成绩，但是一切设施都无计划的。为了确立今后都市建设之标准，及目前施政应有之准绳，必须有个大纲规定，如将全市划分成商业区，住宅区，码头区等，都应事先规划，然后求其逐步实现。所以都市计划委员会，对表面工作及实际工作，必须同时并进。今日到会的都是专家，相信对今后的大上海都市计划，必能有极大的贡献，本人愿致最大欢迎之意。嗣由赵祖康宣读由内政部营建司司长哈雄文氏代内政部张部长所发致大会之电文，大意为祝都市计划委员会成功。

潘议长致词

旋由参议会议长潘公展致词：略谓市参议会召开期将届，现已积极收集有关市政建设之意见，故对于上海市都市计划委员会的成立，极为愉快。关于一切都市之建设，倘若祇顾目前，而不展望将来，是不合理的，大而言之，国家之建设，亦复如是，当初国父手拟建设大纲时，对当时之环境而言，亦未尝不可说是太偏重理想，然而现在看来，却是最值得研究的具体计划。上海市都市计划，并非仅属三年五年之计划，而应该是三十年五十年之计划。战前上海被分成好几个势力范围，但今天已经统一了，所以深望上海市都市计划委员会能拟定好的方案，然后分期逐渐促其实现。民意机关希望今天的会议，是都市计划的开始，并祝成功。

讨论重要提案

潘议长词毕，即由该会执行秘书赵祖康报告筹备经过后，即行讨论各项重要提案，其内容与结果如下：（一）拟请分任各组委员以利进行案，决议：分（一）土地组一由祝平(召集人)，李庆麟，奚玉书，王志莘，钱乃信等担任。（二）交通组一由赵曾珏(召集人)，黄伯樵，陈伯庄，施孔怀，汪禧成，薛次莘等担任。（三）区划组一由赵祖康(召集人),吴蕴初,祝平,吴开先,顾毓琇,奚玉书,钱乃信等担任。(四)房屋组—由关颂声(召集人),范文照,卢树森,陆谦受等担任。(五)卫生组—张维(召集人),梅贻琳,关颂声等担任。(六)公用组—由黄伯樵(召集人),赵曾珏,李馥荪,宣铁吾,薛次莘,奚玉书担任。(七)市用组—暂缓成立,由公用组兼。(八)财务组—由谷春帆(召集人),赵棣华,王志莘等担任。(二)拟具本会会议规程请讨论案,决议通过。(三)拟具上海市都市计划委员会秘书处办事细则请讨论案、决议:通过。(四)拟具本会工作步骤,请讨论案,决议:(一)确定都市计划基本原则,送由市府呈中央核定。(二)根据基本原则,确定各组工作之内容及范团。(三)讨论各组之工作报告。(四)综合各组之工作报告,于本会成立之日起六个月内,制成全部计划总冈草案,送由市府呈中央核定。(五)遵照中央指示,将总图修正补充制成定案,送由市府公布,并呈中央备案。(六)制成分期或分区实施详图,送由市府公布。(五)拟具本市计划原则请讨论案,决议:(一)计划时期以二十五年为对象,(分期实行)以五十年需要为准备,(二)计划地区以市区范围为对象,必要时得扩展区域。此外关于(三)经济,(四)文化,(五)交通,(六)人口,(七)土地等各项,均有具体决定。会议迄六时许始散。

(《申报》1946 年 8 月 25 日)

赵局长详述施政概况

(上略)

(七)至于都市计划不仅为久远之国,且为任何都市纠正当前自然建设问题两题虽小,所关实大,倘无都市计划,漫无依据,单独假定,将来必有出入,故都市计划亦为一市急要之工程,都市计划委员会总领全市土地功用建设财政等,科专家设计研究,经数月之努力,已完成大上海区城总图及交通干线总图两草案,又平民住宅之建造原计划三千以完成一百五十四疏,在南市大木桥路。

(下略)

(《民国日报》1946 年 9 月 14 日)

配合大上海计划　统筹水陆交通网
南京路交通筹划改善

市公用局为统筹本市水陆交通,以期配合大上海都市计划总冈起见,除积极筹备市轮渡公司外,复将原有之公共汽车委员会及电车筹备处两单位,合并成立上海市交通公司筹备会,专司调配及计划组织上海市陆上交通网。据悉交通公司之初步计划,于三月内尽量设法增辟市区及郊区之公共汽车,俾与法商公共汽车相接街,完成全市公共汽车之交通网。第二步工作计划尚未确定,大致为整顿路权,电车及公共汽车之行驶权。查英商公共汽车之行驶权,虽尚有年月,然该公司之车辆已损毁无遗,迄今尚未恢复,现公用局已限于本月底前恢复,否则其行驶权将收归市有。至英商电车公司之行驶权,将于明年十月九日满期,最近市参议会曾建议收归市有,市府亦曾计划收买该公司所有资产,至于法商电车公司及公共汽车之行驶权,尚有数年,是否将提前收回行驶权,该局正缜密考虑中云。

本市中区交通,自于本年九九实行改善,在规定时间内,车辆肇祸事件已渐减少,兹悉市公用局鉴于南京路,北京路两处,于傍晚五时许各机关及写字间休息后,西行车辆倍形拥挤,现该局已筹备再行改善办法,以解决该两路交通之困难,闻上项问题将提交最近交通会议讨论。

（《申报》1946 年 11 月 4 日）

都市计划会商讨论总图
将扩充为世界第一大都市

上海都市计划委员会,将于今日下午三时,召开委员大会负责设计建造大上海都市计划之工用局、工务局,行政院工程计划图,财政局,卫生局,社会局,以及全国工程专家,均将参加,商讨确定大上海都市计划之蓝图,据记者获悉,计划中之建设大上海计划总图,可分为三部:(1) 自然建设,(2) 经济建设,(3) 社会建设,唯以此项计划,为百年大计所系,故其总图于拟定前,需做缜密之探讨,为确知目前上海实情起见,现已分拟调查原则五点:(1) 大上海区域之调查,(2) 本市人口居住调查,

(3) 工商业之调查,(4) 交通调查,(5) 公用事业调查,以上五项调查,除统计全市容量观测,全市房屋现状以及全市河道用途,均在调查之列,目前本市区域仅能容纳人口五百万人,计划中之区域,将扩充至可容纳一千五百万人口之世界第一流之大都市,此项计划之上海区域东至浦东,南至南淮,西至龙华,北至江湾大场,现以人口广聚市中心,因之交通拥挤,交通为难,此次计划中,将以浦东为住宅区,市中区位商业区,其余郊区为工厂区,至于三项建设其自然,设大部展于物质及地理之建设,如道路码头房屋,公园共享交通等固定性之物质建设,并注意港口之发展,铁路飞机场及公路干线之衔接,俾成为海陆空各项交通之总业,然后再与各种工商业之分布及住宅学校园林公共建设之设置,以及文化等社会建设互相配合,至于经济建设与社会建设,将以物理基础加以确定并须愿经济社会之社会发展,参照目前实际概要,加以实际配合,并详细计划,今日将于极绩讨论云。

(《民国日报》1946 年 11 月 7 日)

都市计划会二次会议　确定大上海计划
决由西藏路朝北辟路通北站
倡议市民一日运动建设大桥

　　上海市都市计划委员会,昨日下午三时,市府会议室举行第二次会议,由吴主委国桢主席,报告开会意义后,因事辞出,由赵祖康代理主席,即开始被论,先行审查参议会交该会采择施行之各案:

　　(一) 为北火车站上下旅客众多,交通拥塞,拟具补救办法提付讨论由: 办法,(1) 由西藏路向北经泥城桥,直关一直路径达北火车站。(2) 前项路线所经途中多草棚或将倾圮这破旧民屋,一律拆除,将住民移住市府所建之平民住屋内。决议通过。

　　(二) 请切实规划整理本市市郊区整个交通案,决议:一请政府迅速完成整个上海市区交通网设计。

　　(三) 确定大上海计划案。办法:一,呈请中央严令江苏省政府,立将应行划归本市之地区交本市接管。二,大上海建设计划,应以中央划定之全面积计划之。三,确定机关府署[市政府,各局,各警察分局,各自治区公所,各学校]及一切公有房屋形式及位置之公布,四,确定工业区,商业区,住宅区,及各种新房屋之图案。五,配合东方大港,迁移铁路车站,改建河流码头,明暗水道等。决议通过。

（四）倡议上海市民一日运动,以建设黄浦江大桥案。决议通过。

嗣对交通工务建设等均详加研讨,多认为事关百年大计,不宜草率,当再细加深究。对卫生等问题,拟于本星期六开小组讨论之。至六时半始散。

（《申报》1946 年 11 月 8 日）

建设大上海计划正由专家研讨中
太湖一带设国家公园　浦东临江辟为住宅区

本报讯　工务局日前在非正式之招待美国代表团席上,首度透露一广及长江,乍浦,及太湖区之建设大上海五十年计划。此一计划草成于三月前,至今正由都市计划委员会之六位建筑家及两位工程司详细研讨中。该会由吴市长担任主任委员,工务局长赵祖康担任招待秘书。

据该会建筑家卢君于席间解释称：此一计划分有交通纲实业区,住宅区与海港等部。其目的系欲使上海在实际与美丽之观点上,皆能列为世界最佳都市之一。上海在都市计划上,较伦敦职纽约皆为方便,因其并无有中国特色性或有价值建筑物之限制。此种建筑物实为改革之障碍。上海目前之建筑物大多陈旧不堪。新计划包括有合宜之拆毁式作在内。其意义盖在于使城市并不挤于一起,而分布成许多独立之市镇,与上海市区联系而成一大城。此类市镇再可分为许多邻里单位。各有交通相连。据确实估计,在未来一百万居民之新上海中,目前局围五十英方里之市区,将成为此大城之心脏区,而可容纳七百万人。其余之人口,则分布于区,镇,及邻近地域。每一邻近地域之单位,可容纳四百至一百居民。上海本地将以环形公路与草地,和外围地区分隔。此种草地即用为散心养神之地。

工务局之建筑家,对于工厂位置之设计,亦曾慎重考虑避免尘烟及其他各种因素。未来之上海,将向外扩展为五区。各区皆有铁道及汽车公路,与心脏区相通,此种公路并无交叉之支路与交通灯,俾使汽车每小时可行六十英里。

计划中亦曾述及目前港口之设备。拟划定乍浦为海港,吴淞为河港。乍浦并有一流经龙华之河道,直通上海黄浦。

飞机场之设备,则从目前之五处减少为四处。将江湾机场搬往闸北,龙华机场则使能适合西北偏西向之跑道。另在乍浦海港之后设一机场。所有机场均足能负起国际交通任务。并与公路铁道网等相联接。

其次,在太湖一带将设立国家公园。太湖南北将辟为农业地带,浦东靠临黄浦之地域则辟作住宅区。

现在圣约翰大学执教之卜立克工程师,对卢君之言加以补充,并指出浦江大桥因不合实际与太靡费金钱,故在此计划中已被删略。卜氏并对该计划有一异议,即对浦东之建设太少。

(《申报》1946 年 12 月 25 日)

都市计划中查勘社会状况之步骤

赵祖康

民国三十六年元旦,民国日报征文及余胡朴安先生参与革命,不遗余力,而其对于上海市过去之历史掌故,以及将来发展之前途,尤有深切之认识,与充分之研究。因念大上海计划之推进与实现,一面固在从事工作者规划之确当,设计之过详,而一切设计规划,事前苟无滴当可靠之资料。用作设计参考之张本,则所得结果,何异闭户造车,不能实施应用,至于一般社会人士,如在都市设计规划起草期间,缺乏远大之目光,明智无私之判断,不能充分了解,其为社会人群谋福利之措施,而日为不物实际,纸上空谈之百年大计,不予以热诚之协助支持,则虽计划者有极详尽,极周密之规划,亦将无法推行,其对于整个上海市发展繁荣之前途,恐将增加无限之阻力,余故甚愿本市社会舆论,尤以民国日报为舆论界之先导,对于本市都市计划问题,能共起负此倡导鼓舞之责也。

工务局关于都市计划之重要,对于规划大上海之计划工作,已积极推进,为时尚不足一载,初步计划草案,业告完成,而详细计划,则一面收集一切有用资料,一面广征各方专家之意见,共同研讨,以求其完备妥善,此次世界第二次大战以后,欧美各国之各大都市尽其全力,于炮火烟灰之上,重型规划都市之建设,使达与完美之境。都市计划之对象,即为整个社会,则其在设计之先,必须查勘社会之一切状况无疑,为其所需参考关于一切都市之地理,人文,社会,经济等之实际资料,至为广泛,其查勘所得资料之正确性,与其紧密之程度,分析之是否得宜,在在于设计工作,有莫大之关系。事故在规划之先,必须本明确现实环境而不为现实环境所围之目光拟定步骤,做一综合的,远大的决策,则一切事实与问题方可迎刃而解,兹参考欧美成规,就都市计划中,应与查勘亲视之要点,及如何分析之步骤,分别略述如次:查勘之步骤:(一)应先将整个社会人群,即有自然的,(或物质)的现状,或人为之特征,做成种种图示。(甲)应观察之要点,关于地理方面之查勘——市区内各平地段落分布如何,河身之宽度如何,深度如何,出产富饶,优良种植物地带之面积若干,区域内之风向,以及其他气候上之特征如何。

关于土地使用方面之查勘,市区内之住宅区,商业区,工业区,公用地区,空地段落之性质,式样,数量,年龄,容量等。

关于一切人为建筑之查勘,市区内重要之公共建筑物,商业及工业建筑物,教育及文化机构,主要之交通干道街道,桥梁,船场,及其他之人为建设。(乙)应分析之要点:关于居民方面,市区内居民之数目,有否侨民,其数目如何。关于居民之分布情形——市区内住宅区、商业区,居民之集中程度,工业区工人集中之情形,人口分布稀少之地区,近期人口迅速增加之地区。关于居民之交通方式——市区内之交通运输系统,联络市区之空运,铁路,公路,水道之关联点,及转运站之情形,市内之运输,其车辆之停靠地点,及办拥挤之区域。(二)将一般社会人群生活方式之估定,注意一般人群欲改变或欲保留之点(甲)应观察之要点主要工业方面,雇员职工之数目,职业之种类,建造何种生产品。其他职业及业务——各种职业之种类,人数,各类收入等等(乙)应分析之点,战前之职业状况,市区内失业情形,各种职业变迁之趋势,战事之影响战业——军需工业,工商业之变迁,战后职业状况之预期——根据战前职业状况估计将来职业情形,失业之解决。(三)观察生活方式之特点及其性质,注意一切业务设备之优点及其不适合之处,应观察之处,主要之公立或私立之设施——市区内学校,学院,图书馆,博物馆,公园等。人群之组织——市区内各报社,服务社,俱业部等。地方政府——市政府行政机构参议会等。地方风尚——一地方之风何,传统,一般之社会之精神(四)规划地方资源之研讨,应调查之处:档案文件,市区内有关一切之地图,计划,报告,统计等资料。资料之来源,市政府各局处及各公共机关,商会,工会,图书馆,学术团体,地方报纸,地方文化机构,公共事业机构,交通运输公司等。私人方面——工商业领袖,社会领导人物,公务员,及教育人士,及其他职业人士等。上列所举,包括社会一切经济,地理,人文之现存动态,可见都市计划设计时,对各个区域单位之如何配合,房屋交通之如何放置,端赖此种资料之齐全,而查勘资料之极为重要也明矣,甚为本市社会贤达,工商业领导人士,热诚协助,进而教之,则本市建设前途之幸也!

(《民国日报》1947 年 1 月 1 日)

都市计划委会　各组联席会议

本报讯　上海市都市计划委员会,于昨日上午九时,在市工务局会议室举行第三次各组联席会议,出席吴市长。黄伯樵。徐肇霖。吴益铭等二十余人。主席吴市长(由执行秘书赵祖康代)报告本市都市计划中各方亟待商决之问题,继由陆谦受解释上海市土地使用及干路系统总冈二稿内容。旋由黄伯樵、侯或华、赵曾珏、施孔怀、张维等相继发表关于都市计划中之人口,港口交通,工业区等各项意见。结果决定将都市计划总图二稿,连同修正意见,呈请吴市长核定后,一并提请参议会审核,至下午一时许散会。

(《申报》1947 年 5 月 25 日)

参会通过都市计划大纲
利用已建码头拟辟六港浦东划为轻工业区
大会今日下午举行第三次会议

本报讯　昨日为市参议会大会举行之第五日,上午由财政,社会二委员会,联合召开会议,讨论交易所应否撤销问题,下午三时疏导学潮特种委员会议续会议,同时,大上海都市计划审核委员会亦举行会议。今日下午三时为第三次会议,讨论提案,并由议长报告视察区政经过。

都市计划审核委员会,乃由参议员二十九位组织,由徐副议长主持,工务局赵局长报告计划内容,谓此项计划草案,乃费时一年又牛,始克告成,都市计划工作甚为重要,然难讨好。赵氏并报告日前行政院曾发来命令二通:一令各县市必须有都市计划,一令谓如无都市计划,则建设经费一律停发。

大场开辟国际机场

该会讨论结果,对大上海都市计划总图图稿,大都依照原意见大纲通过:(一)关于港埠者,赞同将港埠采用适当方式(挖入式或平行式)集中于数点,堆在最近将来,得尽量利用已建成沿浦之码头。计划中拟辟六港,如以虬江码头划为工业港,果淞附近划为渔业港,高桥区划为油港等。(二)关于飞机场者,大场辟为国际机场,并拟在其附近设一水上飞场,其地点仍以宝山之西北沿长江南岸为宜。质,以无需铁道交通者为宜,并就通航之内河口场设若干码头,以利该项工业之发展。(三)关于工业区者,根据市参议会业经相当决定之"上海市管理工厂设厂地址暂行通则",再按都市计划二稿,加以审核,使相配合。

(《申报》1947 年 5 月 31 日)

都市建设与地方自治　赵祖康
介绍"邻里单元"设计之意义

上海的都市计划工作,一年余来,经上海市政府的郡市计划委员会与工务局积极推进,最近已将计划"总图"送请市参谈会审核,再过几例月,遗大上海的计划定案,当可完成他技术设计的程序,而进入行政核定与实际施行的阶段。

在此六月六日工程师纪念节,我想不惜简陋把"都市计划"这名称中所包含的"都市建设"的意义,和他对于"地方自治"的关系及可能的影响,略略谈谈,以祝颂我们中国工程师今后建国工作中一个艰巨部门——即都市计划的顺利进行与成功。

都市建设以自然建设为基础

一个国家有他各个主要方面的建设,如经济建设,政治建设,军事建设等等,一个都市亦然。他可以分成三个方面:一,经济建设,二,社会建设,三,自然建设。(Physical Development)都市计划的对象,便是自然建设,不过计划的人,乃是要从自然建设的有计划的发展,产生他对于经济建设和社会建设的力量,这可说是我们工程师的一种宏愿。

举一个例：假如上海都市计划中，经过整个的详细的调查研究与正反两方面的辩难讨论，决定亦计划"总图"里，包括有浦江大桥或隧道，而由此总图的决定，加强主张越江工程者的信心与努力，结果呢，竟能在数年纹在计划所规定的年限内建筑完成了，那他对于浦东浦西的其他自然建设及整个上海的经济建设与社会建设，将产生一种何等有效的力量，是可以预料得到的，是以都市建设，虽有社会的，经济的，自然的三方面，但一般人及学工程的人，都将都市建设着眼并着力于自然建设的一方面，好比讲一个国家的经济计划时，其重点每每集中于工业建设，交通建设，农业建设等一样。

一个都市的自然建设，可说是道都市的社会建设，经济建设的基础，而"都市建设"应当着眼并着力于自然建设方面，这是在"六六"纪念日我们工程师对于都市建设的认识与解释。

地方自治要有新的保甲组织

都市建设与地方自治，究竟有何关联呢？其关联即在上边所关述的都市之自然建设与社会经济建设相互影响这一点上，地方自治，在都市看，不啻即是都市的政治的或社会的建设。地方自治最要的一点，在乎一个地方的人民，能够自己选举地方的官吏，来管理自己的事，能够自己办理警察，来保障自己的生命财产之安全。照我们现行地方自治制度，则有乡镇保甲户等的纤织，惟其有此组织，各种地方自治设施乃可推行，而要得到此种组织的构成与健全，以及此种组织与各种设施能配合，则都市计划将是最有力量最合理的方法。

近代都市计划的重要原则之一，便是"邻里单元"（Neiggbourhood Unit）的创立。邻里单元，可说是新的保甲组织。何谓"邻里单元"？近代都市计划者把都市看作一个有机体，希望道都市不论在自然的意义或社会的意义上都能乡村化，于是有邻里单元的设计。我们看到上海的市民，即使住在同一里弄，甚至贴邻，每每彼此不通姓名，不相闻问，但在二千数百年前的孔子，却很有意义地说过："里仁为美。"又说："德不孤，必有邻。"而今日的上海，今日的不少世界都市，偏偏不如此，结果呢？都市里的人，离了家，只是工厂，"写字间，"商店，俱乐部，娱乐场等等，而丧失了邻里交谊的友情与社团生活，于是都市的精神生活，似乎只有了竞争，夺取，或是痛苦，嫉恨，或是放纵的淫靡，享乐，这是近代都市文明的最大损失。邻里单元，便是来补偿这个损失的。

邻里单元之意义

现在看看上海都市计划总图二稿报告书中关于邻里单元的构成的设计。

报告书中,计划未来的上海市,要分为十二个区单元,(原又称市区单位,)区单元之下,有"镇单元",(原文称市镇单位,)各级单元之间,有绿地带(Green Belt)把他们分开的。他有高级中学,医院,教堂,警察局,邮政局等。镇单元之下,有"社团单元"(原文称中级单位),社团单元,是由所谓"补助干道"环绕而成的,其中应有初级中学一所及医院,警察派出所等。社团单元之下,则有"邻里单元,"(原文称小单以。)

每个邻里单元须有小学一所,每个完全小学有六个年级,每级设双班,每班四十人,全校可有学生四百八十名。以上海情形论,小学适龄儿童,占人口分之十二,计足修四千人口入学子弟之需要。这是上海都市计划的最小设计组织,除了小学校外,他要有公共图书馆,幼儿园,托儿所,运动场,儿童游戏场及商店中心等。

自邻里单元,社团单元,镇单元以至区单元,除了上述具有各种设备的有机体性的设计规定外,尚有土地使用,位置 关于步行距离时间上之配合如下:

一,邻里单元内,自住宅至日用品商店的步行时间,应不超过十分钟。

二,邻里单元内,小学生自住宅至学校的步行时间,最多为十五分钟。

三,住宅到工作地点之路程,减低到三十分钟的步行距离

四,娱乐地区与住宅须在不超过三十分钟步行时间的距离以内。

五,自住家到经常的行政机关,应不超过四十五分钟的步行距离。

由上所说,可见未来的上海都市,如照都市计划者的理想实行,将是一个配置很经济很和谐很有生命的有机体,而其基层组织在乎"邻里单元"。

这种邻里单元,在形式上看来,好像我国地力自治制度里在县市区乡镇之下,设有保与甲,(上文所称新的保甲组织,)但是保甲组织是沿袭以往传统的社会组织加以修改而成,在自然发展的基础上,似乎已经失去了他的意义与作用,则如上文所说,以上海里弄而论,将一个里弄内数十户人口组织为若干保,若干甲,但是他们还是不相知名,不相往来的,各户分别的生活着,如何能发生社会的自治的作用呢?何怪在此房租不正常,房东不过问,公德低落之情形下,上海私人里弄内之垃圾与湾渠道路等清洁修理问题之无法得到合理的解决了。

反之，邻里单元却将一个单元中四千左右人口用房屋地位的设计，交通系统的设计，公共场所如学校卫生所公共会场等的设计，种种配合起来，使得确确成为一个极亲密的近邻，同里的有社会生活的团体，那时候你要他们选举，要他们共同警卫，共同防疫，共同举办清理垃圾修理这路沟渠，共同发展或改良小学教育等等，将何等的便利而有效。这是邻里单元的作用。

推而广之，社团单元，镇单元，区单元，也都可发挥他们各自的个性与作用。地方自治得此，便可举重若轻的成功了。这是在今天工程师节中，我们工程师对于地方自治推进前途主张新关一条途径的建议。

我很希望：上海的工程师们，上海办理地方自治的人们，一民政处及各区的人员，以及上海的热心社会人士，和全体市民，都能确认都市建设与地方自治都要从都市计划做起，而我国的新都市计划，要能推行"邻里单元"之组织与建设，要能将自治组织与都市计划里的都市之各层自然组织配合起来，这不但是地方自然建设，这也是社会改革，这是地方自治先决的自然条件，这是民主的基础，这是全中国的事，这是我们工程师的宏愿与责任。

（《申报》1947 年 6 月 6 日）

大上海都市计划　起草人谈要点
港埠配置机械设备　普遍建设医院学校

本报讯　市政府都市计划委员会费时一年余研究之大上海都市计划，业经本届市参议会通过原则；但一般市民对该计划之要点知者尚少。记者昨访都市计划委员会顾问包烈教授(Prof. Paulick)，渠为该计划之主要起草人，报告计划之要点约有下列数项。（一）港埠问题。上海为工商业荟萃之地，全国进出口货吐纳最主要之港口。现时缺点有二，一为设备不够现代化，商货装卸迟缓。二为运输费用昂贵，影响工商业之发展甚巨。新都市计划中根据现代化及减省运输费用两大原则，拟将港埠高度集中于数处，配置一切现代化之机械设备，使货物上下迅速，费用减少。

大桥隧道　俱不合算

（二）发达浦东区问题。都市计划委员会认为浦江两岸交通之联系，无论建筑江面大桥或地下隧道,均非所宜。其原因除建筑费用太贵,不合财政打算外,建筑上之困难亦须考虑。盖如以在南京路外滩造越江大桥为例,其桥基须远至跑马厅附近,对市区影响太大。此外桥堍行人车辆之出入更将增加市区交通堵塞之程度,故与其拟将浦东发展为工业区,毋宁另择他处。至于欲使市民移居浦东,则可多建轮渡码头,便利交通。

多建干线　绕过闹市

（三）道路交通问题。计划分区多建。不经过商业中心区之直通干线。盖现时市区东西南北之交通,必须经过西藏路以东、苏州河以南之商业中心区,因此商业区集中,交通阻塞。若多设直接干线,则可免除此种现象。此外上海交通问题之最大特征,为车辆种类复杂,速率不同,故新都市计划中分别指定各种不同车辆行驶之路线,避免高速率车辆受低速率车辆之阻碍。（四）人口及管理问题。都市工业化之安然结果,人口势必日趋集中于都市。估计二十五年内上海人口可能增至七百万人。都市计划中以此七百万人口之都市为理想,管理方面以每四千人为一基本单位,每一单位内建设学校医院图书舘体育场等公共设备,而使上海跻于现代都市之林。

（《申报》1947 年 6 月 10 日）

闸北西区实施都市计划　土地准先征用再行重划
赵祖康谈工务会议决议案

本报讯　工务局长赵祖康,日前晋京出席内政部召开之工务会议,讨论本市闸北西区示范区都市计划事宜,业已于昨晨公毕返沪。记者昨特走访,叩询讨论经过情形。据称:会议中由本人报告本市都市计划之进展情形,闸北西区之重要性,其铁路,水运,空地之利用,及土地之重划等。当经讨论决议如下:（一）闸北西区土地使用之范围,面积,分配,以及最近都市计划通过之以邻里单位为原则,均认为大体可行。（二）闸北西区总面积为二千五百市亩,其中道路约占百分之十五,经整理后,包括道路,公园,医院,及学校,总数已增为百分之四十,其整理后增加之百分之二十五公地,决遵照最近市参议会通过原则,改为由政府征用,分区分期逐渐实施。经整理后,所有土地除保留地外,业主得有优先比例承领。（三）国府颁布之新土地法中,规定政府需用公地可向人民征用,而不加重划,虽手续迅速,然欠公允,已呈请内政部设法考虑修正,将来政府征用公地时,即可由原地主比例分摊之。本市闸北西区计划实施时,准予依照南京下关土地重划先例,可先行征用,再行重划,俾便都市计划之迅速进行。

(《申报》1948 年 3 月 20 日)

上海建设计划概述

赵祖康

　　市政评论有新年特别特刊之辑刊,征文及余,因年承之沪公务,兼理上海市都市计划工作,两年于兹,值此新正良辰,得将本市建设计划进展情形为关心市政建设者告,借以淬勤将来,倘亦为编者所评乎。

　　余自接篆伊始,即抱定沪市公务建设,必先决定方针,以有计划之发展为职其,盖关于过去,外人在上海之市政建设,表面虽有层楼巨厦之足壮观瞻,道路水电等设施之可供需应,唯建设区域,仅限于租借一隅,且又着眼于外人本身只商业利益为前提,缺乏通盘筹划,前市辖区域,则以租借之横亘中心,及其畸形发展之影响,市政建设,相形见绌,首遭劫毁,八年渝陷,一切设施,既经兵 ＊ ,复失保养,胜利后,人口激增,需求迫切,遂至供求失应,举凡交通运输,居住衡生等设施,靡不呈匮乏纷乱之象,社会经济两项建设,亦因物货建设之贫乏而共趋凋敝矣。

　　针对此种都市病现象,工务局及部门计划委员会曾暨技衡车家,年余中竭书智虑,慎始非勉,先后完成大上海都市计划初稿二稿,业经送请市参认会调查通过,现三稿正在修订设计中,因不敢谓所定计划,已臻至善,惟于本市建设,渐有准绳,当不致复蹈散漫纷乱之覆辙,掾此循序渐进,细作各区各项详细设计,苟市局稳定,经济充沛,逐步按计划实施,则十年二十年后上海市之面目,当可大为改观。

　　兹将近期完成: 1. 新的道路系统　2. 区域制度　3. 闸北西区计划草案,三种简叙始下:

1. 新的道路系统:

　　上海市区内之人口拥挤及交通紊乱之主因,因为过去工业商业住宅各区分布不当所致,而前市辖区城兴租借之道路,亦各成一系统,了无露活之连,亦造成车辆连动难乱无章之一因,新的道路系统,乃根据新的土地使用方式,重新厘定,测量利用及维持现有之道路,或拓宽,或延长,使配合整个系统功能上之连用。道路引分为三种,甲、干路、乙、次干路、丙、支路。干路作为外区于中区(相当于建成区)及外区彼此间直连及高速交通之用,计划有四条连两旁无联络路,则宽仅二十三公尺,干路仅限于机动车之行驶,其经过中区部分,即拟采用高架式以避免于横向道路平交,此为干道之功用性能,及其建设之特点,故又再为直通干路。次干路在建成区域内共十九条,其宽度视实际连量需要决定之,最宽约为四十四公尺,最窄约为 20 公尺,可行驶机动车非机动车,其功用为干路于兴支路连﹡者,市民日常在建成区内较短距离之交通,均利赖之,支路宽自十公尺至二十公尺,视需要而定,其功能则供沿路两旁住户之使用。

此新的道路系统之布置,针对我国国情,及沪市实际交通需要,以能通行公共交通(小汽车)及过渡时间之非机动车(人力车等)为原则,而在讨论建成区内计划中之高速交通道,拟采用高架桥电气铁于高家汽车路合并之道路之方案时,各方意见至为不同,有主张根本不设高速直通干路,有主张在中区可设置高速道,但仅限于高架电气铁路线,有主张中区可设置高架快速汽车路,不设置高架电气铁路,有认为上海土层虽软弱、地下水位虽高,但地下铁路仍不可建筑,经多次热烈讨论结果,仍采用上述意见,但将中区告诉线减至四条,以简省建设费用,但地下铁路在技术上与经济上之可能性仍调查研究中。

2. 区划制度

为保持及推进一个区域内市民之技术安全便利及一般优良环境起见,欧美各国各大小城市均大都采用"区划"制度,此种制度即将整个范围划成若干地区,复将此地区内之土地使用方式,予以适当合理之限制,对于一切区内建筑物之用途,大小,高度面积等,亦妥为规定,而使此地区内之居住或工作环境能得到良好之境界为目标,故区划乃系实现综﹡原则,而较综﹡跟进一层之实施方策,但其对象,仅限于区内私有之建筑物而不包含公有之设施及公共建之筑物。

世界各国均视区划制度为一种有建设性及进步性之制度,在美国自一九一六年纽约市首先采用此区域制度后,一是风靡全国,至今四分之三以上大小城市,均采用此制,良以私有建筑物虽受规则之限制,不能任意发展,但此种限制,实施后所设之结果,使居住区内最大多数市民在生活上居住上得享受种种卫生,安全,方便之便利,亦即以牺牲小我,成就大我之精神,＊充宏用,于全市建设之上,实为最公允合理之措施。

计划中建成区域区划办法(即相当于中山路以内及虹口一带)系根据都是计划原则分化为工业商业住宅等各区复依照将来环境需要及目前建筑状况,在详细分为：工业区,油池区、铁路区、仓库码头区,绿地带,一等商业区,二等商业区,一等住宅区,二等住宅区,三等住宅区,务使各区域之建筑物,得依规定范围发展,而不妨碍全市居民居住工作之安全为主。

3. 闸北西区计划

为分期分区实施都市计划,同时使市民对于都是计划有切实之认识起见,都市计划委员会已规定浙江北路以西,新疆路以北,西藏北路以西,苏州河之东北,及京沪铁路以南地区,全部面积约 1.4 平方公里(约合 2 000 市亩)之范围为闸北西区作为实施都市计划之示范区。区内之干道次干道支路及建筑物等之布置,经详细考虑,业以设计完成。此区定位二等住宅区,内分七个邻里单位,共容纳五千余户,每户人口以六人计,即可容人口三万余,另加公共建筑之人口,约可容纳人口四五万人,道路面积,约占邻里单位总面积 26％,绿地面积,约占邻里单位总面积 19％,此种比例,概符合良好都市设计之标准,区内建筑物分为六项：公有公共使用建筑物;私有公共使用建筑物;商店;住宅;小型工厂;仓库住宅之种类,复分为二层楼,四层楼房,散立式房屋等,其设计以适合我国一般家庭经济状况社会需要为原则。

区内与市民日常生活发生直接关系之小型工厂,各洗衣店,豆腐店等,亦准在第一第二邻里里单位内设置,以便利区内市民。

他如各种商店,公共行政及治安机关学校等,亦均制定地区,在指定范围内兴建。

总之,都市计划本为一项广泛复杂之工作,其发展历史,亦仅接近数十年事,而各个国家,各个都市又有其种种不同之社会及经济背景,始何囊集各家学说之厂,以综合性的规则配合现实环境之需要,从改进都市之一部分开始,做不断之努力,以达到合乎理想的近代都市计划之实现,此时有赖于各方技术专家之合作,于社会广泛支持和倡遵焉。

(《市政评论》1948 第 10 卷第 1 期)

大上海都市计划书(书评)

张继正

上海市政府邀集全市市政与工程专家以及各界有名人士组织委员会商讨研究,费事两载,开会56余次,完成这本《大上海都市计划书总图二稿》。内容周详,为全国所仅有。

我们除了敬佩参加工作诸位先生之殚心竭力而外,实在不敢多置一词。但是在现实主义者,尤其是在饱受上海都市生活压迫的小市民的立场看来,终不免有画饼充饥,望梅止渴之感。

都市计划的艺术,自古就有,而都市计划的名词,确是近代才成立的。近代都市往往受人口的增加,或社会环境的改变使原来的都市性达到饱和点,以至不能再有发挥的力量,都市计划书的目的,就在解救都市当前的病症,和控制将来的发展。就目前的上海来说,交通堵塞,房荒的加重,劳力的供过于求物资转运的迟缓,在在表示着人口的过多。再加上房屋建筑的不合用,街道的狭窄,交通工具种类的庞杂,市区与郊区交通的失调等等,成为世界上最乱七八糟的大都市,因为如此,所以犯罪行为的增加和疾病的传播,威胁着全体市民的安全。现在的上海实在连是三十四年以前一百万居民时代的都市,现在硬叫他来容纳四倍的人口,焉的不乱?如果上海人口的增加依照负责计划书各位专家的推测,五十年后,要在一千五百万以上,(是否可能达到这个数目,我们暂且不论,但是初期的增加,是自然的现象。)那时候的乱,更是不堪设想。"大上海都市计划书总图二稿"的深谋远虑,想要控制上海将来的发展,确值我们佩服。但是很可惜的是它对于上海日前许多严重问题的解决,却付之缺如。

上海目前都市设计的病症,在发展不平均,原因是过去租借的存在外国人固然专心致力于自己租借的繁荣,我们中国人也因为租借的存在有种种特权和便利,都集中到租借上来,帮助繁荣租借。闸北、南市、江湾、浦东,始终落后的原因就在于此。现在租借已经收回了,但是在一般人的心目中,似租借的意义还没有完全泯除。一切设施,好像还有这个界限的观念在作祟,比如说修马路,英日的租借占领先地位,英日的租借得到首位辅助,公用事业,亦以英日租借最为便利,这个固然是因为没有兼顾到界外的建设与发展,所以英日的租借还是优待享有优待,住在英日租借里面的人,远比住在界外的人得到较多的享受和便利结果是英日的租借依然领导着上海的繁荣,同时亦领导着上海的拥挤。

人是经济的动物,总会计算的,如果我们希望上海的市民向英日的租借之外去疏散,我们先得替他们算一下,他们疏散过去之后,是否比拥挤在英日租借之内合算? 答案必须是"是"然后这个希望才能实现,否则等于梦想,目前为了想开发江湾市中心区,当时主持计划的人就先开辟江湾市中心区的马路,铺上柏油,并且预先规划着种种近代都市必备的公共设施。使该区住家的人除了有一个比较安全愉快的居住环境外还同样能享受租界内所有的种种便利。这就是他们懂得替市民打算,首先具备这样的条件,然后才能吸引人去住,才会有人去投资建设。若是靠几张灿烂美观的计划图,绝不足以广招来。可惜是侵略战争发生,把这个计划摧毁了,我们没有能够充分看到他的成效。

当时江湾市中心的开辟,有一个重要的政治上的意义,就是希望把上海的重心,从当时的租借区转移出来。现在租借已经收回,这一个计划是否有继续执行的必要,自要重新根据上海市全盘的形式来考虑决定,我们不必在这里多加讨论。但是这个经验却是值得现在谈上海都市计划和建设的各位先生的注意。我们且不必好高骛远,侈谈增建速度可达每小时九十至一百公里的快车道,来解救交通拥挤,或争建越江交通,应该利用桥梁或隧道来减低市区人口的密度,我们只要把常年建设江湾市中心区的步骤,先用来恢复建设闸北和南市,再开发江湾浦东,那么,上海的拥挤或者有望减轻。其他一切市政困难问题也就容易解决了。

因此我们切盼望计划委员会能够在就轻而易举者做出立即可以兑现的计划来,譬如,南市的电车怎样能早日恢复,闸北的发电厂怎样能早日扩充,浦江的轮渡怎样去改善,各该地区的马路怎样去修整,市政府应马上按照这个计划去实施。

再就英日的租借本身来说,亦今非昔比,例如下水道的淤塞,在涨潮的时候,潮水会倒灌进来,从地势低处的阴沟洞里面冒出,淹没马路,大雨的时候更为严重,粪便垃圾的处理,没有通盘的规划,常使人在人言密集的地方,故射恶臭,散播疾病。交通管制不良,加重了运输的迟缓,诸如此类的病症,都是目前全体市民切肤之痛,但是如果能下决心来改善的话,却都是比较轻而易举的事,只怕事负责计划的当局,崇尚讨论伟大计划而不屑去注意这些小问题,那么,上海在不久的将来空拍就没有一片干净土了。

一个最理想的计划,不一定就是一个最好的计划,因为如果没有实现的可能,那就等于没有计划,目前国家财政快到山穷水尽的时候,上海负责当局,不想为市民某一点福利则已,如想为市民谋福利,以上意见咸有参考的价值。

(《世纪评论》第 11 期,1947 年 5 月)

计划中的大上海

沈德本

上海市自从抗战胜利,正式接受以后,租借【界】名词已成过去,以往分裂离析的局面,也已不复存在。而一般市民,在渝陷期间,饱受惨痛,希望自此以后,上海市在统一的条件下,可以不受外力的牵制,发展成一个合理的新都市。就事实来讲,现在确实是计划建设的良机。有三点理由,足资说明。第一,过去上海,因为租借关系,未能通盘计划,市政府与英公共租界,英法租界都各自为政,各不相谋。而且前租借当局的计划,都是拿经济利益为前提的,根本不估计将来的发展,例如沪西的自来水供应问题,不恰当的沟渠布置问题和中区的交通拥挤问题,都是这样造成的,现在情形却不同了,上海全市在一个市政管辖之下。过去不统一的缺点,不仅可以住建设发补救,通盘计划,也可以说是正合适时宜。第二,抗战时期,上海市曾经过炮火的洗礼。租借以外闸北,南市等区,市政设施,损毁殆尽,现在来开始整个计划,关于分区的布置,土地的使用,以及路线的辟划,当然有种种便利之虑。假定目前由其自由发展,将来再行改善,则不仅太不经济,并且亦必多困难。第三,在国家工业化的过程中,都市人口之增加,乃为必然的结果。中国现在正当开始建国工作的前夕,都是计划的需要,是在很是急迫。否则将来人口增加过速,无法应付,必然产生不良结果。一部分人士认为:现在正是经济困难的时候,着手恢复,还来不及,还大的计划,仅可缓谈。这种看法,似乎偏于近视。因为没有计划,等于没有方针这样目前的施政,也势必毫无巨细,等到将来既成事实之后,必然失之过晚,挽救为难。况且计划工作,也非一朝一夕之功。准确的统计资料,搜集不易,谨慎的研究,周密的讨论,也都是必不可少而且很费时的。当然都市计划乃是具有弹性的。时代的进展,或许会迫使现在的设计于将来有所变更,但是无论如何,机能性配合的整个轮廓,应该先行确定,这是无可异议的。

上海市都市计划委员会就是为了分辨本市都市计划共工作而组织的,该会在困难的条件下殚心竭虑,确立纲领,决定政策,并已拟就计划总图草案,土地使用及干路系统统计计划总图草案。将来假以时日,当能逐渐发展完善,正可拭目以待。

计划概要

兹根据都市计划委员会的报告书,略微介绍其梗概,想必为本刊读者所乐闻吧!该都市计划的时期,经决定以25年为对象,而以50年需要为准。该会经多方研究的结果,本市人口,在未来50年内,预计将近一千五百万的数字,为了适合这一千五百万人口的生活需要,上海市将来的发展,势必扩充到现行市界以外的附近区域去。所以该会准备建议中央,将附近区域,划为本市扩充范围,或另设一区域计划机构,管辖区域内总图之全部地区。全市的平均人口密度,暂定为每平方公里一万人,一中心区为最高,逐步向外递降。住宅区的面积,暂定为百分之四十,包括道路商店学校及其他集体设施在内,工业区的面积暂定为百分之二十。绿地面积定为百分之三十二,包括林荫大道,运动所及农作生产地在内。主要街道及交通路线的面积,暂定为百分之八。

土地的使用计划

关于土地政策,该会建议由市府呈请中央,在适当时候,将所有上海市的土地,以经济适用为原则,加以重划,本市市府,则需采取积极的土地政策,攫取本市土地百分之二十以上的所有权,以减除推进计划时土地使用之种种障碍。至于中区的土地使用,该会建议七点:一、扩大现有的商业中心区,使包括南市之一部分。二、废除杨树浦及南市各地现有之港口、仓库、工业设施等项。要改为住宅或商业区之应用。三、建立一全市性的商店中心区,以南京路、静安寺、林森路及西藏路为界。四、保留目前苏州河大环形兴计划开辟直线运河当中的地区,供中区工业之用。五、社型行政区与跑马场。六、中区其余土地,均应留作住宅之用,七、维持目前空地面积,加以联系成区内的绿地系统,再由市区外围的绿地地带,补足百分之三十二的绿地比例。

交通计划

关于港口问题,该会主张在吴淞附近设立内河港,在西南邻近乍浦之处设立海洋船港。在浦东半岛至乍浦区域的海岸线上设一渔业车港。在金山卫附近,设一渔业港。由乍浦至黄浦江开凿一运河,其接连地点,拟在黄浦江之弯曲成直角处。

关于铁路交通,货运方面,该会主张计划一有机性之铁路网,以应付将来的需要。由水运终点站至内地的路线,都使其绕越市区中心,在吴淞及乍浦两种主要航运站附近,计划设置主要货运站。此外尚需要南翔及松江设主要货运终点站两处。在昆山设一总货车编配厂,客运方面,建议开辟铁路新线三条:一由上海至青浦。一由上海至闵行经松江连接沪杭线。一由乍浦兴新运河并行,连贯各工业地带,至松江兴沪杭线连接,在上北站现址,吴淞及乍浦三处计划设置客运总站。在南站的偏西,设一次要总站,利用城区高速铁道,与北站连接。至于原有铁路与道路的平交点,则建议加以废除。

关于公路及干路系统,计划建造区域公路六条:第一条由吴淞港经蕴藻浜,南翔,松江而连乍浦。第二条由乍浦经松江连昆山。第三条由上海经昆山,苏州而连南京。第四条由上海经吴淞,浮桥而连常熟。第五条由上海经青浦连太湖。第六条由乍浦经松江、太仓。福山而连江阴。以现有的中山路为基础,发展放宽,计划建筑一环绕本市的主要环形干道。东西的干道,起自中山东路与苏州河的交点,西连中山西路,并与将来红桥区的干路连接。所有环路和干路,都须避免与任何道路有平交点。

关于地方水运问题,建议自麦根路至曹家渡加开直线运河。原有苏州河的弯曲之处,则作为起卸码头之用。此外蕴藻浜应加以改善。浦东与浦西的轮渡,除客运外,必须能载运汽车和货车。

关于飞机场问题,建议龙华,江湾两机场,只加以维护,作为市区降落场所之用,另在乍浦附近,设立一适合国际标准的大规模空运站,为远洋空运之用,并和港口铁路及公路各总站取得联络。

总结

以上是都市计划委员会初步草定的轮廓,其中有几个问题,有关方面,意见尚未一致,似乎还需要更切实的商榷。譬如龙华附近的工厂区,影响到上海市自来水厂的取水问题,又如港口问题,睿蒲局方面,还有不同意见。铁路交通问题,铁路管理局方面,也还有不同意见。干路系统问题,还有人主张用高架桥或地下快车道,凡此种种都需要精细的研究,周密的计划,以选择最妥当的处置。至于将来逐步推行时的困难,那更不是容易克服的事了。全靠全市市民,同心协力,应拿都市计划看做切身问题的一部分这样才会克底于成呢!

(《工程卷》第 2 卷第 6 期)

读大上海都市计划总图草案报告书二稿书后

上海市都市计划之初稿,完成于三十五年六月,其二稿于三十六年五月审定藏事,复于本年二月刊行二稿之报告书,笔者幸获一,读其书,观夫内容之宏富,研究之精髓,深佩其主事者,赵君祖康高瞻远瞩,与政事与学术兼筹并顾,今所植高尚之理想种子,数十年后行将收伟大建设之硕果,至于与事诸君,勤奋之处,亦可于报告书中窥见一斑,堪为吾人同等钦佩也。关于建设工作,不论系在学术上作探讨,抑系在宝地上施做,其目的均不外乎追求真理及造福人群,易言之,其目的在于为公,无私念夹杂其间,以是,建设人员对于工作之批判,皆欣然接受,批判即所以促助学术与工作之改进,亦即所以为公,批判者与被批判者,彼此目的相同,故彼此地位绝非对立着,思及此理,笔者不揣冒昧,敢以己见所及,于前述之报告书加以讨论,与事诸君,鉴于目的之相同,或不以直言而罪为不敬也。就报告书通体而论,其概念与原则泰半均正确而扼要。道路系统一章,立论颇为精到。其言有曰:用放宽的办法来处理交通负荷过重的道路的最大缺点,还是由于它的费用浩大,而所得的结果,在交通容量及速度方面,几乎都等于零,充其量也不过是细微的改善而已。

此点极是。有此清晰之认识,然后可以订定合理之道路系统,可以避重就轻,可以使用较少金钱,达成交通任务,其述及现时之工作,则曰:本市近年来最重要的道路放宽,可算是南京路在西藏路与马霍路当中一段,但到现在,已经失去效用,因为增加的宽度,都给停放车辆占去,余下的行车道,只能在每方向通过一行汽车,这种加宽,不特无益,而且有害,因为道路加宽之后,行人横越道路的时候,走上一段广阔而没有保障的距离,容易发生危险,同时增加较小车辆互相碰撞的机会。

吾人犹忆及初胜利时,该处道路未曾拓宽,而成为阻塞行车之据点,拓宽之后,前病已去,故私忖赵祖康氏必以此一工作自诩。孰料赵氏谦虚过甚,勇于责己,谓一己之工作不特无益,而且有害,复将停放车辆占去人行道一点亦引为工作之错误,衡之今之当政者,似尚无人能及其开明也。但其中有一点不可不予以指出,行人横越道路,经指定有固定地点,并非处处均须准备行人横越,如在非指定横越地带,有行人横越而发生危险时,赵氏似不必再事谦虚,而指为广阔之病。

对于道路之使用,报告书内曾有明确之界说。直通干路与次干道上,不许停放车辆,以免减低道路运载之容量。其后又主张建筑新型多层式汽车库,以辅助路外停车。此等主张在原则上实极具道理,但以旁观者之地位,替代执行者设想,其中困难当所不免,而赵氏在此处则颇具勇气,谓为:是一件轻而易举的工作,估计最多不过两年便可完成。执行者定较旁观者体验的真切,定较旁观者有更周密之考虑,执行者尚如此说法,吾人自可拭目以待之。于此,吾人可进而奉劝,既有此轻而易举之方法,自不必致力于头痛医头式之道路加宽矣。

人口问题一章之结论,可归纳为三点,其一,上海市将来人口必定增加。其二,依照孙本文教授所统治之自然增加率推算,二十五年后之上海市人口应为七百万左右。其三,以全市平均人口密度每平方公里一万人计,则本市最高人口容量应为七百万人,超越此数之剩余人口须疏散于市界外之卫星城镇。

除第一结论外,吾人未敢尽行苟同。报告书中亦承认人口之消长不仅受自然环境与人种生活力之影响,其他若政治,若经济,若交通等等莫不可以同样发生影响。但推算时仅计及自然趋势,而忽略于人为之因素,似有未当也。现时上海之工商业较战前衰落甚多,对外交通亦不若战前便利,至于人种生活力,虽无确切统计,但可断言于战前无何出入,以此数项因素论,人口之增加率似应降低,至少亦不应增高。实际上,据三十七年二月份统计,全市人口已达四百七十余万人,相当于报告书中所估计之一九五七年人口。其故安在? 曰:政治之影响也。就当前之事实为证,可知人口估计工作中决不可忽略政治因素。诚然,政治不安定,驱使若干人趋向于都市。一俟政治安定后,此等移入之人民又将迁出。但,此等移入之人民如寄居本市达较长时期,其中定有一部分人民将落户于本市,终使人口之增加率超出自然增加率,换言之,政治不安定之因素在目前影响于人口之增加率至巨,在将来亦可发生若干年影响。人口估计为都市计划中之最基本工作,倘此一基本之出发点已有显著错误,则据以规划之一切设计,将亦产生不同程度之错误也。

其次,关于人口密度之问题,报告书中仅列平均密度为每平方公里一万人。在土地区划一章中,亦曾论及此点,谓初稿所列每平方公里五千人至一万人之密度,似失之过小。吾人以为人口密度一点,不可以采取直觉之方式予以订定,亦不可以参酌欧西各国之成例订定。其适当之订定方式应如是:在住宅区择定一假想之邻里单位,在工业区、商业区及仓库区等亦择定一适当之假想小面积,依据每平方公里一万人之密度,在此等假想单位面积各作一详细计划,表示在此密度下吾人之生活状态应如斯;然后再依每平方公里一万五千人之密度另作一全套同样之计划,以示彼时之生活状态依各种不同密度,作成不同之计划,表示不同之生活状态,最后,以此各种计划,示知专家与市民,听候公众之抉择,择定后,此一择定之密度即作为计划之依据。吾信如是进行,不仅可使市民获得较清楚之观念,即在计划者本身言,亦可由直觉之假定,进而把握更深切之认识。平均密度虽非全市各区之应有密度,但有一合理之平均密度,则各区之应有密度亦可以在合理范围内得所斟酌增减矣。

关于土地之区划,报告书中曾说明将分为十二个市区单位,每区成为一完整单位,以杨树浦与江湾为各该地区之中心,并附表以示各计划区之面积与人口。

此等区划之原则,吾人至为赞同。但就报告书中之图文言,尚有不甚明了之处。第一,在第二表中列有各区之面积,在总图上则不能寻得各区之疆界。表中面积之数字准确至每平方公里之百分之一,则其疆界非含混者可断言也。图中既无此疆界,吾人自不能作何详尽之讨论矣。第二,文内有言曰:北新泾、蕴藻、浦东三地区,有决定性的工业发展趋势来代替现在的农村经济。复查表内所列浦东区面积为四九.一三平方公里,除住宅地面积三六.六二平方公里,区内绿地一一.九八平方公里而外,所余仅0.五三平方公里,如假定此0.五三平方公里为工业地面积,则在如此微小面积内如何造成其决定性?如谓为此一决定性之工业趋势系在二十五年以后,则今兹已在三六.六二平方公里内布成住宅,将来如何改成工业区?或则将工业区移植于一一.九八平方公里之绿地内,然而如此做法浦东又无绿地矣。再则,于港埠一章内曾述及浦东之地位,谓曰:市区所需要的大量牛乳鸡蛋菜蔬,以及其他易坏食物必须赖浦东的供应。

如是,则浦东又似经指定为农业地带?固然,第二表内曾注明未包括农业地在内,然则今日指定之农业地,是否即适于将来安置工业之用?依据以上各点之推想,吾人对于浦东都市计划中之地位,似难获得明确之观念。第三,杨树浦与江湾既经定为各该地区之中心,则此二区必有成为中心之道。就面积言,此二区之面积均不及三十平方公里,就人口言,每区不过三十余万人,就工业地面积言,两区共仅一二.五平方公里——凡此三项因素仅占全市之十分之一,欲以此十分之一发生中心作用,似不可能。识原计划者,尚有其他方法以达成此目的否?港埠一章所建议者,主要约有三项,其一为以苲浦为航运终点,其二,吴淞港区之计划,其三为避免越江桥梁隧道之修筑。

对于一二两点,吾人以为却有是处,盖港埠之规划决不可囿于浦江中段之两岸,致使建成区之紊乱状态为之增益,必须于较远大处着手,方可奠定永久之基础。

对于第三点,吾人不敢表示异同,只是有所怀疑耳。报告书内载曰:本市设计组曾同各个国外技术团体研究讨论,而所得的意见,大致相同,一律主张避免桥梁隧道的修筑。

但就事实言,赵祖康氏则于三月间曾向新闻记者宣布将于中正东路临浦江处,修筑越江隧道。主张虽一律,事实却恰与主张相反,孰是孰非,又岂旁观者以一知半解所可断定。吾人于此只表怀疑耳。其次,航运终点既经指定于苄浦,如无越江之桥梁与隧道,如何将运入之物资送达上海,如何将运出之物资自上海送至苄浦?即便有若干物资系自内地直输苄浦者,又有若干物资自苄浦直输内地者,但必须输自上海,或输入上海之物资终不可免,此等输入与输出是否将以吴淞为起卸点?即便照此划分物资之起卸点,在联运上不发生困难,然而整个上海市终须联成一体,浦东与浦西有浦江分割于中,仅借轮渡是否可以造成坚强之联系? 所以主张避免越江桥梁隧道之修筑者,盖所以防止浦东再陷外滩之覆辙,然而,除此法之外,是否尚有其他方法可以达成此目的,于避免修筑越江桥梁隧道一节,吾人终有因噎废食之感。但事实已于主张不符,当亦不须哓舌矣。

以上所述,系就报告书中之一章一节分别讨论之。兹再就报告书之整体,略责数言。

对于报告书之全文,吾人感觉过于偏重学术之复述。第一章人口问题各节内,曾述及影响人口消长之各因素。其第二、三、四、五、六、七各表列有各种比较数字,而实际上仅用孙本文教授之数字而已,是则此等余述于表格,具何用处? 又如第二章土地区划之第十三节内,载有阳光照角之图表与公式。实际上,可以领悟此等图标之人,殊不待此报告书之刊行,也已于其他书刊中读悉矣,不能领悟此等图表之人,读此简略之复述,仍不能领悟之。在其他章节中亦多此病。就体制言,报告书似不应如是,如作为教科书视之,似又嫌简略,而缺乏教科书应有之系统。

其次,吾人感觉学术学术之复述与所获结论似不尽吻合,其间有相互矛盾处,有与结论无关之处,此则容系整理工作未尽完善之故。

再则,吾人认为理想不能脱离现实,如上海为一无人之土地,其规划至为易易,仅需博览群书,颉摘最高尚之理想,一一应用之可耳。所不幸者,上海已住有四五百万市民,现有数十万幢房屋,已有相当分量之工商业,倘以最高尚之理想应用于此,当感觉若干障碍。是则,吾人必须与理想与现实间有所抉择与斟酌。在此抉择与斟酌之间,博览群书,尚不为功,必须于现状有清晰之了解,而现况之了解须以调查为基础,不能以直觉之观念为基础。观夫初稿与二稿之报告书中所列数字,调查工作似尚不十分充分。以人口密度言,就吾人所知上海旧城之北部,每平方公里有达四十万人者,而报告书中列为二十四万人。关于住居状态之调查期如。每平方公里数十万人之密度固为惊人,如每一卧室居住十人,则更为惊人矣。工厂与住宅夹杂,自然不佳,但工厂如只使用人力与电力,而无烟无臭,则其影响又自不同。仓库堆栈夹杂于其他区域内,亦非吾人所愿有者,但此等仓库堆栈,如系临时建筑物,或系露天堆栈,则规划时自可予以减少之考虑。

虽则前述者类似细节,可于分图中计及,然而若干单独之印象,即可构成清楚之概念,无此等数字与概念,规划之依据尽失矣。以是,吾人以为应赶速加强调查工作,以更多之数字,以更深切之认识,修正此一草案。

吾人不仅须认识现状,尤须计及实施之能力。即使吾人不考虑实施必遇之民间阻力,吾人至少尚需衡量实施之速度与财力。高架道路诚属至佳,但如许多高架线需要若干时日方可造成? 需要若干金钱方可造成? 吾人之计划时期为二十五年,每年须做若干? 每年须用若干金钱? 关于其他建设,莫不可予以同样之考虑。倘考虑之结果,认为不可能于期限内办到,甚或不能于期限内开始,是否吾人是否要一过渡计划,例如,高架道路不能在期限内建造,是否即听其悬搁,抑另建造一较易施做之道路? 对于建设如斯,对于效果亦应如斯考虑。例如,现时之人口有三百万人集中于八九十平方公里内,吾人是否可于二十五年内依照吾人之计划疏散至各区? 如不在限期内办到,何不提出一折中方案,或逐步推行之方案? 二十五年之限期绝不遥远,自胜利迄今几达三载,都市之规划亦将两载,与其消耗较久时期,订定极理想之计划,终使计划存留于纸片上,何不以较浅近之理想,较短之时期,促使这一都市早日获致改善?

最后,吾人愿提醒设计诸君,上海市之人口虽仅占全国人口之百分之一,而其工商各业对于全国之影响,绝不仅限于百分之一。倘为企求百分之一之人获致合理之居住,与合理之生活,使影响全国之工商各业遭遇阻碍(不论系临时者,抑系永久性者),是则全国人民之生活将为之牵动。以百分之一之人民,而牵动百分之九十九之人民,其措施是否合理? 工商各业之迁移疏散,在抗战时期吾人曾身受之。其滋味如何,其后果如何? 设计诸君当不健忘。能于此节稍事留意,庶无牵一发而动千钧,则不仅上海市工商各业之幸也。

吾人于计划之优劣,殊无成见。所愿者,以此文为开始,引起市民之注意,使之诚如赵祖康氏之所愿,计划渐趋具体实际。至于主持者及与事诸君,能于生活艰苦之中完成浩巨之报告书,其努力与奋斗当为吾人所同钦也。

(《建设评论》第 1 卷第 7 期)

上海市总图规划

新中国成立后,计划经济占据主导地位。上海按照中央政府的统一部署,本着"先生产、再生活"的原则发展工业。在此背景下,上海的城市职能由一个多功能的外向型经济中心城市转变成单一功能的内向型生产中心城市,逐渐成为中国的重要工业基地和财政支柱。

9 月,苏联专家穆欣来上海指导编制《上海市总图规划》,并作专题报告,规划按照发展工业的主导方向,提出疏散旧区稠密的人口和居住靠近工作地点的原则。方案强调建筑艺术布局,采用多层次环状放射、轴线对称的道路系统。规划指出 20 年后上海总体人口 500 万到 600 万,控制城市用地 550 平方公里,城市以发展工业为主导,规划了沪西工业区、沪东工业区、蕴藻浜工业区和杨浦有害工业区,规划港口总吞吐量 3 000 万吨,为上海引进了苏联城市规划理论和工作方法,推进了上海城市规划工作的开展。

(《上海城市规划志》编纂委员会编:《上海城市规划志》,
上海社会科学院出版社 1999 年版,第 92—94 页。)

二、上海卫星城初步发展阶段(1956—1966)

1956年4月《论十大关系》提到要正确处理内地工业和沿海工业的关系,5月陈云到上海,带来了毛泽东和党中央对"上海有前途,要发展"的期望。格局中央的指示,1956年7月中共上海市第一次代表大会正式提出"充分利用,合理发展"的工业建设方针,这为上海卫星城的发展带来了契机。

此时,苏共二十大接受了西方的卫星城理论。1956年9月,苏联专家建议上海可以考虑建设卫星城。但在"充分利用,合理发展"工业建设方针确定后,上海在工业布局、城市布局上仍以紧凑发展为主导,在旧市区填空补实能解决大部分工业建设项目,近郊工业区则安排新建迁建项目。

"大跃进"运动对上海卫星城的规划建设有着重要意义。1957年12月,上海市委正式提出"在上海周围建立卫星城镇,分散一部分小型企业,以减轻市区人口过分集中"。此后,伴随着上海工业"大跃进"和"二五"目标,1958年上海工业布局总体上实施了以近郊工业区为主、卫星城为辅的方针;上海城市建设方针则遵循"逐步改造旧市区、严格控制近郊工业区、有计划地发展卫星城镇"方针。1958年国务院先后批准将江苏省的宝山、嘉定、川沙、松江、金山等十个县划归上海市管辖,这为上海卫星城的规划建设提供了条件。至1959年底,上海先后规划建设闵行、吴泾、安亭、松江、嘉定5个卫星城,上海从一个单一城市逐渐发展成为一个包括市中心区、近郊工业区和远郊卫星城的组合城市。

"大跃进"运动降下帷幕后,1961年起上海卫星城工业建设总体上进程缓慢。但在以农业为基础、以工业为主导的指导方针下,一些企业如上海电机厂、重型机器厂、吴泾化工厂等继续发展,成为中外友人参观的重点对象。

"二五"计划期间上海城市总体规划

1956年,中共中央主席毛泽东发表《论十大关系》,要求好好利用和发展沿海工业的老底子以支持内地工业,给上海的发展提供了一个新的契机。上海市规划建筑管理局在新的形势下编制了《上海市1956—1967年近期规划草图》,提出了除原有沪东、沪南和沪西三个工业区内的大部分工厂可以就地建设、改造外,并提出了建立近郊工业备用地和开辟卫星城的规划构想。

1958年编制《上海市1958年城市建设初步规划总图》,提出开辟近郊工业区和远郊卫星城,适应了工业发展和布局调整的需要,上海市城市布局开始形成以市区为主体,近郊工业区和远郊卫星城镇相对独立又有有机联系的群体组合城市。

1959年,党中央提出了中央与地方工业并举的方针,国务院批准将江苏省的嘉定、上海、松江等10个县划归上海,上海市辖区面积从606.18平方公里扩大为6185平方公里。与此相适应,上海市人民委员会邀请建筑工程部规划工作组共同编制上海城市规划方案。10月,完成《关于上海城市总体规划的初步意见》,提出了逐步改造旧市区,严格控制近郊工业区,有计划地发展卫星城镇的城市建设方针,并编制了《上海区域规划示意草图》和《上海城市总体规划草图》。

(《上海城市规划志》编纂委员会编:《上海城市规划志》,

上海社会科学院出版社1999年版,第95页。)

近 郊 工 业 区

《上海市1958年城市建设初步规划总图》中对扩建工厂的处理原则是:(1)危害性不大,有改善条件的,如周围有扩充条件的,允许原址扩建。(2)有一定"三废"危害的,能加强防护措施,或与各方面矛盾可以解决的,在投资少、收效快的原则下,也可在原址适当扩建。(3)"三废"危害很大,严重影响附近居民安全健康的,在扩建后又无法减轻其有害影响的,或虽能加强防护而投资大、收效少的,应进行经济比较,作出决定。迁建、新建工厂应到新开辟的工业区中建设。规划新开辟的工业区有8个,并进行市政公用设施的综合平衡。

蕴藻浜工业区 地处城市下风向、蕴藻浜下游，有发展备用地，水陆运输便利，随着上钢一厂的扩建，将发展成为钢铁工业基地，随着上海硫酸厂的建设，重化工也有一定的发展。1958年主要新建、扩建项目是：上钢一厂、上海硫酸厂、中国炼气厂、上海玻璃仪器厂等。凡有大量烟尘和污水的工业，如印染、造纸等工业适宜在本工业区发展。蕴藻浜工业区的建设发展，需提前规划建设铁路南何支线和11万伏高压线。

彭浦工业区 作为铸锻及机电工业基地。由于接近大场机场，凡排出大量烟尘及构筑物高于30米的工厂不宜设立。1958年主要建设项目有华通开关厂、慎和翻砂厂、造纸机械厂、鼓风机厂、四方锅炉厂等30家。由于机电工业的迅速发展，同时规划闵行作为重型机电工业基地。

桃浦工业区 作为化学工业基地。1958年扩建的工厂有上海橡胶厂、泰山有机化工厂、华元染料厂、化学玩具厂等4家；新建的有天山化工厂、远东塑料厂、林产化工厂等7家。由于该地区供水、排水多半未解决，市政工程设计院提出供水暂用深井，污水用明渠排入蕴藻浜。

北新泾工业区 位于苏州河上游，除现有化工工厂扩建外，今后可作为服务性无"三废"的小型工业备用地，如印刷厂、小型机修厂、家具厂、食品厂、针织厂、棉织厂、文教工业等。1958年扩建的工厂有天原化工厂、上海试剂厂、上海葡萄糖厂、华亨化工厂、泰新染料厂、郑兴泰汽车材料厂等。北新泾工业区的发展，应同曹杨新村及中心区建立便捷的交通联系。

漕河泾工业区 为精密仪表工业基地。环境卫生要求较高。1958年有新成仪器厂、精密医疗器械厂6家工厂进建设。

高桥工业区 作为石油综合利用及有关化学工业基地。1958年上海炼油厂扩建，并新建高桥化工厂和农药厂。各厂应将工业废水自行处理或联合处理后再排放。

周家渡工业区 上钢三厂附近作为发展用地，耀华玻璃厂北首沿黄浦江土地适宜建立造船工业、也适宜于用水量大、水运量大的其他工业，该工业区因受龙华机场净空限制，构筑物不能太高。

吴泾工业区 为新兴化学工业基地，1958年有炼焦制气厂，吴泾化工厂，煤焦油精炼厂和热电站等工厂建设。

这个规划对1958年近郊工业区开辟，和市政公用设施配套，起了指导作用。新的形势发展，工业建设规模不断扩大，原来规划的近郊工业区不能适应工业建设的需求,于是把用地大、运输量大、用水量大、用煤气量大的工厂分别安排到建设条件较好的吴泾、闵行、安亭、嘉定、松江,并编制了5个卫星城规划,适应了各项建设的需要。

(《上海城市规划志》编纂委员会编:《上海城市规划志》,

上海社会科学院出版社1999年版,第97—98页。)

闵行卫星城

闵行卫星城位于上海市西南部、黄浦江上游北岸,距市中心人民广场32公里,历史上曾为上海县治所在地。

1958年3月,市城市规划勘测设计院在《上海卫星城镇建厂条件调查报告》中,根据闵行已有的工业基础和良好的交通条件,建议作为机电工业为主的卫星城首先进行建设。9月,上海市城市规划勘测设计院编制《闵行卫星城规划》及《闵行总体规划图(1958年)》,规划闵行是机电工业为主的卫星城,人口15—20万,总用地约21.7平方公里。总体布局是:竹港和沙港之间为机电工业用地,安排上海电机厂、上海汽轮机厂、上海锅炉厂、重型机床厂、新民机器厂(今新中华机器厂)等;沙港以西作为钢铁联合企业用地,并安排重型机器厂等;对环境无污染或污染轻微的化工工业,在达丰化工厂附近有控制地建设。居住区以旧镇和汽轮、电机新村为基础,在横泾与竹港之间,并向北发展。为合理经济地使用岸线,黄浦江、沙港的部分岸线规划为公共码头,并保留部分黄浦江生活岸线,客运码头布置在老镇沿江地段,以方便居民。卫星城中心设在沪闵路以西老镇以北的新居住区附近,安排行政、文化、商业、旅馆、大型体育场等公共建筑。

1959年9月底,为迎接国庆10周年,市城市规划勘测设计院根据中共上海市委提出的住宅建设要"成街成坊"、"先后街后成坊"的原则,编制了闵行一条街规划。闵行一条街仅用3个月时间,按规划一次建成,不仅住宅新颖、公共设施齐全、居民生活方便,而且形成繁华热闹街市和崭新的城市面貌。1961年闵行卫星城建设用地由2.22平方公里增至6.26平方公里,工厂由6家增至40家,职工人数由0.8万增至3.1万。新建了闵行电厂、闵行水厂、简易污水厂等,新建各类公共建筑7.7万余平方米、住宅建筑19万平方米。

(《上海城市规划志》编纂委员会编:《上海城市规划志》,

上海社会科学院出版社1999年版,第183—186页。)

吴泾卫星城

吴泾卫星城位于上海市南郊、黄浦江上游西岸,距市中心人民广场25公里。

1957年9月,市规划勘测设计院会同有关单位经对市郊华泾、浦东东沟、吴淞蕴藻浜地区、军工路共青苗圃及吴泾等地选址比较,认为吴泾有足够的岸线和腹地,水质好,可与吴淞、杨浦煤气厂构成环网,烟囱允许高度可达96米,能基本满足建设要求。

1958年8月,市规划勘测设计院编制吴泾卫星城规划。规划吴泾以设立煤炭综合利用企业为主,辅以设立电解食盐等化学工业企业,人口10—15万。总体布局是:华港路(今龙吴路)以东为主要工业地段,老俞塘以北以煤的综合利用为中心,安排上海焦化厂、上海氮肥厂(今吴泾化工厂)等,新老俞塘之间以电解食盐工业为中心,安排天原化工厂氯碱车间(后改名为上海电化厂、氯碱股份有限公司)等,新俞塘以南设置热电厂及仓库码头。华港路以西安排部分水运量不大的化学工业。新俞塘以北,沿黄浦江岸线350米规划公共客货运码头,并适当保留仓库、堆场用地。在吴泾镇与六磊塘北各设客运码头一处。居住区和公共建筑原安排在华港路以西,称吴泾一村,后因废气污染被调整作为仓库和宿舍用地,另在北吴路南新建居住区。

1959年6月,市规划勘测设计院对原规划作修改补充,再次上报市建委。补充内容主要有:为同长桥、闵行工业区保持一定距离,对未曾确定的西面作了界定,即东起黄浦江,西迄樱桃河,北自六磊塘,南至塘泗泾,用地约10平方公里,人口7万;在华港路西设宽400—500米防护林带,居住区南移至俞塘以南或俞塘两侧,部分居住区滨江布置,使居住区与有害车间保持1公里左右的距离;以热电厂出厂高压供电走廊和新俞塘为界,以北为工业区,以南为居住区,建议天原化工厂氯碱车间改放在华港路以东的老俞塘玉溪路之间,合成橡胶厂(今为有机氟研究所)布置在六磊塘以南、铁路以北。12月,全长15公里的华港路(今龙吴路)按规划建成。1960年吴泾已建成上海焦化厂、吴泾化工厂、吴泾热电厂等12家工厂,有职工近1.3万、地区人口近2.1万人;新建住宅7万平方米,公共建筑近0.8万平方米。

(《上海城市规划志》编纂委员会编:《上海城市规划志》,
上海社会科学院出版社1999年版,第188—190页。)

嘉 定 卫 星 城

嘉定卫星城位于上海市区西北,距市中心人民广场33公里。

1959年9月,市城市规划设计院编制了《嘉定总体规划》。1960年2月,又根据中共上海市委书记处书记、市基本建设委员会主任陈丕显关于充分利用旧镇,紧凑布局,将科技大学和一部分科技单位放在城内的指示,作了适当调整,形成卫星城初期规划。确定嘉定以设置科学技术研究机构、大专学校为主的卫星城,适当安排与科学研究有关的精密无害工业,人口规模10—15万,用地规模11平方公里。按城内生活、城外生产的原则,进行规划布局。科技大学安排在城内西南部,沿城内东西干道,布置第二中等技术学院、电子学研究所,城外西部安排力学研究所(后调整为中国科学院上海光学精密机械研究所西部),北部安排冶金和硅酸盐研究所、铜仁合金厂、科学仪器厂、新沪光学玻璃仪器厂,东部安排计算技术研究所、有机化学研究所(后改为金属材料加工厂)、原子核研究所等。码头仓库安排在环城河南门、北门附近,结合河流改道建设公共码头和客运码头,并保留适当码头仓库发展用地。以旧镇为基础建设居住区。道路系统结合圆形城区特点,采取环状放射形式。扩大汇龙潭、秋霞圃等原有园林绿化面积,沿环城河布置绿化带,结合放射道路植树造林,形成点、线、面结合的绿化系统。

1959—1966年期间,上海科技大学、电子学研究所、计算技术研究所、硅酸盐研究所等8家中央和市属科研单位新建或迁入嘉定,科研用地65公顷,职工近6 000人,占当时总人口的六分之一。与此同时,按规划建设了东西干道——清河路、塔城路和纵贯南北的交通干道——城中路,相应修建了部分街道和桥梁,全城道路网络初步形成。建成了全长600米的住宅和公共建筑配套齐全的城中路一条街,沿街东侧的新颖建筑与西边的体育场、公园虚实结合布局,形成新景观,城镇面貌为之焕然一新。

(《上海城市规划志》编纂委员会编:《上海城市规划志》,
上海社会科学院出版社1999年版,第193—195页。)

安 亭 卫 星 城

安亭卫星城位于上海市西部,距市中心人民广场33公里,北为沪宁铁路,南临吴淞江。

1958 年 8 月,市城市规划勘测设计院对安亭、南翔、黄渡三地比较后,认为安亭镇东首、沪宁铁路南侧、吴淞江以北,辟为机电工业区较为合适,为此编报了《安亭工业区选址和轮廓规划》。

1959 年 11 月,市城市规划勘测设计院,根据上海发展机电工业需要,编制《安亭初步规划》。提出安亭是以设置机电工业为主的卫星城,规划范围:北临沪宁铁路,南濒吴淞江,西依旧镇,东迄规划辟通的吴淞江连通蕰藻浜运河。规划用地10.23 平方公里,人口 10 万。工业区安排在沪宁铁路南侧、苏沪公路以北、顾浦河与规划辟通的蕰藻浜运河之间;居住区安排在苏沪公路南面临吴淞江地区和顾浦河以西与安亭镇相结合;卫星城中心设在临吴淞江居住区内。

1960 年 8 月编制的《安亭近期建设地区道路规划》,提出东西向和南北向各两条主要干道,东西向的为:对外交通干道曹安路;横贯地区中心、联结工业区和西部居住区的昌吉路。南北向的是:联结火车站和吴淞江的墨玉路;联结工业区、曹安路南部居住区的米泉路。9 月编制的《安亭地区下水道规划方案》,提出在于阗路以东、铁路以北建设安亭污水处理厂,沿昌吉路、米泉路、阜康路、于阗路铺埋污水管。1963 年编制的《安亭简易水厂位置方案》,确定水厂建在昌吉路以南、顾浦河以东。

1958 年—1969 年期间,上海汽车厂、上海阀门厂、上海发动机厂、上海安亭铸铁厂(今汽车发动机厂铸造分厂)、地质探矿机械厂、无线电专用设备厂等 12 家工厂相继新建或迁入,安亭的汽车工业发展已有相当基础。

(《上海城市规划志》编纂委员会编:《上海城市规划志》,
上海社会科学院出版社 1999 年版,第 197—198 页。)

松江卫星城

松江卫星城位于上海市西南,距市中心人民广场 40 公里,卫星城开辟之前,城内有小型电厂、部分给水设施和电影院、剧场、医院、中学等设施,文物古迹有唐陀罗尼经幢、宋兴圣教寺塔(又称方塔)、元清真寺(又名仙鹤寺)、明照壁、清醉白池等50 多处,还有大量明清时期官宅民居。

自 1958 年起,以松江古镇为依托进行规划与建设,逐渐成为新旧城镇结合,城乡共同发展的卫星城。

　　1958年12月,市城市规划勘测设计院编制了《松江城区总体规划》。规划提出松江城是以轻工业为主的综合性工业卫星城,人口30万。城镇主要向南发展至黄浦江边。基本布局是:地方工业安排在沈泾塘以西的中山路南北,大型工业布置在西南地区沿黄浦江地段,无污染、无干扰、运输量不大的工业与居民区结合适当安排;居住区利用旧城基础布置在沈泾塘以东,逐渐由北向南发展与黄浦江靠近;沈泾塘两岸、通波塘东岸安排码头、仓库;沪杭铁路结合修建复线移至城北距中山路1.5公里,沿铁路北侧建设松江至莘庄干道,东达上海市区;拓宽沈泾塘(改线后的沪杭铁路以南部分),使其能通航500—1 000吨船只,远期对横潦泾一段黄浦江裁弯取直,使之成为停泊万吨海轮的水陆联运港埠;保留境内的醉白池、方塔、烈士墓、共青林、菜花泾、西林塔等,并充实其内容。

　　1960年起,按规划要求新建和迁建了12家部属、市属企业,其中有有色金属冶炼厂等组成的横潦泾工业区。配合工厂建设,辟建了玉树路、同德路、长石路、贵南路、乐都路,建成松江自来水厂等市政公用设施。

(《上海城市规划志》编纂委员会编:《上海城市规划志》,

上海社会科学院出版社1999年版,第201—205页。)

为生产、为工人阶级服务
本市市政建设委员会昨成立

　　潘汉年副市长亲临讲话:

　　沪市新闻处讯　上海市人民政府市政建设委员会于昨(十九)日上午九时举行成立大会,出席的有该会黎玉主任,叶进明、赵祖康副主任,毛启爽、王兼士、朱俊欣、池宁、汪季琦、汪定曾、汪维恒、沈涵、金月石、金经昌、哈雄文、后奕斋、胡汝鼎、徐雪寒、陈敏之、曾广梁、程世抚、程万里、杨光池、刘鸿生、褚舟道、薛卓斌、韩克辛等委员(缺席告假的委员为顾准、骆耕漠、曹漫之、靳怀刚、张家祉、李穆生),暨各界、各机关来宾一百余人。市人民政府潘汉年、盛丕华副市长出席指导。

　　成立典礼开始时,叶进明副主任首先宣读经政务院批准的该会委员名单,宣告市政建设委员会正式成立。继由潘汉年副市长讲话,他指出市政建设委员会成立的意义,并就市政建设委员会的性质和任务作了四点指示:一、市政建设委员会应配合本市财经计划,订定可行的工作计划,有步骤、有领导地进行,逐步使上海从消费的城市

变为生产的城市。二、贯彻本市二届二次各界人民代表大会决定的为生产服务、为
劳动人民服务、首先为工人阶级服务的市政建设方针;在具体实践中应统一步骤,分
别轻重缓急,在现有基础上配合生产,量力而行。三、在教育改造的基础上,团结一
切技术专家,反对浪费,实行节约,为完成工程计划而努力。四、市政建设工程必须
与有关单位密切联系,首先要与财经机构配合,保证计划的推进。盛丕华副市长兼人
民监察委员会主任向大会致热烈祝贺,并指出市政建设委员会的成立在建设新上海工
作中的重要性。之后,黎玉主任报告了本市市政建设过去和现在的情况及今后努力的
方向(全文另发)。胡厥文代表市协商委员会、沈涵代表上海总工会、许涤新代表市财经
委员会、刘鸿生代表工商联相继讲话,一致表示支持与配合市政建设委员会的工作。最
后由赵祖康副主任致谢词,表示一定遵照首长指示的方针及各位来宾的意见,配合各有
关单位,依靠工人阶级,团结技术专家,在全市人民的支持下进行工作。

　　下午一时半起,举行第一次全体委员会议,首先讨论并通过了黎玉主任"上海
市政建设情况与今后努力的方向"的报告。各委员对于本市区划、电力和工人住宅
等问题,热烈发表了意见,决定从速成立各种专门委员会或专门小组,进行研究,订
出可行的方案,送请市人民政府核准,由各有关机关执行;并请有关局处根据委员
会决定的方针、方向,从速订立各单位的具体工作计划。

(《解放日报》1951 年 9 月 20 日)

上海市政建设情况与今后努力的方向

沪市新闻处讯　　上海市市政建设委员会第一次会议所通过的"上海市政建设
情况与今后努力的方向",全文如下:

　　上海市人民政府根据中央人民政府政务院批准的组织条例,决定设立本会以
指导各有关市政建设部门的工作。嗣经政务院任命了本会的正副主任和各位委
员,经过相当时期的积极筹备,本会于今天奉命正式成立。兹将上海市政建设的过
去与目前的情况作一个简单的说明,并提出一些问题,以供各位讨论。

一、旧上海市政建设的情况

　　上海是我国最大的城市和港口,也是我国经济、文化、工业、交通的主要中心之

一。由于一百多年来英、美、日等帝国主义者对中国人民的奴役和压榨,国内军阀、地主、买办、官僚资产阶级长期的腐败统治,上海便成为一个殖民地化的城市,并在这基础上发展起来。首先,在市政建设上表现分割的状况。例如:自来水、下水道、电力供应、公共交通、市内电话等,都有几个独立经营的、各自为政的系统,使人民在日常生活上与工业生产上均遭受到极大的困难。又以地下设备而论,凡自来水管、雨水管、污水管、煤气管、电力电缆等,无不规格杂乱,图表不全,以致排设新管线与修理旧管线时,困难丛生。第二,在市政建设的发展上极为畸形,一部份市区是建筑豪华,居住舒畅,供应齐全;另一部份则是道路泥泞,房屋简陋,无水无电。尤其是劳动人民集中居住的工人区,大部份不能享受应有的公共设备和供应。第三,城市的发展是无计划的,由黄浦江边向西自流的发展,工厂住宅错综杂乱,建筑集中,居住人口拥挤,交通道路与水电供应一再扩充,从未联系配合,使生产的发展遭受阻碍,居民的安宁卫生得不到保障。至于铁路、公路、航道、码头及各种重要建设,更不相协调。第四,二十年来上海的公共设备及公私建筑,由于在敌伪和国民党反动统治下,长期失修与摧残破坏,更是疮痍满目。如黄浦江积泥一千三百万立方公尺,内河水道大部淤塞,不仅航行困难,而且影响市郊农田灌溉。此外很多危险品工厂设于闹市,逾龄及危险房屋很多,一旦遭遇台风、暴雨或火灾等,其受祸害情况,将极为严重。总之,旧上海在市政建设上所表现的是分割凌乱、畸形发展、漫无计划和残破失修的现象,这是帝国主义者及其走狗蒋介石匪帮长期反动统治的恶果。因此对旧上海的改造和新上海的建设,是一个长期而艰巨的斗争任务。

二、解放后上海市政建设的成就

解放以后二年来的上海市政建设,在市人民政府领导下,由于全体人民的支持和工作人员的努力,根据一般维持养护、重点恢复改善的原则进行了工作,是获得了一定成就的。工务方面:着重修整市内交通干道及郊区重要的道路桥梁,疏通了大部份沟渠,改善了积水情况,并完成了浦东永久性的海塘工程。公用方面:在反封锁、反轰炸斗争中维持与改善了水电供应,初步整理了公共交通,普遍装设了给水龙头与公用电话。其他如打捞港内沉船,改善环境卫生,修理公共房屋,整顿地籍等,各方面都获得了一定的经验与成绩。从事市政管理工作的大批干部已初步了解情况,进一步掌握业务;而原有的相当数量的市政专家及技术人员,在各项工作中也表现了为人民服务的热忱。尤其是大量先进的市政工人,在恢复与改进的工作中,发挥了主人翁的作用,涌现出大批劳动模范和优秀工作者。无疑的这些工作的成就和劳动人民的积极进步,将是我们今后从事市政建设的有利条件。

上海人民尤其是广大的劳动人民,解放后对于自己的城市的改进与建设,表现了莫大的关心。如第二届第二次各界人民代表会议中,有关市政建设的提案就有二一八件,占提案总数的百分之二八·八。在公用方面:提出普及路灯、供水,开放电力、电话,扩充公用交通,改善公用事业管理等问题;在工务方面:提出建筑工人住宅,抢救危险房屋,划清设厂区域,修整道路沟渠等问题;在环境卫生方面:提出普设厕所便池,处理积枢,运粪等问题;在港务运输方面:提出挖泥疏浚和解决车站客货拥塞等问题;在房屋地政方面:提出指拨空地造房,修理公共房屋等问题。各有关的市政建设部门,对这些问题均已按照实际情况认真负责的加以分别处理,虽然我们不能立刻解决所有的问题,但是我们一定能够逐步解决这些问题。人民的新上海,一定能够在已有的基础上,稳步前进地改善和建设起来。

三、目前的工作方针与今后努力的方向

根据上述情况,说明了上海市政建设工作是一个极其复杂艰巨的工作,因此,尽管目前各方面的要求是合理的,许多改革是需要的,我们必需明确依据本市第二届第二次各界人民代表会议上陈市长报告中的指示,现阶段上海市政建设的基本方针是为生产服务,为劳动人民服务,而且首先为工人阶级服务。这一方针必须贯彻到各项市政建设的计划中去,否则我们在工作中将会迷失方向;面面照顾和百废俱兴的思想是错误的。同时各项市政建设在目前还受到人力、财力、物力的限制,思想上不能急于求成,行动上不能操之过急。由于美帝国主义者对我国的仇视和侵略,而上海又处于国防前线,一切市政建设必须配合和联系国防的措施,并且要适应空防与海防的条件。我们的工作态度是实事求是,量力而行;在为生产服务与首先为工人阶级服务的总方针下,根据主客观条件从现实的必要与可能出发,从现有的基础去逐步改进,有重点的有步骤的有计划的去处理市政建设上兴利除弊的问题,而不是建设花园都市的幻想!

我们要改造消费的、畸形的旧上海成为生产的、健康的新上海,一方面要研究将来上海的城市性质及其发展前途,一方面也要根据现在情况,拟具切实可行的市政建设计划。目前的工作方针,仍应按照一般维持,重点改进的原则,集中力量在一两项工作上取得经验,再逐步推广。如对普陀区中工人住宅区的重点改建,即其

一例。本会成立伊始，一切尚须摸索，谨提出下列四点，作为目前努力的方向：

第一，在贯彻市政建设为生产服务的方针下，我们首先需要充分了解情况，加强调查研究，从深入了解本市的人口分布、工业生产、土地使用、公共设备和供应等情况入手，掌握有关资料，集中群众的意见，作为改进市政建设的依据。

第二，根据本市经济与工业的现况及其发展的趋势，研究工厂、住宅、商业、车站、码头、绿地等的区划问题，注意其配合作用与发展过程的具体情况，拟订区划方案，规划并连接各区域间的干道系统，以利生产建设。

第三，加强电力供应与管理，加强对工业区工人住宅区重点建设的指导，有计划地改进现有工人住宅区的上下水道、交通道路及环境卫生等设施；并配合有关部门，对危险品工厂、仓库及危险建筑进行处理。

第四，在改进市政企业的管理与市政建设工程上，首先在于明确树立依靠工人阶级的思想，加强民主团结，使技术与劳动相结合，发扬群众的创造智慧，改进生产，改善管理和经营，检查浪费，尤其在公营市政企业中，要确立人民企业的各项制度，培养技术与管理干部，提高工作效率。同时在工作上加强有关部门的联系，多取协商，达到思想一致，步调一致，按照统一计划配合实施，达到合理地、经济地使用物料和人力。

在市人民政府正确的领导下，只要善于依靠工人阶级，团结技术专家，稳步前进，量力而行，并有五百余万市民的支持，我们相信必然能够在建设事业上取得更大的胜利。

是否有当，望大家指正！

（《解放日报》1951 年 9 月 20 日）

发展重工业是实现国家社会主义工业化的中心环节

逐步实现国家的社会主义工业化，把落后的农业国改造成为先进的社会主义工业国，这是全国人民当前最光荣伟大的历史任务。而完成这个任务的中心环节，就是首先集中主要力量来发展国家的重工业，即发展冶金、燃料、电力、机器、基本化学等生产生产资料的工业。

从首先发展重工业来实现国家的社会主义工业化，这是列宁、斯大林根据社会扩大再生产必须使生产资料的增长占优先地位的原理和社会主义的基本经济法则所创造出来的建设社会主义国家的方法。社会主义的基本经济法则是：用在高度技术基础上使社会主义生产不断增长和不断完善的办法，来保证最大限度地满足整个社会经常增长的物质和文化的需要。而重工业正是发展国民经济的物质和技术基础。因为要使国家经济事业得到不间断的高涨，要高速度地扩大再生产，就必须由重工业不断地为其他经济事业提供技术装备、动力和各种生产资料。在国民经济中，重工业的比重愈高，则加快积累速度的可能性也愈大，扩大再生产的速度也愈高。也就是说，只有首先发展制造生产资料的重工业，才能加速工业建设的速度。为缩短工业化的时间，苏联采取了首先发展重工业的方针，在十月革命胜利后的十五年内，就走完了资本主义国家需要几十年才能走完的道路，把自己由一个落后的农业国建设成为工业化的国家。斯大林在总结苏联社会主义建设的经验时曾一再指出：苏联所以能够迅速地实现工业化，最重要的经验，就是排斥了"通常的"工业化道路，而采取了首先发展重工业的社会主义工业化的道路。显然的，苏联过去所走过的道路，正是我们今天要学习的榜样。

我国过去虽有一定数量的工业，但是它在国民经济中所占比重很小，其中重工业的比重更小。因为我们过去没有重工业，我国虽然有发展纺织工业和其它轻工业所必需的原料和市场，但是不能生产纺织工业和轻工业所必需的机器，不能独立地发展纺织和轻工业事业，结果帝国主义国家的产品随着侵略政策的扩张，源源输入我国，长期占领了我国的市场。因为我们过去没有重工业，我国虽然有发展交通运输业的急迫需要和各种有利的条件，但是自己不能自制火车头，不能生产钢轨和大型钢材，不能制造汽车、轮船和飞机。解放以前，全国只有二万多公里铁路，七万五千多公里通车的公路，内河航运和海运都不发达，远洋运输和航空事业则几乎没有，结果，由于交通运输的阻碍，使得我国各地区之间经济和文化的交流十分不便。因为我们过去没有重工业，我国的农业几乎完全不使用现代的机器和很少使用化学肥料，使得农业生产长期停留在落后的技术上，农民们不能利用近代的科学成就去战胜各种自然灾害的侵袭，单位面积产量不能迅速提高，农业不能发展。尤其是因为我国过去没有重工业，因而也就没有现代化的军事工业，不能建立和巩固现代化的国防，所以一百多年来的旧中国受尽了帝国主义国家的欺侮。

中华人民共和国的建立，开始了我国国民经济生活的新纪元。过去四年来，我们在苏联的帮助下，努力恢复和整顿了原有的工业，并且有重点地建立了一些重工业。在这个基础上，我们已开始制造了数百种从前不会制造的机器，并用自己的机器制造业帮助各地新建和扩建了一些企业;我们已能制造钢轨,并修建了西南人民渴望了四十年之久的成渝铁路;我们已进行了整治淮河和荆江分洪等等大小水利工程,制造了成千上万台的新式农具和相当数量的化学肥料和药剂,有力地支援了农业的技术改革和生产的发展。这一切成就,大大地活跃了我国的经济生活,加速了国民经济的恢复过程。这一切成就,再次说明了只要钢铁、燃料、电力、机器和基本化学等重工业有所振兴和发展,它就可以带动整个国民经济得到进一步的发展。

国民经济的发展,必须以首先集中主要力量发展重工业为中心。这个原则,对于我们的国家来说,更有着特别重要的意义。我国是个拥有五亿人口的国土广大的国家,同时我们又是一个经济落后的国家。要迅速改变这种落后和贫困的状态,满足人民日益增长的物质与文化生活的需要和加强我们的国防力量,必须要有一个强大的工业基础,而为了建立这个工业基础,又必须首先建立起强大的重工业基础。以轻工业或纺织工业为例:如果全国人民每人要多做一套衣服,就要多生产出九千万匹布,就得建设有十万锭子的大纺织厂二十七个,这二十七个纺织厂所需的纺纱机和织布机,要由九个年产三十万纱锭的纺织机械制造厂来生产。而要建造这些工厂并维持它的不断生产,除农业上不断地供给大量的棉花外,还要有大量的钢铁、水泥、电力以及化学原料。以发展供应人民食用和供应工业以原料的农业为例,如果我们要在全国百分之四十的耕地上施用化学肥料,每年就得生产五百多万吨硫铵及其它产品,就需要建设二三十座巨大的化学工厂。如果要在全国十分之一的耕地上使用拖拉机,就要生产五万多部拖拉机和建立起供应这些机器以各种油料的石油工业。随着工农业的发展,还需要有现代化的交通工具来为它服务,要发展交通运输事业,这也得建设炼铁厂、炼钢厂、轧钢厂、机车制造厂、汽车制造厂、船舶制造厂和飞机制造厂等等。至于要建立现代化的国防,当然更离不开重工业的基础。

但是,首先集中主要力量发展重工业的方针,今天还不是所有的人都已经深刻领会到了。有不少的人,只是抽象地懂得要发展重工业,而没有把它与自己的实际工作和生活联系起来,没有把这个方针具体地贯彻到自己的日常工作和生活中去,甚至于自己的思想与行为与这个方针的要求还是背道而驰的。例如,为了建设重工业,我们需要集中许多优秀的干部去从事这方面的工作,但有些工矿企业和有些部门,却只顾本单位的局部需要,不愿意把最优秀的和可以调出的干部和技术人才输送给重工业部门。还有一些同志,不重视国家目前的需要,只强调个人的兴趣与生活条件的好坏,因而不愿意从事与重工业建设有密切关系的地质工作等等。又如，为了建设重工业，必须要求各项工作都围绕着它来进行。但是有些部门不仅不积极主动地去帮助重工业部门解决一些他们能够解决的困难，反而把重工业部门提出的合理要求视为"额外负担"，嫌麻烦，强调困难，不去积极配合。再如，为了集中主要力量首先发展重工业，就必须从各方面进行节约，大力积累建设资金。但是有一些人过分地强调生活的改善，要求国家无限制地增加日用轻工业品的生产，要求过高地增加工资，要求迅速地增加非重工业部门的投资。所有这些，显然都是与首先集中主要力量发展重工业的方针不相符的，都是有害于国家这一方针的贯彻的。要知道，首先发展重工业，这绝不是一个抽象的原则，它和我国全体人民的日常工作和生活是密切不可分地联系着和相互影响着，它必须通过我国全体人民的共同努力才能实现。我们应该批判与努力克服与这个方针相违背的一切错误思想与行为，从各方面来保证首先集中主要力量发展重工业。

我国目前发展重工业的具体任务，就是保证苏联政府决定帮助我们新建和改建的一百四十一项工程的完成。这一百四十一项工程都是要以最新技术装备起来的。对国家工业化具有决定作用的近代化工业，其中绝大部分都是重工业企业，包括钢铁联合企业、有色冶金企业、煤矿、炼油厂、机器制造厂、汽车厂、拖拉机制造厂、电力站等等。在建成了这些企业之后，我国的工业生产能力将大大增长；重工业的基础——钢铁工业的面貌将发生根本变化；煤、电、石油等产品也将有很大的增长；我国历史上从来不能制造的许多近代工业产品：汽车、拖拉机、巨型工作母机、若干精密机器和很大容量的发电机等等，都将能够制造或大量制造。那时候，我们就将成为一个在经济上真正独立的工业国家，社会主义工业化的事业也就得到了一个稳固的基础。保证这一百四十一项工程的胜利完成，就是当前我国全体人民最重要和最光荣的任务，我们应该动员起一切力量，来为完成一百四十一项工程而努力。

全国人民和所有的工作部门，都应该积极支援一百四十一项工程的建设。一切工业生产部门，以及商业、农业、交通运输业等各种经济部门，都应该努力增加生产，实行严格的节约，全国人民都应该发扬艰苦奋斗的革命传统，为积累一百四十一项重工业建设的资金而努力。同时，负有培养和输送技术人才责任的现有企业和学校，要把最优秀的技术干部、工人和学生送给它们；商业部门要负责供给这些工程的工作人员以充分的生活资料，努力帮助他们解决可以解决的生活困难；交通运输部门应该尽一切可能帮助他们解决交通运输问题；文化艺术部门的干部应该深入到一百四十一项工程的工地上去，以艺术力量去鼓舞工地上的工作人员；保卫

工作人员应该切实保证这些工程的安全进行。总之,我们要使许多工作都围绕着它,为胜利完成一百四十一项工程而奋斗。一切有关的共产党党委、人民政府和群众团体,应该认真地来组织这个工作,并把它摆到最重要的位置上来。为一百四十一项工程服务得好与坏,应该成为当前我们许多工作的考核标准。

直接参加一百四十一项建设工程的所有工作人员,对保证这些工程的胜利完成担负着最大也是最光荣的责任,应当发挥高度的积极性和创造性,贡献出自己的全部智慧和力量,来争取最好地完成国家和人民所交予的重大使命。已经施工的部门要努力提高工程的质量,加速工程进度,争取按期和提前完成任务,并在建设过程中厉行节约,防止建设资金的浪费。尚在进行准备工作的单位,要以最大努力加速准备工作的进行,正确地选择厂址,提供充分的精确的设计资料,做好勘察设计,做好各项施工准备工作,争取提前开始施工。所有这些部门的工作人员,都必须通过这次建设工作,认真学习苏联的先进技术。一百四十一项工程都是在苏联先进技术的指导下进行的,这是我们有系统有计划地学习苏联先进技术的一个最好机会,这些工程部门的领导人应该很好地领导这个工作。

只要全国人民团结一致,艰苦奋斗,集中主要力量发展重工业,并相应地发展轻工业、农业、交通运输业和商业,那么,我国的国民经济就将会全面地提高,国家工业化的进程将不是很慢、而可能是相当快的。让我们为实现国家工业化的伟大理想而奋勇前进!

(《解放日报》1954 年 3 月 4 日)

城市为什么要有规划?

吕光祺

城市是成千成万的人民共同生产集中生活的区域。为了使人民有合理的生产条件,有舒适的居住环境,有美好的游息处所,有便利的社会活动机会,城市的布置必须有整体的长远的考虑,使城市建设达到实用经济和美观。

解放前的我国城市,是根本谈不上规划的。就拿上海来说吧,工厂住宅往往是混杂的,道路是狭窄参错凌乱的,空地、绿地是远远不够的,这样就使市民的生活受到极大的影响。城市规划,也只有在社会主义国家和人民民主国家才能够达到的。城市中的工厂地区,是城市经济发展的动力。必须有便利的水陆交通和足够的动力,才能便利于原料的供应、机器的发动和产品的运输。但是,也必须同时使居民区的卫生条件不受到影响,也就是工厂中排洩的烟灰气体声响,应该与规划中的居民区隔离开来。城市中的居民区,往往也是政治文化活动的中心。它不但要顾到人民生活的舒适,社会政治文化活动的便利,同时也要表现民族的风格,城市的特性,人民政权的伟大,并有良好的水电交通市政设施的条件。

城市规划,在我国还是一项很新的工作,但是它的意义是极端重大的。随着工业的发展,很多新城市将兴建起来,许多旧城市将要改建,我们一定要学习苏联城市规划的经验,把我们的城市建设成不但是工业的堡垒,同时是美丽的大花园!

(《新民晚报》1954 年 3 月 19 日)

谈谈城市建设

大 平

最近"人民日报"先后发表了"贯彻重点建设城市的方针"和"迅速做好城市规划工作"两篇社论,给城市建设指出了方向,同时也说明了,随着国家经济建设的发展,新的工业城市陆续的出现,城市建设工作,将愈来愈重要了。

社会主义城市最基本的特征,就是保证劳动者物质文化生活水平的不断提高。因此谈到城市建设,立刻就会联想到广阔平坦的林荫大道,美丽舒适的工人住宅,四通八达的交通线路。解放以来,我国各城市也的确在这方面做了极大的工作。但是,在国家过渡时期,有限的资金,不可能一下子把不合理的旧城市完全加以改变,而必须最经济的加以使用,使能发挥最大的作用,也就是必须贯彻重点建设城市的方针。

随着一百四十一项工程的顺利进行,这些大的近代工业,必须要有近代的城市公用设施来与它配合。毫无疑问,所有自来水、下水道、电力、交通运输等的建造,都是为了保证国家的工业建设。因此这类城市,是全部城市建设工作的重点。至于原来有一定工业基础的近代化城市,现在也进行扩建和新建一些工厂的,则应该放在第二位。

重点建设的意义,还不仅是择定了对象,而把第一个五年计划中工业建设不多的城市,只进行一般的维护检修;就是在重点城市中,也应该努力撙节和缩减与生产没有直接关系的建设费用,而建设的重点应该放在直接为工业生产服务的市政设施上。

因此,城市建设也就必须由内向外,由近到远,紧凑地发展。在城市建设中,如果不考虑原有城市的基础,而把摊子拉得很大,那就意味着道路、下水道、自来水、交通线、电力的造价的增加。市内绿地太大,街道面积过多,都有着同样的缺点。工业区的布置,也有着极重要的意义,如果考虑不周到而布置过远,不但会增加用地面积,同时也会大大增加交通运输距离,从而增加了建设成本。房屋层数太低,单从建筑造价来考虑好像比较经济,但是连同用地面积以及各种道路、下水道等设备并起来考虑,就不一定经济了。

当然,城市建设同样不可能忽视城市的长远发展。如果对它没有充分的估计,而把建设束缚在没有发展余地的一隅,那么将来的扩建,又必增加很大的费用。因此,重点建设也必须适合这种情况,而一片一片,一区一区的发展,以逐步形成若干街坊和街道。

加里宁曾经说过:"城市建设是百年大计,因此特别重要的是要有合理的规划。"在不少城市正在或即将进行大规模建设的时候,只要有很好的规划,一定能有一个个美丽幸福的社会主义城市在祖国大地上出现。

(《新民晚报》1954 年 5 月 19 日)

怎样进行城市规划

丁基实

城市是一个规模较大和人口集中的人们进行生产和生活的环境。它包括有工厂、对外交通设备、居住房屋、公共建筑、公园、绿地、街道、广场、桥梁、隧道、市内交通设备、自来水、下水道、电力等设备。所有这些设备,都是城市的组成部分。

城市规划工作的目的,就是要把这些城市的组成部分,合理地加以布置,使它们相互之间都有一定的有机的联系和适当的配合,使这个城市能最大限度地满足国家的工业建设和人民物质文化生活的需要。

无论新城市的建设或旧城市的改造,一般都是分期逐渐进行的。完成一个城市十五至廿年时间的规划方案,常常需要三年、五年甚至更多的时间。但城市的建设工作当然不能够停顿下来,等待规划方案的完成,因此规划工作必须从一个城市的分期发展的观点来进行。在进行十五年至廿年的规划方案的同时,必须进行二年至五年的近期建设的规划方案,以满足近期建设工程的需要。这两项工作不是对立的而是统一的;前一工作为后一工作指明方向,后一工作则充实前一工作的内容而使之具体化,最后,完成一个既能满足近期建设的要求,又能保证长远利益的综合方案。

城市规划必须有资料的根据:(一)决定城市发展的性质和规模的资料,如工业,对外、对内的交通运输设备,行政和文化机关、住宅等以及人口发展的资料;(二)各种自然条件的资料,如地形、河流、土壤、气候等。对于旧城市的规划,还必须掌握各种现状资料,以及该城市历史上已经形成的特点,建筑和公用事业情况及其特点等各方面的资料。

旧城市的规划一般是比新城市复杂得多,必须制定现有城市的改建方案,逐渐以新的建筑代替旧的建筑;为了改善交通及居住情况,必须封闭一部分支路以加大居住街坊;拆除一部分建筑物以拓宽道路;开辟广场、绿地;新辟和改变一部分道路,以重新规划道路网等。所有这些工作的有计划有步骤的完成,会使旧城市的面貌一步一步地获得改进。

旧城市的建筑密度和人口密度过大,必须逐步加以改变。但同时必须注意城市"紧凑"之重大的经济意义,必须使城市的发展由内而外,由近及远,凡在较近地区有可利用的空地,都应该合理地加以利用。把城市布置得过分分散,将失掉城市应有的经济意义。在资本主义国家大城市中,高楼大厦和贫民窟的强烈对比、人口的过分集中、建筑的密集、阴暗的光线、恶劣的空气、嘈杂的声音,再加上道德的堕落、盗匪的横行,所有这些情况,就造成了与大自然隔绝的极不健康极不正常的城市生活。

所有资本主义国家所不能做到的城市规划改建工作,在社会主义的苏联已经收到了巨大的成绩。遵循着苏联的道路,我国的国民经济计划,既确定了我国的城市规划建设工作的计划,也保证了我国城市规划建设的远大的前途——最大限度的满足生产和人民生活的需要的经济、美观、实用的社会主义新城市的前途!

（《新民晚报》1954 年 8 月 15 日）

谈谈区划管理与城市建设

我们进行工厂、仓库、住宅、文教卫生……等的基本建设时,除了基建的项目内容必须符合本身业务使用的需要外,对于建设用地的区域和面积、建筑高度、结构式样以及建筑物与其他面积的比例等均须按照城市总体规划设计的规定来设计布置。这种以城市总体规划的各项规定来指导和管理城市各项基本建设的工作叫做区划管理。

城市的总体规划是以"经济、实用、美观"及对人民的关怀的思想,根据国民经济的发展计划,结合城市的现实情况来拟定的,用以正确指导城市近期的各项建设。因此,我们要建设一个社会主义城市或是把原有的城市改建成为社会主义的城市,城市内的各项建设必须服从城市的总体规划,必须严格接受区划的管理。

上海过去是帝国主义长期统治的殖民地城市,它的发展和成长除了服从反动统治者的压迫和剥削人民的利益外别无计划,因此它是杂乱的、分割的,其中最突出的表现在工厂与住宅的混乱建造相互影响,若从合理便利的运输条件以及不同性质工厂毗邻设立所发生的妨碍来看,(比如制酸厂的酸雾腐蚀机器制造厂的机器,煤球厂的煤灰影响漂染厂产品的质量,某些排泄臭味的工厂将使食品厂的产品变味等)这些工厂在生产上,均得不到合理的业务活动及其发展的保证。再从安全安宁卫生方面来看,居民亦得不到合理居住游息的保证。因此,今天客观上形成的某些利用原有基础发展生产和影响居住安全卫生的矛盾日益尖锐,这个旧社会所遗留下来的矛盾,也只有服从我们上海市的总体规划,认真接受区划管理的规定,才能得到逐步统一和解决。

今年上海的市政建设,开辟了桃浦工业区,并积极计划整理沪东(杨树浦)及沪西(普陀)二工业区以适应工厂企业的新建扩建和迁建的需要,同时除了继续新建工人住宅区外,正进行肇嘉浜的填浜埋管工程,并根据国家在过渡时期总路线的政策精神,对住宅区内带有严重危害性的工厂进行了迁厂和改善安全卫生的设施,逐步改善市民的居住环境。这一切均是根据城市的总体规划来进行的,以便把我们的上海逐步改造和建设成为新的社会主义的城市。

区划管理是指导我们城市建设的工作之一,我们必须予以正确的认识和重视。事实告诉了我们,凡是按照区划规定进行的各项建设均可得到合理的业务活动及其发展的条件;反之则必然遭到返工浪费;必然妨碍到整体利益。因此,一些只顾生产不顾居住的安全卫生,只顾强调本身局部困难不顾城市建设的统一性和整体性的不正确的观点必须予以批判和清除,同时我们必须对区划管理工作予以尽力的支持和配合,这样才能根据上海的总体规划通过各项新建扩建工程来根本改变城市面貌,以显示出社会主义类型的人民新上海。

(《新民晚报》1954 年 11 月 28 日)

中共上海市委第二书记陈丕显在政协上海市第一届委员会第一次全体会议上的政治报告（摘要）

五月十二日，中国共产党上海市委第二书记陈丕显同志在政协上海市第一届委员会第一次全体会议上代表中国共产党上海市委员会作了政治报告。这个报告详尽地分析了目前的国际形势，并就如何把上海建设、改造成为社会主义的城市的问题，作了详尽的分析和说明。

陈丕显同志的报告中说："我国正在进行的社会主义建设，我们国内的一切条件是已具备的，而且有苏联和各人民民主国家的支援，所以，外部的条件也是有利的。但是，还需要有一个不可缺少的条件，那便是一个国际的和平环境。因此，我们必须积极地参加争取世界和平的斗争，不应该存有关门建设的思想。"

陈丕显同志明确地指出："目前的国际形势是紧张的，其基本特点是：国际和平力量与国际战争势力之间，进行着尖锐、紧张和反复的斗争。"

他分析了美国垄断资本发展的特点，及其奉行的所谓"实力地位政策"；分析了和平民主社会主义阵营与帝国主义阵营之间的力量对比。他告诉大家必须清楚地看到："美国垄断资本追求最大限度的利润和迷信'实力地位政策'，它冒险地发动战争对和平力量进行突然袭击是可能的，我们必须警惕。但是以美国为首的帝国主义阵营内部，帝国主义和他们国内人民之间以及帝国主义和殖民地之间都存在有不可克服的重重矛盾和危机，它的'实力地位政策'是虚妄的，基础是极不牢固的。而和平民主社会主义阵营方面，内部是团结的，力量是强大的，行动是正义的，有十二个国家九亿人口在欧亚大陆上连成一片，具备在任何情况下都可以互相支援的优越形势，如果帝国主义战争势力敢于发动战争，他们就一定要失败。"

谈到我们一定要解放台湾和沿海岛屿，以保卫我国社会主义建设事业，保卫亚洲和世界和平时，陈丕显同志特别强调说明："这是我们正义的立场。我们要求一个和平环境以便进行社会主义建设，但我们决不能容忍敌人侵占我国领土，我们一定要保卫我们自己的神圣权益，保卫我们领土的完整。如果敌人敢于发动突然的袭击，我们一定要打败它。我们一定要提高警惕，不断加强国防力量，使自己'有备无患'或有备少患，使敌人无隙可乘。"

关于上海的建设和改造问题，陈丕显同志在报告中首先指出："根据我国过渡时期的总任务,我们要把上海建设和改造成为社会主义的城市。上海是在旧中国半封建半殖民地社会里发展起来的工商业集中的城市。过去的上海,是帝国主义掠夺中国人民的侵略基地,是为帝国主义、官僚资产阶级、地主阶级服务的城市。解放以后,上海的性质已经根本改变:社会主义经济已确立了它的巩固的领导地位;对资本主义工商业的社会主义改造正在有计划地进行,作为我国现有的重要工业基地之一,在国家经济恢复时期和第一个五年计划的前两年中有了很多贡献。但是生产过于集中,离原料产地过远,产品和国家需要有矛盾,资本主义经济的盲目性与社会主义经济的计划性有矛盾,人口过多,消费人口大大超过了和生产人口的正常比例等情况还严重存在着。这些旧上海的特点还没有彻底改变,给当前的工作和生活不断带来许多困难,因此,今天的上海也还不能说已经是合乎社会主义要求的城市。"

接着,陈丕显同志提出:"在上海的社会主义建设和社会主义改造任务中,必须贯彻紧缩和加强上海的方针,把上海改造成为既符合于社会主义建设合理布局的原则,又能够担负起捍卫国防前哨的光荣责任的坚强城市,更有力地发挥工业基地的作用。"

为了达到上述目的,陈丕显同志在报告中说:"我们应该积极地、有步骤地改变目前上海所存在的不合理状况。应该坚持一般不再扩建和新建工业,如有必要的扩建和新建应经过周密的研究和严格的审批手续;对于现有的为国家建设所需要的生产设备应予充分的利用,支援各地需要。同时,应该严格限制私营工商业的盲目发展,一般不再批准开设新的工厂、商店;应尽量利用上海的技术条件,克服保守思想,努力制造合乎国家建设需要的新产品,在产品品种上与内地实行分工。为了改变上海人口过于臃肿的现象,除应加强户口管理,严格限制人口盲目流入外,特别需要动员上海人民服从国家建设的需要,大批的到内地参加国家的工农业建设;要鼓励在农村有生产条件的人回乡生产。上海人民的生活水平比内地人民的生活水平为高,某些方面应逐步地适当改变。"

陈丕显同志在报告中指出:"上海人民在完成国家建设的各个年度计划时,应该大力开展增产节约运动,这是完成国家生产任务的中心环节。目前浪费现象是严重的,应认真地节约原材料,节省开支,降低成本,提高质量,精简机构,节约粮食,从各方面来为国家积累建设资金,克服当前建设中的困难。"在对资本主义工商业的社会主义改造方面,他说:"应该加强对私营工商业进行社会主义改造和认真管理。社会主义改造将是按行业按产品有计划有步骤地进行,对尚未进行改造的私营工商业必须加强领导和管理,防止其盲目性。在对私营工商业进行社会主义改造中必须贯彻统筹兼顾的政策,发挥资本家的积极性,促使他们自觉地接受改造。"陈丕显同志还批评了那些盲目招收工人,安插亲戚朋友,随意增加工资的资本家。

陈丕显同志特别着重地提出:"当我们进行建设和改造上海的时候,一方面,外国帝国主义决不会袖手旁观;另一方面,国内那些已经被打倒的阶级决不会甘心于自己的死亡,那些将被消灭的阶级决不会没有反抗,他们中的坚决反革命分子必然要和外国帝国主义互相勾结起来,利用每一个机会来破坏我们的党和人民事业。上海过去是帝国主义、反动阶级长期统治的中心,如果我们不加强对国内外敌人的警惕,我们就会犯很大的错误。我们必须提高警惕,继续镇压反革命,肃清一切反革命分子和特务分子,只有这样,上海的生产和改造事业才能得到有力的保障。"

陈丕显同志最后说:"要完成上述这些光荣而艰巨的任务,还必须从事深入的思想建设工作,因此,今后必须加强时事、政策学习,有计划地开展学习唯物主义、反对唯心主义的运动,加强共产主义道德品质的教育,以便更好地进行自我改造和上海改造的工作。"

陈丕显同志在报告中还向这次会议和政协上海市委员会今后工作提出了几点希望和意见。他说:"根据上海的具体情况,希望政协上海市委员会能够统一思想,发挥集体智慧,密切联系群众,加强学习,加强团结,克服可能碰到的任何困难,为实现建设和改造上海的方针而作应有的努力。"

陈丕显同志在结束他的报告时说:"帝国主义、国内反革命分子以及他们在我们党内的代理人,等等,都不过是垂死的力量,而我们是新生的力量,一切新生的力量,从来就是不可战胜的,一切旧的势力,总是要被消灭的。只要我们紧紧地团结在一起,任何困难都是可以克服的,我们的前途是光明的前途,胜利的前途!","全上海人民团结起来,团结在中国共产党的周围,为战胜内外敌人,克服困难,为胜利地完成放在全上海人民面前的伟大任务而努力。"

(《解放日报》1955 年 5 月 16 日)

在政协上海市第一届委员会第一次
全体会议上委员们发言热烈拥护改造上海方针

中国人民政治协商会议上海市第一届委员会第一次全体会议在十四日进行大

会发言。在会议上发言的共有五十七位委员。他们在发言中一致拥护中国共产党上海市委员会第二书记陈丕显同志所作的政治报告,表示坚决团结在中国共产党领导下,努力贯彻改造上海的方针,坚决粉碎国内外敌人的破坏阴谋,支援解放台湾,打败敌人敢于发动的突然袭击,为把我国建设成为社会主义国家和保卫世界和平而奋斗。他们在发言中并一致同意上海市协商委员会副主席胡厥文所作的"上海市协商委员会工作报告",表示要进一步发挥人民民主统一战线组织应有的作用。

所有发言的委员们在他们的发言中,都表示拥护在社会主义建设和社会主义改造任务中紧缩和加强上海的方针,认为这个方针是正确的、必要的。根据这个方针,把上海改造成为既符合社会主义建设合理布局的原则,又能担负起捍卫国防前哨的坚强城市,更有力地发挥上海在国家建设中工业基地的作用。

委员们在发言中认为,贯彻改造上海的方针,必须按照国家计划完成生产任务,特别是充分发挥原有设备潜能,提高技术水平,制造新产品。潘廉甫委员说:充分利用原有设备,尽量利用上海技术条件,努力制造合乎国家建设需要的新产品,是今后上海工业生产的重要方向。他列举事实说明上海有条件以技术力量支援国家建设,同时还应该努力克服困难制造新产品。他并建议在新产品制造方面,要进一步加强计划性,加强技术管理和动员更多的技术力量。王国才委员在发言中指出:他所在的工厂——良工机器制造厂有不少技术人员和技术工人踊跃到内地参加工业建设,而他们的厂仍能完成各种生产任务并继续培养了新技工。他说:上海的生产潜能是巨大的,发掘潜能就能更好地支援祖国社会主义建设。

委员们在发言中认为大力开展增产节约运动是完成国家生产任务的中心环节。沈涵委员就工厂企业开展增产节约运动的问题发表了意见,他说:工会必须进一步发动群众,以提高质量,节约原材料,节约用电,在保证质量的前提下,以采用代用品等为中心,深入开展增产节约运动。在私营企业中工会要团结和监督资本家进一步改善经营管理,合理使用生产资金,发挥增产节约委员会的作用,加强企业民主管理,加强对增产节约运动的领导。在中小型工厂企业中,要进一步发挥劳资协商会议或者劳资座谈会的作用。他并说:工会组织必须发动群众,加强团结和监督资本家共同克服一切困难,支持政府的一切措施,保证国家对资本主义工商业社会主义改造的顺利实现。委员们并且认为应该积极进行宣传教育,使节约成为社会风气。宋季文委员就粮食供应问题发表了意见,他说:为了搞好上海粮食供应工作,首先应开展粮食节约运动,加强宣传教育,使广大居民都能了解不能随便糟蹋粮食,糟蹋粮食不但是浪费行为,而且是影响工农联盟的。他并提出要进一步加强粮食管理,保证合理供应,防止套购囤积以及浪费粮食的现象,有效地控制销售量。蒋维乔委员也就粮食问题发表了意见。陈世璋委员就今后增产节约运动发表意见后,说:上海人民的生活水平和内地以及农村的生活水平悬殊情况应该逐步改变,上海人民应该在日常生活中提倡朴素节约,反对铺张浪费。此外,许多机关团体和工厂企业召开会议过多、过长的现象也必须改变。

委员们在发言中认为,加强对资本主义工商业的社会主义改造,严格限制资本主义盲目发展,是贯彻改造上海的方针的重要方面。石英委员在发言中说:根据改造上海的方针,对上海资本主义工业,必须结合社会主义改造和全国工业规划,逐行逐业考虑适当紧缩和合理迁并的办法。不解决上海工业和全国工业合理分布的矛盾,不仅对国家无利,而且某些行业的困难也无法根本解决。他说:在对私营企业生产贯彻"统筹兼顾、全面安排"方针时,必须注意对那些存在消极等待和依赖思想的人,以及对某些为国家加工、订货之后产品质量日益下降的行业,进行教育和采取有效办法。至于公私合营,已是确定的改造资本主义工业的必经道路,但却不必过分去计较时间的先后,更重要的是积极开展增产节约运动,克服困难,创造公私合营条件,这是既符合国家利益,也有利于企业本身的。盛丕华委员在发言中说:上海工商界要以实际行动贯彻紧缩和加强上海的方针,积极接受社会主义改造,改善生产经营管理,厉行增产节约,努力制造新产品,完成国家计划。对于上海工商企业,必须加以积极的、有计划的调整。孙鼎委员在发言中说:对于上海机电业来说,应该把制造新产品看做是接受社会主义改造的一个重要环节;勇敢地接受制造新产品的任务,才能更有效地克服困难。荣毅仁委员在发言中说:在贯彻紧缩和加强上海方针中,我们工商界应在各方面积极响应政府的号召。目前,我们必须尽全力做好一项工作,就是按照国家计划,进行生产,做好增产节约工作。增产节约工作不仅保证我们完成国家委托的生产任务,而且还是推动企业改造的重要方法。漆琪生委员在发言中说:在贯彻改造上海的方针中,必然会遇到困难。我们应该学习修筑康藏公路战士的英雄气概,不把困难放在话下。车懋章、郭琳爽、唐志尧、虞贤法、董春芳、吴志超、张爱国等委员对改造上海的方针都表示了意见,认为要充分利用现有的生产设备,积极开展增产节约运动,改善生产经营管理,有计划有步骤地调整工商企业,接受对资本主义工商业的社会主义改造,树立服从国家计划的观念。

委员们在发言中认为应该积极地改变目前上海所存在的不合理状况,改变人口臃肿的现象,鼓励上海人民积极地、踊跃地到内地参加国家的工农业生产建设。王克委员在发言中说:我们要求工厂企业不断为国家建设输送技术人才,积极培养新的技术力量。上海工人和上海人民要发扬艰苦奋斗精神,服从国家需要,积极地参加国家建设。我们也要求机关、团体、学校和工商企业,严格遵照政府规定,紧缩编制,减少层次以及不随意增添人员,特别要求有关机关注意防止外地人口盲目流入上海。唐克新委员说:在我们国营上海第六棉纺织厂里,经常有人调到全国各地去,近一年来特别多。他们从来不提什么困难,他们只觉得:到祖国所需要的地方去亲手建设新城市,建设新工厂,是一种豪迈的事业。这种精神和行为是值得我们学习和发扬的。杨嘉仁委员在发言中说:祖国社会主义建设事业正在蓬勃发展,需要广阔无限的人力物力。但是有一些人,包括我自己在内,长期生活在上海,不大愿意到内地去,这是不对的。为了祖国文化建设事业的需要,我一定服从国家需要,听候调配。夏坚白委员对提高高等学校教学质量发表了意见。陈翠贞、赵景深、朱碧辉等委员在他们发言中都表示了愿意献身祖国建设事业的决心。韩学章委员在发言中说:改造上海成为社会主义城市是一个艰巨繁重的任务,需要全体人民一致努力。我们妇女应该鼓励丈夫和亲人积极参加祖国建设事业,而我们妇女自己也要在祖国建设中充分发挥作用。褚舟道委员在发言中说:对于那些放松农业生产到上海来的农民,我们应当动员他们回乡生产,告诉他们留恋在上海,对国家对自己都是不利的。吴振珊委员说:我在上月间曾经到安徽去参观治淮工程,沿途看到了内地的建设情况,真是一日千里,人民生活随着生产和建设的发展,不断提高,在日常生活中提出了新的要求,各方面都有人力和技术力量不足的现象,这说明了动员上海的人力、物力去参加内地的建设是十分必要的。余日宣、周伯棣、平海澜等委员对贯彻改造上海的方针都发表了意见,并要求有计划地组织上海劳动人民和知识分子到内地参加工农业生产建设。关于中、小学毕业生的升学自学以及社会青年参加劳动生产的问题,李楚材、舒新城、赵传家、罗冠宗等委员在他们的发言中,都指出过去人民政府在这方面已尽了很大的努力,今后还要进一步发动家长和社会各方面人士协助政府来共同解决这一个问题,特别要帮助中、小学毕业生和社会青年,加强共产主义道德品质的教育,锻炼身体,努力学习,随时准备效劳祖国。

委员们在发言中一致认为贯彻改造上海的方针是很艰巨、很复杂的任务,相信政府一定会采取积极有效而慎重的措施,有计划、有步骤地实现这一方针。在贯彻这一方针中必将遇到困难,这些困难是不在话下的,上海人民一定坚决支持政府,共同克服困难,胜利完成共同的任务。委员们特别认为,要能胜利地贯彻改造上海的方针,必须加强思想教育和思想建设工作。刘季平委员说:在我们上海的建设和改造中,还需要继续做很多艰苦工作,特别是要做许多艰苦的思想工作,其中主要是推动干部与群众学习唯物主义和批判资产阶级唯心主义思想,学习用唯物主义的观点和态度来对待一切暂时的局部的困难,并且切实地发扬全心全意为社会主义建设服务的观点和培养共产主义道德品质。周谷城委员在发言中说:要改造上海成为社会主义城市,就必须与守旧的习惯作斗争。我们必须以社会主义思想教育自己,加强学习,打破守旧的习惯势力。祝世康、周同庆、林风眠、丁济民、潘文铮、金焰等委员都对加强思想建设和在人民群众中进行共产主义品德教育发表意见,认为思想建设和共产主义品德在人民群众中的成长是建设社会主义的重要保证。

委员们在发言中认为根据社会主义原则和国防安全的要求,必须贯彻紧缩和加强上海的方针;在贯彻这一方针时,特别要百倍地提高警惕,对国内外敌人进行坚决斗争。沈志远委员在发言中说:我们必须牢牢记住,我们的社会主义建设事业是国内外敌人所极端仇视的,他们无时无刻不在待机蠢动,企图破坏我们的事业。我们必须提高警惕,特别是要对帝国主义的突然袭击和反革命分子从内部破坏这两方面提高警惕。赵祖康委员在发言中说,反对内外敌人,解放台湾和沿海岛屿,彻底消灭蒋介石卖国集团,把美帝国主义侵略势力赶出台湾地区,不仅为最后完成中国人民的解放事业、维护我国领土主权的完整所必须,并且也是为我国进行社会主义建设提供有利条件。我们人人都要把彻底肃清反革命分子的任务担当起来。谢雪堂、王菊秀、胡厥文、乐慕贞、石啸冲、林森田、黎照寰、毛克忠、李子宽、薛笃弼、萧觉天、罗君惕等委员在发言中,一致表示要加强时事学习,认清局势,加强对国内外敌人的斗争,在中国共产党的领导下,紧密地团结一致,为解放台湾、消灭蒋介石卖国集团,为祖国社会主义建设和世界和平事业而奋斗到底。

(《解放日报》1955年5月17日)

工业地区的合理分布与限制沿海城市的盲目发展

李富春同志在"关于发展国民经济的第一个五年计划的报告"中曾经谈到我国工业地区的分布问题,并且指出,我们现在关于城市建设的任务不是发展沿海的大城市,而是要在内地发展中小城市。

为什么我国现在关于城市建设的任务不是发展沿海的大城市,而是要在内地发展中小城市呢？工业地区的分布与城市的发展有什么关系呢？

大家知道，现代城市发展的基础主要是工业。只有工业发展了，才能带动其他事业的发展，才可能出现为这些事业服务的城市。因此，城市的分布和发展，首先决定于工业的分布和发展。

在资本主义社会，生产是无计划的，生产力的分布是盲目的、极端不平衡的，因此，在资本主义国家里，城市的分布和发展也是盲目的、极端不平衡的。英国的中部被称为"黑色英格兰"，这里集中了采煤、炼铁、机器制造等工业。美国的大工业大部分集中在东北部。在这些工业集中的地区，城市也很发达。但是在英国的苏格兰地区和美国的西部地区就非常落后。

在殖民地和半殖民地的国家中，工业大都很不发达。这些国家的大城市通常都是输出农产品和输入工业品的港口。在这些城市中也可能有一些工业，但主要是轻工业以及一些加工性质和装配性质的工业，而且大都是为帝国主义的利益服务的。我国解放前的某些沿海大城市，例如上海，就属于这一类型。

在社会主义和人民民主国家中，因为国民经济是有计划地发展的，所以也就能够合理地分布生产力。

社会主义工业地区分布的原则是怎样的呢？工业地区的分布怎样才算合理呢？

社会主义工业地区分布的原则大约有这样几点：首先，要合理地利用国内的自然资源，使工业接近原料产地和销售市场，因为这样才可以消除因远距离运输而造成的巨大浪费；其次，要有利于消灭边远地区和某些少数民族地区的落后性，因为只有当这些落后的地区都建立起工业，才能使这些地区人民的经济、文化生活大大地提高；再次，要能促进城乡本质差别的消灭，因为我们有计划地把工业分布于全国各地，就使城市便于以先进的生产技术来提高农业生产力，使农业和工业更加接近；最后，工业地区的分布还必须符合巩固国防的原则，因为资本主义的包围存在一天，战争的威胁也就存在一天，社会主义国家为了保全自己的国防实力，就必须在腹地建立工业基地，就必须使工业不过分地集中在某一个地区，特别是不能集中在可能遭受敌人侵犯的沿海地区。

苏联工业地区的分布是完全按照这些原则来进行的。苏联在十月革命前工业地区的分布也是很不平衡的，工业大都集中在莫斯科、列宁格勒和乌克兰地区，但是在几个五年计划之中，他们已逐渐地改变了工业地区分布不平衡的状况，在乌拉尔、远东一带建立了许多新的工业基地，出现了许多新的城市。各民族地区的工业也有着空前的发展。由于苏联工业地区的分布很合理，因此在第二次世界大战中，当某些重要工业基地被德国法西斯占领以后，苏联仍然可以依靠内地的工业基地生产大量的物资，支援大规模的现代化战争，并取得最后的胜利。

我国原有的工业地区的分布是很不合理的。我国原有工业大都集中在沿海各大城市。据一九五二年的统计，我国沿海各省的工业产值占全国工业总产值百分之七十以上。这种工业过分集中，和内地的原料产地与销售市场距离很远，而又都靠近国防前线的不合理情况，必须加以改变。

上海是我国沿海大城市中最大的城市，解放以前，上海是外国帝国主义掠夺中国人民的基地，是为帝国主义、官僚资产阶级、地主阶级服务的城市，解放以后，这个城市的性质改变了，改变成为广大人民服务的城市了。但是，这个城市中工商业过分集中，特别是人口臃肿，消费人口在全市人口中所占的比重过大等的不合理现象，在解放后几年来还未得到改变，这种情况给城市工作和居民生活都带来了很大的困难，和社会主义工业地区分布的原则也是不符合的。

上海的工业过分集中，而且离原料产地和销售市场很远，这在经济上是很不合算的。例如，上海的棉纺业在全国占有很大比重，可是，我国主要的产棉区是在华北、中南、西北一带，上海解放前绝大部分的原棉依赖国外进口，解放后就要从陕西、河南等地运来，甚至有从千里迢迢的新疆运来的。而上海的棉织品却要供应极广大的地区，成品又要远距离地运送出去。其他如面粉等工业也有类似情况。可以想见，这种远距离的往返运输是多么的不经济。

上海不仅是我国现有的重要工业基地，也是我国的国防前哨，因此，它必须是能够捍卫祖国的一个堡垒，而不应成为一个庞大臃肿的负担。

总之，我们从经济、国防以及消灭城乡对立、促进民族平等团结、节约建设资金等各方面来看，都必须在内地发展中小城市，并且限制沿海城市的盲目发展。对上海来说，就必须贯彻紧缩和加强的方针，把上海改造成为既符合社会主义工业分布的原则，又能负担捍卫国防的光荣责任的城市。

在我国第一个五年计划中，虽然要积极地在内地建设新的工业基地，但绝不是忽视原有的工业基地。李富春同志的报告指出，要合理地利用东北、上海和其他城市的工业基础，发挥它们的作用。并且，我国一九五七年比一九五二年新增加的产值中，有百分之七十左右，将要依靠原有的企业来增产，而由新建和大规模改建的企业所增产的还只能占百分之三十左右。由此可见，充分发挥原有工业基地的潜力，对祖国的社会主义建设，特别是对于完成第一个五年计划，具有何等重大意义。

在我国经济恢复时期和第一个五年计划的头两年中，上海曾有过很多的贡献，在执行第一个五年计划和支援全国社会主义建设中，上海也担负着光荣而重大的任务。我们必须努力贯彻紧缩和加强上海的方针，更有力地发挥上海工业基地在祖国社会主义建设中的作用。

（《解放日报》1955 年 8 月 12 日）

加强城市规划工作　降低城市建设造价

城市建设是国家基本建设的一个重要组成部分。进行城市建设必须有总体规划，对城市中的工业区、住宅区和公共建筑、公用事业作合理的安排，以便保证一切建设能充分地为生产服务，并给劳动人民的工作和生活创造舒适、便利的条件。

中华人民共和国成立以来，在我们的党和人民政府的领导下，经过城市建设部门全体职工的努力，我国的城市建设工作获得了一定的成绩。全国各个城市新建了许多住宅、公共建筑、道路、自来水和下水道；同时对二十多个城市作了初步的规划。这对工业建设和生产起了积极的配合作用，对城市人民的工作和生活条件也有所改善。

但是，目前城市建设工作还存在着缺点和错误。有些城市在进行规划的时候，把人口增加的数目估计得过多。从已有的二十一个城市的初步规划来看，人口的估计数虽然经过几次压缩，但根据国家已定的工业项目计算，平均还多了百分之十左右。某些城市采用的城市规划定额偏高，城市人口居住的平均面积过多，马路太宽，广场太大。如果按照这些规划进行建设，就要拆迁许多原有的住宅和铁路、飞机场、仓库等等。还有一些城市拟订的计划中楼房占全部房屋的百分之八十左右，而楼房中四层到六层的又占相当大的比例。这些都跟我国当前的经济水平和人民生活水平不相适应。其他如各机关重复修建公共建筑，在公用事业建设上不分轻重缓急、百废俱兴，规划设计中过分追求所谓"艺术布局"，忽视对旧城市的利用等等，都浪费了不少资金，有些还造成居民生活上的不便。

产生这些缺点和错误的原因，除了城市规划机构不健全、技术力量不足、资料不全和经验缺乏以外，还由于某些同志好大喜功，喜新厌旧，在城市规划工作中忽视节约原则，盲目地追求大规模、高标准。他们总想把自己所在的城市搞得愈大愈好、愈现代化愈好。这些有害的思想完全应该受到严格的批判。

现在各个城市正在缩减公用事业建设的投资，各个新工业城市正在修改第一期建筑的住宅区和街坊的规划。国家城市建设主管部门除派工作组到重点城市帮助工作以外，正在编制有关城市建设的标准定额和规章、条例，以便加强对城市建设工作的指导。这些做法都是必要的。今后，所有城市的规划、建设和改造工作，必须从我国当前的经济条件和人民生活水平出发，在更好地为工农业生产、为广大人民服务的基础上，节省一切可能节省的资金。为了这个目的，有许多重要问题必须逐一加以解决。

认真计算城市人口的发展规模是今后在城市建设工作中应该解决的一个重要问题。一个城市人口的多少，直接决定这个城市建设造价的高低。人口多，城市整体规划的局面就要大，公共建筑和公用事业的费用就要大量增加。因此，在确定一个城市在近期和远期的人口发展规模的时候，一定要根据国民经济计划作正确的计算；尤其是工业城市的人口发展规模必须同工业发展规模相适应。当人口发展规模确定之后，还要注意对人口严加控制，要有计划地安插剩余劳动力，防止农民盲目流入城市。

根据我国的具体经济情况，参照苏联的先进经验，目前的城市规划定额应该修改。我国城市规划的居住标准，远景定额是平均每人九平方公尺，比苏联现在的平均定额还要多三平方公尺。我国目前城市居民平均每人的实际居住面积不过三至四平方公尺；照我国人口众多的情况来看，要想在一个相当时间内达到每人九平方公尺的居住水平就有困难。因此，根据我国的经济情况和人民生活情况，以每人六平方公尺作为我国城市规划的远景定额是比较现实的。按照六平方公尺的标准，再加上其他相适应的各项定额，那么，城市规划的用地面积，比九平方公尺的定额大约就可以缩减三分之一，并且可以避免由于规划用地面积过大所引起的一系列的浪费现象。

在城市建设中还必须合理地布置房屋建筑的层数。国务院"关于一九五五年下半年在基本建设中如何贯彻节约方针的指示"中规定："在民用建筑中平房与楼房的比例，应按不同城市、不同地区分别规定。凡土地较多、建筑量不大的孤立的矿区和只有一两个工厂的工业区，应以建筑平房为主；土地不多、而建筑量较大的新工业区和城市郊区，除建筑一部分平房外，也可以建筑一部分楼房；大城市的中心区和个别土地奇缺的新工业区，可以建筑二层到四层的楼房。"各个城市必须坚决贯彻这一指示。根据新的标准定额计算，同样职工人数的住宅区，盖平房比盖楼房大约可以节省二分之一到三分之一的投资。有的人认为盖平房会影响城市将来的改造，因而不愿盖平房，这是不对的。城市改造主要是指对住宅、公共建设和公用事业作合理布置和有计划建设，并非要把所有的平房改造成楼房。如果盖平房规划得合理，又有什么理由不这样做呢？

过去有些城市曾任意拆掉原有的街道和房屋，这种做法必须立即加以纠正。今后，凡是没有新建工业企业的旧有城市或者虽有新建工业企业但不很多的旧有大城市，都应该充分利用原有建筑，节省人力、物力、财力来支援新建工业城市。同时，即使在新建的工业城市中，旧市区部分也应该维持现状，暂不改建，并且要很好地加以利用，作为支援建设新工业区的基地。

近来大多数的城市和建设单位、设计单位、施工单位都在厉行节约。但是也有一些城市的有关负责人员借口原来的规划合乎"社会主义城市的规划原则"，对于若干缺点不愿进行修改。有的认为平房是临时性的建筑，随便盖在什么地方都可以，将来不合适了可以拆掉重盖，因而不认真地进行规划。对平房和楼房的比例，不是按不同城市、不同地区作具体的规定；而是有的主张少盖甚至不盖平房，有的主张一律修建平房。在房屋的修建方面，有的把平房设计成自来水、暖汽、电灯、卫生设备等一应俱全，造价提高到每平方公尺四、五十元。有的平房和楼房的造价是降低了，而对坚固和适用方面就考虑得很差，将来可能影响安全，并且造成住户在生活上的不便。这些偏差应该及时纠正。为了顺利完成这一工作，城市建设主管部门应该迅速订好切合中国情况的城市建设定额和规章、条例。各个新工业城市应该根据节约原则进一步修改整个城市的规划。各个建设单位应该按照城市规划有计划有步骤地进行建设，坚决降低造价，使国家能集中力量建设重工业。各级党委和各级人民委员会应该进一步加强对城市建设工作的领导，使城市建设工作沿着一条健全的道路前进。

（《解放日报》1955 年 11 月 24 日）

国家建设委员会召开全国基本建设会议
讨论了设计、建筑、城市建设工作的
初步规划和基本措施

新华社北京 7 日电 为争取提前完成第一个五年计划的基本建设任务，并且为第二个五年计划的基本建设工作作好准备,国家建设委员会在 2 月 22 日到 3 月 4 日召开了全国第一次基本建设会议,着重讨论了关于设计工作、建筑工作、城市建设工作在今后若干年内的初步规划,以及实现这些规划和改进当前基本建设工作的基本措施。

国家建设委员会主任薄一波在会议开始的时候,作了"为提前完成第一个五年计划的基本建设任务而努力"的报告。他在报告中,叙述了几年来基本建设工作的巨大成就,对于完成今后更加繁重的基本建设任务,贯彻执行又多又快又好又省的方针,作了详细的说明。

参加会议的人对于争取提前完成第一个五年计划的基本建设任务有着很高的信心,他们积极提出了改进各方面工作的办法和建议,交流了许多很好的经验。

会议在讨论设计工作的时候,大家认为: 薄一波提出的为了从根本上提高我国设计水平,在五年到七年的时间内,使我国的设计力量能够基本上独立地担负起国民经济各部门的设计任务,并且争取在第三个五年计划期末使我国的设计水平接近和达到世界的先进水平,是完全可能的。大家提出了许多增强设计力量和改善设计工作状况的办法。认为在目前条件下见效最快的办法之一,是大力编制和推广标准设计,有计划地大量地重复使用比较经济合理的设计。会议预计,1956 年决定在民用建筑中推广八项标准设计,假使它们的采用率是 70%,就等于腾出 3 800 多设计人员一年的工作日。今年将编制出 30 项标准设计,准备在 1957 年使用,如果采用率是 80%,将等于腾出 7 千多个设计人员一年的工作日。重复使用图纸,也会大量地节省设计力量。会议指出,煤炭工业部所属各设计院,在今年所担负的设计项目预计为 4 500 多项,经过交流图纸的结果,有 3 300 项图纸可以重复使用,这样就可以节省出 7 300 多个设计工作日。设计力量的节约,能够使设计年度提前,本年度可以为下年度编制出大量的设计文件。设计机构中得以及早抽出一定数量的设计人员去学习和掌握成套的设计,或加强薄弱环节的设计力量。施工部门可以及早进行施工准备,缩短工程建设时间,减少浪费。

会议指出,在过去几年中,工业和交通部门已经开始注意了采用标准设计和重复使用图纸的办法。轻工业部和纺织工业部三年来由于采用这个办法的结果,就节省了 16 万个设计工作日。但是,也有许多单位仍然很不注意这一办法。因此,会议提出: 今年已经确定编制的工业、农业、交通、住宅和文化福利等方面的 552 项标准设计,各设计部门和有关领导机关必须采取一切办法来保证完成。在民用建筑方面,应该争取在今明两年内把建筑量较大的和一切可以标准化的住宅以及公共建筑物的标准设计编制出来,以便在 1957 年和 1958 年大量推广。到 1958 年,做到绝大部分的住宅、中等学校和其他公共建筑都能按照标准设计施工。在工业方面,应该迅速清理已有的苏联标准设计;积极从苏联方面取得新的标准设计资料和图纸;并且同我国已有的标准设计一起编出目录,以便大量推广使用。

会议指出,为了加强标准设计的工作,还必须在一两年内编制出工业和民用建筑的主要结构和构件的标准设计,并且迅速把有关标准设计的编制、审批的规章、条例编制出来。

会议认为,改善对设计机构的管理制度和设计机构的工作制度,提高工时利用率,提高设计的质量,提高设计人员劳动生产率,是改善我国设计工作的另一重要办法。会议指出,目前一般设计机构中的工时利用率都很低,大约只达到 70%。有许多设计机构的非生产人员过多,它们往往占整个设计机构总人数的 30%。有许多设计任务下达迟缓,计划不周,窝工现象和各设计机构之间的重复工作现象都经常出现,这些都浪费了很多的人力。会议认为,如果把这种状况加以改变,就可以大大加强现有的设计力量。

会议还要求简化设计文件和预算文件的编制方法;加强资源的勘探和设计基础资料如水文地质、工程地质等的勘察测量工作。

会议还分析了目前我国设计工作状况,认为设计赶不上建设的要求,仍然是我国基本建设中的突出问题之一。我国设计工作的落后状况,主要表现在不能独立地担负起工业建设的全部设计任务,许多重要的企业如大型冶金联合企业、技术复杂的化学工业、重型的和精密的机械制造厂、大容量高压的火力发电站等都不能设计。而我国能够设计的,不论是工业、农业、交通和水利工程等也都赶不上建设的需要,而且质量都不够高。因此,会议要求我国的设计人员应该努力学习技术业务,要求有关领导部门有计划地组织他们出国和向在中国的苏联专家学习,通过设计的实践,很好地总结经验,迅速提高技术业务水平。

会议在讨论建筑工作的时候,认为建筑工业化是我国建筑业的基本方向。但是由于我国目前的建筑机械和液体燃料生产不足,大批地培养和供给能够熟练地掌握建筑机械的人才一时还来不及,同时,我国又有劳动力众多的条件,因此在实现建筑工业化的过程中,需要分别确定重点工程和民用建筑等不同的施工机械化水平,不同的发展速度。

会议认为,为了保证工业建设特别是重工业建设能够又多又快又好又省地进行,对一切重点工程,即重要的工业厂房、矿井、大的桥梁、水坝、隧道工程等方面的笨重劳动,必须采取积极的步骤,尽先做到机械化施工,机械化的水平应该高一些,速度也应该快一点。一般工程和住宅、民用建筑等,除继续推行中小型机械施工外,应该多注意发挥职工群众的积极性和创造性,提高劳动熟练程度,改良工具,改进劳动组织以完成建筑任务。

为了适应今后对建筑机械需要日益增长的情况,会议要求充分发挥现有建筑机械企业的设备能力,提高生产;要求有计划地新建、改建和指定一些工厂专门制造建筑机械。建筑机械制造工业部门和建筑部门应该有所分工。同时注意充分发挥现有建筑机械设备的效能,加强建筑机械设备的管理和维修等工作。

会议认为,随着建筑工业化的进展,还应该有计划、有步骤地建立各种类型的预制工厂。预制工厂将采取三种形式:一种是区域性的永久性的预制厂,它的产品可以供应较大范围内建筑工地的需要;机械化程度可以高一些。一种是一个城市内的预制厂,它的产品只供给市内各建筑工地的需要;机械化程度可以低一些。在南方地区,应该设立露天预制厂。还有一种是工程量不大,又没有多大发展的工地,可以建立一些临时性的露天预制厂,只要有一些必要的机器就够了。

这次会议在建筑方面,还讨论了建筑材料的生产问题。会议认为,今春以来,建筑材料的供应情况已经十分紧张。随着基本建设规模的进一步扩大,对建筑材料的要求将越来越多。生产品种更多、质量更好、数量更多和价格低廉的建筑材料,是今后的重要任务。

会议要求在今后的建筑中大力节约各种贵重材料,特别是钢材和木材。会议上介绍了许多节约建筑材料的办法和经验。电力工业部在今年内修建的输电线路,其中1 900多公里路线将采用水泥杆,大约可以节省钢材7 600吨。用钢筋混凝土代替木材和钢材的范围很广,会议认为尤其是铁路轨枕、矿坑支架、输电线路和通讯线路用的架线塔、电线杆等都应该首先用钢筋混凝土来代替。

会议要求发展高效能的和多种的建筑材料生产;充分利用我国用之已久,证明质地优良的地方建筑材料。

这次会议还讨论了按照专业化的原则设置设计和施工机构的问题。认为:由于今后基本建设方面将对设计和施工部门提出日新月异的要求,没有大批精通本行技术业务的人才和专门的机构,是很难完成新的任务的。会议认为过去某些机构的一揽子性质,是有着客观原因的。现在设计和施工部门已经培养出一定数量的干部,领导人员也有了一定的管理经验,按照专业化原则设置机构的条件已经大体具备,应该逐步实现。

会议还讨论了提高劳动生产率和在提高劳动生产率的基础上,适当提高职工工资和改善职工福利问题。

这次会议在讨论加强新工业区和新工业城市建设工作的时候,着重指出:从现在开始,必须迅速开展区域规划工作,以便为第二个五年计划和第三个五年计划期间大量新建的工业企业和新建工业城市作好准备。

会议指出,区域规划是十分复杂的技术经济调查和综合规划的工作。过去大家对这一方面都没有经验,因此必须加强领导,认真学习,并且要求有整体观念,密切配合。

会议指出,在编制区域规划的时候,最重要的问题是对工业企业和城市进行合理分布。在确定工厂和工厂、工业区和工业区间的距离的时候,应该很好注意到国防和经济兼顾的原则。会议认为,区域规划作好了,过去选择工业厂址的那种困难状况就可以大大改善,时间也可以大大加快。

这次会议还讨论到关于科学技术研究工作和改进领导作风和领导方法等问题。

这次会议在讨论过程中,始终贯彻着又多又快又好又省的精神。认为多、快、好、省是全面的统一的东西,这在基本建设中表现得尤其明显。会议分析了过去在基本建设中贯彻又多又快又好又省的精神的情况,认为在许多方面已经做出了成绩。但同时也批判了某些片面的作法。会议指出,均衡施工在缩短工期中居于首要地位,但是几年来在这方面做得很差。三年中各季完成的工作量,第一季度最高的(1955年)只达11%,而第四季度却历年达到35%或41%。这样就造成了大量的赶工窝工,发生了大量的浪费现象,工程的质量也往往难于保证,并且拖延了工程投入生产等的时间。会议认为,在基本建设中好是多、快、省的基础,一切工程离开了质量,多、快、省便没有意义。会议指出,几年来,特别是去年开展全面节约运动以来,各地在节约国家资金方面获得许多成绩。但是,也有许多地方由于片面节约的结果,造成了很多工程质量低劣的现象。

会议指出,在建筑工地上,目前仍然存在着很多的浪费现象。比如原材料的储存、运输和使用方面的浪费,返工的浪费,工具机械的大量损坏,运输机械的窝工,劳动组织不合理等等都还普遍存在。

因此,会议认为,在今后的基本建设工作中,正确地、全面地贯彻又多又快又好又省的原则,是十分重要的问题。

会议由薄一波做总结报告。他指出,有很多事实证明,在我国基本建设工作中可以挖掘的潜在力量是十分巨大的,窍门是无尽的,又多又快又好又省地进行基本建设,提前完成第一个五年计划是有保证的。

在会议期间,煤炭工业部部长陈郁、重工业部部长王鹤寿、建筑工程部部长刘秀峰、电力工业部部长刘澜波、石油工业部部长李聚奎、铁道部部长滕代远、地质部副部长何长工、第一机械工业部副部长黎玉、水利部副部长李葆华、轻工业部副部长高文华、城市建设总局局长万里等人都在大会上作了报告。

参加这次会议的共有 792 人。他们在会上广泛地交流了经验。其中主要的经验有:设计方面的采用标准设计,培养设计人员,改进设计方法,学会独立进行大型企业的成套设计,以及设计中的技术经济工作等;施工方面的平行交叉作业,快速流水作业,扩大组合体、提高组合率,综合安装法,以及专业化施工等;节约建筑材料、使用高效能的建筑材料方面的使用干硬性混凝土,高效能钢筋、焊接钢筋和钢骨架,以及建筑材料的区域管理等。

参加这次会议的,还有 70 多位苏联专家。

会议结束以前,中华人民共和国毛泽东主席还同到会的全体人员照了相。

（《解放日报》1956 年 3 月 9 日）

旧工业城市的充分利用与城市改建

——赵祖康代表的发言

我很兴奋地听了李先念副总理兼财政部长关于 1955 年国家决算和 1956 年国家预算的报告,报告说:1956 年的预算是按照中共中央和国务院根据国家新形势,号召全国人民争取提前完成和超额完成五年计划的要求来编制的,这意义是太重要了。我完全同意这报告,并建议大会通过关于 1955 年国家决算和 1956 年国家预算。

我也同意廖鲁言部长所作关于高级农业生产合作社示范章程(草案)的说明和彭真副委员长兼秘书长所作全国人民代表大会常务委员会的工作报告,建议大会都予以通过。

现在,就李先念副总理报告中和李富春副总理及薄一波主任发言中所指示的几个原则,联系自己过去工作中的缺点和毛病,谈谈我的一些体会:

(一) 根据中国实际情况所决定的有计划按比例发展我国国民经济的规律应当

是："在优先发展重工业的前提下,按照不同时期的经济发展情况和人民生活水平,保持重工业、轻工业和农业的一定的比例关系,"也就是现在应当"在发展重工业的同时,必须在大力发展农业的基础上积极地发展轻工业。"国家三年多的建设经验证实了上述一个论点,是极可宝贵的。1956年国家预算支出的任务,因而就是"根据发展国民经济的计划,保证优先发展重工业,同时积极发展轻工业、农业、交通运输业和文化教育事业,使它们之间保持应有的合理的比例"。由此可见,国家的计划预算是整体的,是从全局考虑的,各个地区、各个部门之间是相互配合协调的;我们在实现计划预算时,也必须具有整体观念和全局观点,并学习和掌握国民经济发展的规律,既要做好各自的工作,还要配合好别个部门的工作。一切片面强调一个地区或一个部门的利害得失,而不顾其他地区部门,乃是本位主义的具体表现,是要不得的。

(二) 凡是制订一个计划预算,进行一项具体建设,因为其中都包含有各个方面,应当抓住重点,掌握中心,随时解决一些关键问题,这是必要的;但是正也由于方面多,必须考虑到全面的规划,全面的准备,才能不会因一个螺丝钉的松动或脱落而影响到整个机器的运转。例如,报告中指出:有些基本建设单位在过去五个月中,主要由于钢材、水泥等建筑材料和机器设备供应不足,没有完成计划,因而提出必须加强基本建设的全面准备工作,这一个根本解决办法,是完全正确的。我相信基本建设部门和其他有关部门今后都能重视全面规划和全面准备这一点。

(三) 有一小部分人在执行党和政府在各个时期所提出的生产建设的方针政策时,不是采取细心学习,深切体会,再结合本地区本部门的具体情况,加以运用贯彻的态度和方法,而是采取"望文生义、揣摩虚夸"、硬搬死套、"赶浪头"的态度和方法,其结果就是犯过"左"或右倾的偏差或错误。例如,片面强调节约而不问适用,片面强调"多、快"而忘了"好、省",使工作遭受到损失。还曾经有一小部分人在学习苏联先进经验时,也同样采取不很老实的态度或教条主义的方法,这都是必须纠正的。

以上所谈整体观点与本位主义的不同,全面规划与片面考虑的不同,和实事求是与主观教条的不同,乃是工作做好或做坏的分界线。个人认为每一个机关或企业的领导干部在实现国家计划预算时,必须深刻体会报告和发言中这一些基本精神,并积极发挥群众的力量,努力加以贯彻,以保证不断提高工作的质量和效率,更好地完成国家所交给的任务。

解放几年来,在党的宽容和教育下,我在上海市政建设和城市规划部门负责一部分工作。上月底在上海,作为一个人民代表,本着工厂生产安全卫生及其对四周安全卫生影响的观点视察了八个工厂,其中七个是化工厂,一个是小型炼钢厂;本月上旬,参加了政协上海市委会组织的安徽省建设事业参观团,参观了淮南矿务局的几个煤矿,佛子岭及梅山水库,并在合肥看见了不少市政建设与建筑物的建设。现在,请允许我更就视察参观中的感想和体会,结合这几天在大会中所听的报告和发言,谈谈以下三个问题:

(一)旧工业城市的充分利用与城市改建及城市规划问题。城市的建立与改建主要是为发展工业生产,同时也为劳动人民供给良好的居住、劳动、学习、交通和文娱游乐条件。那就是,社会主义城市的市政建设应采取首先为生产服务、为劳动人民服务的方针。城市规划是城市建设的具体纲领,是城市建设项目的合理安排和布置,因而城市规划的主要任务,是合理体现城市各个部门的建设与发展之间相结合的原则,个别建设与整体要求之间相结合的原则和城市近期建设与远景发展之间相结合的原则;这里所说彼此相结合的原则的体现也即是彼此间矛盾问题的解决,而此种矛盾在旧城市的改造改建中更为突出。过去几年来,我们对于上海市今后发展的性质规模与方向的认识,是不够明确的,我们的具体建设工作免不了或多或少在两个极端的思想,即一个是"大上海"思想而另一个是"因陋就简"的思想之间,摇摆进行,城市规划的政策思想也就把握不定,加以规划经验缺乏,方法有毛病,工作未能积极展开,规划不能确定;某些工厂企业、码头、仓库或文教机关进行改建新建关联到应当和城市规划要求相结合时,有时便不免各执一辞,旷日持久,才得到解决,这是我们应当负主要责任的。现在,李先念副总理的报告和李富春副总理的发言指出:对原有工业基础的沿海城市必须充分利用,以发掘其生产潜力,而且还应当结合这些地区的社会主义改造和生产改组,进行不少企业的适当的改建,这样,上海的城市改建的具体方针和城市规划的性质规模便比较很明确了。因为,要对工业生产企业进行利用、发掘和改建,那么,同它密切相关的城市建设(城市公用事业)也必然要进行相应的利用、发掘和改建,这一要求在上海尤为明显。为什么呢? 因为上海的城市公用事业,由于解放前一百多年帝国主义和国民党反动派的长期血腥统治,他们为了满足掠夺剥削和荒淫享乐的需要,多少建立了一些基础,但那是一个混乱的割裂的畸形的残旧的不平衡的基础,是一个极薄弱极不合理的基础,到今天在人民掌握了政权,进行社会主义的建设时,必须加以根本的改造和必要的扩大,才能符合工业生产、人民生活的要求。

略举几个具体例子:(1)职工住宅严重缺少。上海自解放以来,由国家及企业投资兴建职工住宅约二〇〇万平方公尺,现在全市共有居住房屋"建筑面积",据不完全统计,约有二,四〇〇万平方公尺,合每人平均"居住面积"约二平方公尺,大多数职工居住情况之差,于此可见。(2)市内交通拥挤异常。上海现有公共汽车、电车计一,二〇〇余辆,而公共车辆乘客数,每天达一六〇万人次(据1955年初调查),造成每日早上职工上班乘车时严重拥挤现象,如仅靠加强行车路线规划,加强车辆调度,不可能根本解决,必须添置相当大数量的公共车辆才行。市内货物运输,由于缺乏卡车,不得不保留一部分笨重落后的塌车和劳动强度极高的塌车工人,也是极不合理,必须改革的。(3)环境卫生有不少地区很差。上海的自来水用量全市每天约九〇万吨,而污水处理量仅约三·五万吨,原因由于下水道管网不全,住家用水厕的百分比不高,尤其是工厂的工业废水绝大部分不经处理即流入附近的河道,而以流入市内主要河道之一苏州河占相当大的数量(每天约二五万吨),造成苏州河中下游严重污浊,水面经常呈黑色,臭气熏蒸,威胁两岸、水上及市中区居民的身体健康,其他河中亦类此。为了彻底改善这样坏的环境卫生情况,上海市人民委员会所属各有关部门现正在调查、分析、研究、规划中,考虑分别举办增加下水管道,加强对工厂的卫生监督,定期分批实行工业废水先经各厂处理方准排入下水道办法等各项急要措施和基本建设。

从以上举例,可见上海的城市公用事业在今后一定时期,在国家财力可能范围内,必须及时进行各种必要的扩建新建,才能改善人民的劳动条件与生活居住条件,为发掘潜力增加生产,加速国家工业化发挥最大作用。

为了有计划、有步骤、有配合地进行上述种种城市公用事业,我们一方面希望国家在今后每年预算中列入相当数额的事业费支出,一方面请中央即予加强对城市规划的领导。因此,希望中央城市建设部分出一部分领导力量帮助上海及时制订城市规划,以应迫切需要。在规划时,希望中央有关部门如铁道部、交通部、卫生部与城市建设部密切合作,同时分别通知在上海的所属机关(铁路局、港务局等)亦与上海城市规划机构密切合作,以取得规划上的各种协议,使城市规划成为上海整个国民经济发展的全面规划的一个重要组成部分,也成为上海各交通部门(铁路局、港务局等)的全面规划的一个可靠依据;至于沿海其他旧的工业城市及若干重要的城市,如安徽省的合肥,希望亦能类推办理。这对于国家具体实现国民经济发展计划是极其重要的;苏联有一句话:"城市规划是国民经济计划的继续和具体化",就充分说明这个意义。

(二)工人生产的安全卫生问题。这一问题,各有关方面都已逐渐重视起来,这里不多说,只提三点:(1)希望结合通过各种生产改革和建立新的操作规程来贯彻生产安全卫生教育,确立生产安全制度和加强生产卫生监督;这样,可以把生产和安全卫生统一起来,而不是对立,比较易于推行。(2)希望医疗卫生部门重视车间生产安全卫生工作,并发动专家在若干工业城市的某些工厂,根据特点,开始深入研究职业病的情况与预防方法。(3)希望凡是劳动条件艰苦,安全、卫生条件基础差,而又关系国家工业建设特别重要的,如矿工,能够首先得到重视并具体进行;安徽省淮南矿务局对老矿井陆续举办种种改善措施,对新矿井采用新式的生产设备与安全卫生设备是一个良好的例子。

这里,附带谈谈带有危害性的工厂四周的环境卫生问题。上海不少地区环境卫生之差,就水体的污染论,上边已谈过;而就空气的污染论,也有同样严重情况。其原因是由于某些散放毒害气体的化学工厂等,设置在四周是居住地区之内,严重妨碍居民健康。对于此种工厂的扩建,今天在上海便成为极复杂的问题;我所视察的七个化工厂妨碍四周环境卫生情况,这里不谈。只谈一点,那就是其中四个厂表示最好迁并新厂或准备迁厂。希望中央卫生部对类似此种工厂的卫生监督,早日实行,而具体管理机构于实行监督时,能把增加工业生产与改进环境卫生结合起来处理,以达到生产、卫生两不误的要求。

(三)修建职工住宅问题。最近全国总工会在党中央的指示下协同各有关方面召开劳动保险、生活住宅工作会议,拟出一些改进职工生活福利的措施和办法,是很必要的,希望国务院早日予以批准实施。上海职工住宅自解放几年来,市人民政府和若干工业企业,曾经设计不同的标准,运用不同的财源,采取不同的建造办法,兴建了一些,取得了经验,也产生了缺点和错误。现在谈谈三个方面:(1)地区选择与居住面积。住宅地区以既能接近工厂或办公地点,又能接近城市"闹区"为宜,这样既便于职工上下班,又便于职工及其家属其他各种生活活动和文娱体育活动;住宅采取公寓式,每户住屋间数及面积以宁愿开间小、间数多(一般希望两间),而不愿独间的大开间为一般要求。(2)公共福利设施与市政建设。菜场、小学、托儿所、医疗所、合作商店、邮局等如附近无旧有的可利用,应视需要同时新建;市政建设如道路、给水、排水、电灯、公共电话等均应配备,必要时还应有公共汽车交通的便利。(3)经费来源与经营管理。根据历年经验,以统一规划地盘,统一设计,统一发包施工,统一登记分配,统一管理维护为宜;其经费来源,则由申请建造的各工厂企业或机关采用各种可能的办法自行筹集,向"总甲方"登记付款,于造成后领用;这是就住宅而言。公共建筑则由各有关部门列入各自预算建造;市政建设在住宅街坊以内的作为住宅建筑的一部分投资,在街坊以外的由各有关城市公用事业部门投资兴建。以上三点意见在上海还未得到定论,希望中央有关部门召集各城市对兴建职工住宅具有一定成绩的,交换意见,总结出一套经验,以利各地参考采用。

以上所谈,不免片面或错误之处,请各位代表批评、指正。最后,祝1956年预算胜利实现! 我国第一个五年计划胜利地提前完成和超额完成! 社会主义建设胜利迈进!

(《解放日报》1956年7月1日)

人民日报昨天发表社论指出
必须发挥沿海工业的潜力

上海等地的许多企业只要调整一下生产设备或增添一些设备、稍加改建或扩建,就能增加一倍甚至几倍的产量。

本报讯 人民日报七月八日发表题为"发挥沿海工业的潜力"的社论。全文如下:

我国正在调动一切可用的力量、一切积极的因素,为社会主义服务。这个时候提出发挥沿海工业潜力的问题来谈一谈是有必要的,因为我国在这方面存在很多潜力,把这些潜力发挥出来,就会为国家积累大量的资金,及时地给内地建设提供充足的技术条件,迅速地培养更多的管理干部和技术人才,让合作化运动蓬勃发展着的农村得到丰富的工业品。

原有工业分布得极不合理
五年计划已作较合理部署

我国原有工业的分布是极不合理的,大部分都集中在沿海各城市。根据1952年的统计,沿海地区的工业产值占工业总产值73%。工业过分集中于沿海地区,使我国各地区间经济发展很不平衡。为了改变这种不合理的状况,在我国发展国民经济的第一个五年计划中,对工业的地区分布作了比较合理的部署:一方面扩大了内地建设的规模;同时,也利用、改建和扩建了原有的工业基地,给建设新工业基地创造了许多条件。在这个正确的方针指导下,我国的工业面貌有了很大的改变。

在广大内地建设了许多新的企业。到 1955 年,内地的工业产值比 1952 年增加了 96％。沿海地区原有的工业基地的生产也大大提高了,向新的工业基地输送了大批的设备、材料和人员。例如,正在扩建中的鞍山钢铁公司,向全国输送的钢材愈来愈多,并且为武汉、包头两个新钢铁基地培养着大批的人才。上海市各种经济类型的工业企业,生产出的大批产品对支援各地建设、保证市场供应、平衡物价起了重要的作用。从上海解放到今年第一季度,由上海市调出支援内地的人员就有二十一万多人。这是有力的例证。

巨大潜力没有能发挥
沿海工业发展速度慢

但是,过去在处理沿海工业和内地工业之间的关系上,也还存在一些缺点,沿海工业企业中的巨大潜力还没有充分发挥出来。沿海地区不少企业的设备利用率很低。根据上海市对四十种产品的调查,设备利用率达到 80％ 以上的只有十种、40％—80％ 的有二十种、20％—40％ 的有八种、20％ 以下的两种。沿海地区有许多企业只要调整一下生产设备或增添一些设备、稍加改建或扩建就能增加一倍甚至几倍的产量。例如,上海市工业今年供应西北石油工业的约八千吨机器配件,远不能满足石油工业部的需要。但如果能对上海市生产石油机器配件的工厂增加一千多万元投资,增加一些设备或改建某些车间,不但可以满足石油工业部两万吨机器配件的需要,还可以为发展西北地区石油工业提供必要的后备力量。上海地方国营仪表工业,目前已试制成功了多种热工仪表、化工仪表等新产品,今后如果稍加整顿,就可以供应整系列的机电仪表。在沿海其他城市中,不管是重工业还是轻工业的企业也都有这种潜力。但是,这些潜力过去没有很好发挥出来,以致沿海工业的发展速度慢了一些。这是很可惜的。

过去对沿海工业重视不够
现在领导机关已经重视了

所以发生上述缺点,正如李富春副总理在第一届全国人民代表大会第三次会议上所指出的那样,不仅客观的原因很多,而且还有主观的原因,那就是对于沿海工业重视不够。过去订计划的时候对于如何发展沿海的工业没有提出积极的措施,或者有些措施也不全面,因而在实际工作当中,就有意或无意地对沿海工业的发展给予各种限制,这就使得国家没有能够从沿海工业企业中得到更多的产品、资金和人才。

现在,各工业部门、各沿海城市的领导机关已重视了充分发挥沿海工业企业潜力的工作。上海市在五六月份,就有一百六十多个公私合营的重工业工厂开始进行改建,以便发挥这些企业的潜力,生产更多的产品。由于沿海原有工业生产有基础、有熟练的技术工人、企业间有很好的协作关系,所以在进行必要的改建扩建以后就能迅速收到经济成效。例如,上海公私合营第十一钢厂第三车间改建了烘钢炉,今年可多轧制二,四五〇吨钢材,轧制成本可降低 21.9%,只今年收回的利润将比投资大十倍。再以天津钢厂为例,今年仅增加七十五万元投资,添了部分设备,年内就可增产两万吨钢。如果各工业部门、沿海各省、市的党委和人民委员会,都能够很快地抓紧进行这一工作,如果这些企业中的广大职工能够积极发掘这方面的潜力,我们就可以在沿海工业企业中花很少的投资,生产更多的产品,积累更多的资金,培养更多的人才,会在许多方面满足我国规模日益扩大的工业建设和日益提高的人民生活的需要,进一步支援内地的工业建设。

通过调查研究订出通盘规划
利用原有基础积极发展生产

为了更有效地发掘沿海工业的潜力,各工业部门和沿海各省、市在这方面要有个通盘的规划。在规划的时候,不但要考虑到国营企业,还要考虑到地方国营、公私合营企业的生产安排,这才能全面地提高沿海工业的生产。为了使这种规划能够实现,就要对各企业的生产情况进行调查,具体地找出潜力所在,根据国家建设和人民生活的需要,提出发展的计划和实现计划的步骤、方法。进行这个工作规划的原则应该是:充分利用原有的生产基础,积极发展生产。如果某些企业只要稍加扩建或增添部分设备,就能增加大量产品或增加迫切需要的品种,那么,在力求供销平衡的前提下,也可以考虑进行扩建。特别是资金周转很快的轻工业更应该这样。某些轻工业工厂以及个别的或极少数的大型重工业企业,如果能够就近取得原料和燃料,同样可以根据上述原则设在沿海地区。

要采取积极的步骤方法
也要防止急躁冒进偏向

要发挥沿海工业企业的潜力,一方面要采取积极的步骤和方法,同时也要防止可能发生的急躁冒进的偏向。完全不照顾沿海和内地的工业比例是不对的,这是违反合理分布工业生产力的原则的。不考虑企业间的分工和产品的平衡,不分大小企业、不分主次、不分缓急,一律要求扩建或改建行不行呢? 也是不行的,这会分散国家的资金,难于保证重点工程的建设。而那种讨厌旧设备,一切都要换新的,完全不照顾国家的资金状况的做法,同样是错误的,因为这是极不经济的。充分发挥沿海企业的潜力,正是为了进一步加快内地新工业基地的建设,而不是削弱内地新工业基地的建设,这一点必须明确。当然,在实际工作中还会发生一些需要解决的问题,如果解决的不好,很可能影响这一工作不能很快地进行。解决这些问题最有效的办法,是在大的计划上由中央统一集中,在具体的问题上发挥地方的积极性。在集中过程中,反对包办一切以致捆住地方手脚的做法。在发挥地方积极性的时候,反对一切都依赖中央和完全不照顾国家计划的做法。只要这两方面密切地结合起来,就能够使沿海工业企业在社会主义建设中发挥更大的力量。

(《解放日报》1956 年 7 月 9 日)

中国共产党上海市第一次代表大会胜利闭幕
确定"充分利用合理发展"是今后上海工业的方针

刘少奇同志等 37 人当选为本市出席党的第八次代表大会代表

选出柯庆施同志等 40 人为中共上海市委员会委员组成新的市委会

本报讯 中国共产党上海市第一次代表大会在昨天下午七时胜利闭幕。

这次代表大会从本月十一日开始,除其中二个星期天及休会一天外,共进行了十三天。

在大会开幕式后,代表们以十一、十二日两个下午的时间,听取了柯庆施同志代表前届市委所作的报告。

在这个题为"调动一切力量,积极发挥上海工业的作用,为加速国家的社会主义建设而斗争"的报告中,提出了"充分地利用上海工业潜力,合理地发展上海工业生产"作为当前上海工业的方针。

上海工业面貌有了根本变化

柯庆施同志在谈到工业的方针以前,对几年来上海工业生产的发展情况,以及围绕着工业生产而逐步发展的各项主要工作,作了概括的回顾。他列举了许多生动材料说明,作为我国重要工业基地之一的上海工业的面貌,已经有了根本变化。全市就业人数增加了三十八万人。今年计划产值,比 1949 年的工业产值增加二倍以上,如无重大变化,可以在今年年底达到第一个五年计划规定的 1957 年的工业生产指标的水平。从 1950 年到 1955 年,上海各系统上缴利润和国家税收,相当于国家第一个五年计划基本建设投资额的五分之一以上。重工业的比重也有很大增长,1949 年重工业产值仅占全市工业总产值的 7.9％,今年预计可以增长到 27％。过去六年中,从上海调出的金属切削机床达 28 116 台,各种电机 100 万千瓦。此外,上海还为国家培养和输送了大批建设人才。自 1950 年到今年三月,上海向外地输送的劳动力达廿一万人,其中工程技术人员、技术工人就有六万三千余人。全市财政贸易、市政交通、基本建设、文化艺术、教育卫生和郊区农业等各个方面,围绕着工业生产的中心,进行了许多工作,有了很大成绩。这里可以看出,上海在支援内地建设、稳定市场、满足人民需要和发展对外贸易方面,起着重要的作用。几年来,通过各项运动,社会主义建设和社会主义改造事业的实践和发展,人民群众政治积极性大大提高,民主制度的建设日益巩固,上海党的组织也有了很大发展,反革命分子潘汉年的被揭露,使党的组织更加纯洁了,战斗力大大加强了。

实现"充分利用合理发展"方针的有利条件

柯庆施同志在报告中,接着分析了上海工业生产的具体情况,认为上海工业蕴藏着巨大的潜在力量。他说:就以上海四十种主要产品来看,三十五种产品的设备利用率都在 80％以下,其中在 40％以下的有十六种。此外,各个行业、工厂之间,先进的同落后的差距也很大,如金属切削效率低的每分钟不到一百公尺,最高的则达到一千三百五十七公尺。同时,上海的技术力量是很雄厚的,全市拥有相当于技术员以上的工程技术人员三万多人,技术工人和熟练工人达三十二万人。由于全市资本主义工业已经实行公私合营,这一部分的生产力可以得到更大的发挥。而且,上海各种工种齐全,协作生产比较方便,又可以获得上海各高等学校、科学技术研究机关的帮助。上海又是一个著名的港口,运输、码头、仓库等设备齐全,这也是发展生产的有利条件。因此,柯庆施同志在报告中说:充分利用上海工业的上述有利条件,就可以做到:"投资少、效果大、速度快。"可以有力地支援内地工业的建设。举出上海的新成仪表厂的例子就可以了:如在这个厂投资四百万元扩建,到1957年就能生产出产值二千一百万元的各方面急需的仪表。如果新建一个比新成仪表厂大一倍的厂,投资就要五千万元而且最快要在三年后才能开始生产。

令人兴奋的远景规划

报告中根据"充分利用、合理发展"的方针和国家第二、第三个五年计划的要求,提出了令人十分兴奋的上海工业生产的远景规划的草案。按照这个规划,在第二个五年计划期末,上海工业总产值比1957年计划水平将增长百分之八十;在第三个五年计划期末,工业总产值(不包括手工业产值)将再增长百分之四十九。这样,在重工业方面上海将逐步发展成为全国制造小型机械特别是比较精密机械、造船工业和生产小型钢材的基地之一;在纺织和轻工业方面,上海的技术潜力、设备潜力将获得更大发挥,可以扩大生产,以及发展高级产品和特种产品,以满足内外销的需要。在发展生产提高劳动生产率的基础上,职工的物质生活和文化生活,也将逐步改善和提高。在第二个五年计划期内,将使有就业条件的人全部就业。

把一切力量调动起来
为实现上海工业方针服务

柯庆施同志在报告中说:当我们确定以"充分利用、合理发展"作为上海工业今后的方针,并提出了初步规划以后,我们深深地感到:这样巨大的任务绝不是轻易就能实现的。这里牵涉到许多方面的关系问题,这里面包含着一系列的矛盾。上海党组织的任务,就是抓住上海工业生产中的关键问题,揭露矛盾,分析矛盾,区别积极的因素和消极的因素,按照党中央和毛主席所指示的方针,把一切可用的力量调动起来,并且还要把无用的化为有用,把消极的变为积极,来为实现上海工业的这个方针服务。

在这一部分报告中,柯庆施同志着重谈了以下几个问题:关于依靠工人阶级的问题,关于调动一切技术力量的问题,关于团结和改造资产阶级分子的问题,关于肃清一切暗藏在工厂内部的反革命分子的问题,关于以生产为中心把各部门、各方面的力量充分地调动起来的问题和关于发挥基层干部的积极性的问题。

改进党对工业企业的领导

为了贯彻执行上海工业的方针,前届市委的报告中,提到了改进党对工业企业的领导问题。柯庆施同志在报告中说,把党的战斗力,党的领导水平进一步提高起来,这是实现报告中斯提出的方针和任务的根本保证。为此,必须紧紧地掌握以下五个环节:

一、要不断发扬党的工作中的群众路线的优良传统,切实改善领导方法;

二、坚决贯彻执行党的集体领导和分工负责的原则,确立党组织在工业企业中的统一领导地位;

三、加强基层组织的思想建设和组织建设,充分发挥基层组织的战斗堡垒作用;

四、要经常地同阻碍新生事物成长、妨害生产潜力发挥的保守思想作斗争;

五、改善党对工业企业的组织领导,改进工作方法,使党的领导更适合上海工业生产的特点。

前届市委的领导工作中主要缺点的检查

在前届市委的报告中,对几年来上海市委领导工作中的主要缺点,进行了严肃的自我批评。在方针政策方面,有的贯彻执行得不够,如统一战线工作、法制教育等;另外,对上海的工业方针,由于对上海具体情况作具体的分析研究不够,把一些暂时的、局部的困难扩大化,因而在实际工作中,对上海工业从发展方面打算少,维持方面考虑多,这显然是不妥当的。同时也就不可避免地使上海工业的发展和技术的提高受到了一定的影响。报告中,市委对在国营工厂推行"一长制"、工资政策等政策问题上也作了自我批评。指出这些缺点的产生,是和市委的领导作风方面的缺点分不开的。市委领导上还存在着主观主义和比较严重的事务主义作风,未能经常深入下层,联系实际,因而沾染了官僚主义的灰尘,常常形成领导落后于客观实际的现象。报告中还检查了在组织领导方面的缺点。如在集体领导和分工负责的结合方面,存在着某些不够完善的地方,没有充分发挥各个组织的作用,各方面的力量还没有充分调动起来。

代表大会在听取了前届市委的工作报告以后,按照大会通过的议程,自十三日开始,代表们分为三十个小组进行了四天的分组讨论。从十九日开始,以三天半的时间,进行大会讨论。在大会上发言的有六十四个代表,有六十二个代表改作了书面发言。

代表们在讨论中发言热烈
生气勃勃地展开批评和自我批评

不论是分组讨论和大会讨论,发言都十分热烈。代表们生气勃勃地展开了批评和自我批评。代表们在讨论中,都对前届市委提出的"充分地利用上海工业潜力,合理地发展上海工业生产"的方针,作了深入的反复的研究。这个方针获得了代表们的热烈拥护。在讨论中,许多代表列举了丰富的具体材料,说明这个方针是适合上海工业的实际情况的。如国营上海精密医疗器械厂的代表说:他们厂里经过计算,如果再增加投资一百万元,增加一些机器,利用原来多余的厂房,一年能多生产四百台X光机,可以净得利润四百多万元。杨浦区申新六厂的代表说:从我们厂看,设备潜力很大,目前我们还有二部印花机没有利用。在生产效率上,国棉一厂的前罗拉的速度是二八六转,而我们只有二一七转;如果使大家跟上了先进,先进的更先进,就能发挥更大的潜力。上海柴油机厂的代表也提到,如果在该厂进行技术改造并增加投资额,就可以增产十五万到三十万匹马力的柴油机。

许多代表发言中批评说,由于以往没有及时根据形势的发展,修正过时的对沿海工业的看法,较长时间内,对上海工业积极方面考虑少,消极方面打算多,对干部和工人群众的积极性有不好的影响。因此,许多代表都认为党提出这个方针,是鼓舞人心的方针,党应当在全体人民群众中大力宣传这个方针,使这个方针成为动员和组织群众的力量。

在讨论中,代表们在肯定成绩的同时,着重地对前届市委和市委各部门存在着的主观主义、教条主义和官僚主义作风,提出了尖锐的批评。

有些代表认为前届市委进行领导工作中,有些问题缺乏独立思考,没有积极摸清上海实际情况向中央反映,因而有些缺点,往往是中央提出来后才纠正。

有些代表批评了市委日常工作中不够注意充分发扬民主,不大倾听反面的意见。没有以"沙里淘金"的精神,来听取来自下面的各种不同的意见。代表们提出:为了发挥广大干部和群众的积极性,新的市委应当更多地发扬民主,倾听各方面的意见。

代表们在讨论中也批评了市委在有些工作中的官僚主义作风。重工业直属厂的代表批评市委有些部门召开会议时不了解下情,要一些厂的负责同志接到通知后在百忙中抽出时间来参加了会议,而会上布置的工作却和大多数厂没有关系,浪费了许多干部的宝贵时间。新成区、黄浦区的代表批评市委对区委的领导一般化,只在每一季度开一次会,布置工作,中间很长一段时间没深入具体的领导;布置工作也往往只有原则道理,缺少具体措施;对区委缺少经常的思想工作的领导,而且对区委信任不够,抓得紧、抓得多、抓得死。

代表们对前届市委和各部门会议多、会议长,造成基层忙乱等缺点进行了批评。大家要求今后市委精简会议,把会议开得简单些,从文件堆里出来,更好地更多地深入下层,联系实际,克服官僚主义和事务主义的作风。

对于市委各部门工作的缺点,市委机关报——解放日报某些不恰当宣传和个别工作人员的作风上的缺点,代表们也都提出了中肯的批评。

此外,在讨论中,代表们普遍地要求市委注意增大各级党委的权力,不要把什么都集中在市一级,并且要更多注意发挥和运用各个组织的力量,以便更好地调动一切积极因素,发挥各级党委的正当的积极性。同时,党代表们也普遍认为全党必须更多地关心基层干部的思想、工作、生活和学习问题,以便团结全党,调动一切力量为贯彻执行"充分利用、合理发展"的方针而斗争。

充分发扬民主　认真地进行选举

在讨论结束以后,代表们以两天时间,就大会主席团提出的上海市出席党的全国第八次代表大会代表和候补代表候选人名单草案,市委委员和候补委员候选人名单草案,以及主席团提出的选举办法草案,分组进行酝酿和讨论。在讨论中,代表们对候选人逐个地进行了审查,对一些候选人负责地坦率地提出了批评和意见。所有意见都经过主席团的仔细考虑。主席团严肃地采纳了大家的意见,从原提的市委委员、候补委员候选人名单中,调换了三个市委委员候选人和二个市委候补委员候选人。从原提的上海市出席党的全国第八次代表大会代表候选人名单中,根据多数代表们的意见,调换了两名候选人。

出席廿六日上午举行的大会的、代表着上海市十四万九千九百八十二名共产党员的七百三十名(更正:昨日刊出的"中国共产党上海市第一次代表大会胜利闭幕"新闻末一段:二十六日上午出席大会的代表人数七三○人,系七五三人之误。特此更正。1956 年 7 月 28 日)代表,怀着严肃、兴奋的心情,以无记名投票方式,选举出了以刘少奇同志为首的上海市出席党的全国第八次代表大会的三十七名正式代表和四名候补代表。选举出了柯庆施同志等四十名(留一个名额待郊区调整时补选)中共上海市委委员和十五名候补委员,组成新的市委会。当选举结果揭晓时,全场响起热烈的掌声,经久不息。

在昨天下午大会闭幕式上,代表们一致通过了"中国共产党上海市第一次代表大会决议"。接着,由柯庆施同志代表大会主席团,作了这次大会的总结报告。

（《解放日报》1956 年 7 月 27 日）

全党努力,实现"充分利用、合理发展"的工业方针

中国共产党上海市第一次代表大会闭幕了。这次大会是一个很重要的大会,它讨论了和确定了上海市工业发展的方针。这个方针就是充分利用上海的工业潜力,合理地发展上海工业生产。用简单的词句来说,就是"充分利用、合理发展"的方针。这次大会选出了出席中国共产党第八次全国代表大会的代表、候补代表,选出了中国共产党上海市委员会的委员、候补委员。

这次大会是一个富有生气的大会,无论是前届市委,无论是参加会议的代表,都抱着认真严肃的态度,充分发扬了民主,热烈地开展了批评和自我批评。对于许多重要的问题,都认真地进行了讨论,进行了争论,最后取得一致的结论。经过这次大会,全体代表的思想认识一致了,全党的团结空前地加强了。这是真正的战无不胜的力量。

这次大会是一次对上海市全党工作的大检查。检查的结果,证明上海各项工作成绩是巨大的,但是在我们的工作作风、思想作风、党与群众的联系上,还存在着不少的问题,不少的缺点,甚至还有不少的错误。经过这次大会,大大地提高了我们的警觉。事实告诉我们,上海党的组织为人民服务是努力的,全心全意的,但决不能沾沾自喜,骄傲自满。上海是一个十分复杂,十分庞大,十分集中的城市,对于

上海的许多问题必须做细致的调查研究工作,必须十分冷静地做全盘考虑,既不能性急,要求一个晚上就解决许多问题,也不应拖延,对待许多有条件有可能解决的问题,迟迟不决。不管怎样,我们的工作质量还远远不能满足人民的要求,必需戒骄戒躁,虚心学习,艰苦工作,才能克服缺点,替老百姓办更多的事情。

十三天的会议给予全体代表以很大的启发,很大的提高,大家在会议里更加清醒地了解了许多问题,解决了许多问题。但是,这样的代表大会在上海还是第一次举行,我们还很缺乏开这样的大会的经验,所以会议本身的缺点也是不可避免的。最主要的缺点,就是在会议中,有不少的批评,针对着事务性的问题多,针对着方针政策性的问题,提出尖锐的意见或批评的则显得不足。

在开展批评与自我批评的问题上,也有不少缺点,如有的过分地讲究批评的态度和方式而不注意批评的内容和精神,有的只强调批评而缺乏自我批评,有的虽有自我批评但不勇于批评,有的认为只有无条件的采纳某人的意见才算得民主。这些缺点,应在今后党内生活中加以改变。

上海市党的代表大会已经圆满地结束了,然而我们如何贯彻执行"充分利用、合理发展"的方针呢?这里有大量的工作需要我们去做。

首先,我们要向党内党外干部,向全市职工兄弟,向全市广大人民宣传"充分利用上海工业潜力,合理地发展上海工业生产"这一方针是正确的发展上海工业的方针;这一方针是在上海进行社会主义建设和社会主义改造的基本方针,也是在上海市进行重大的经济改组的规划。执行这个方针,实现这个规划,就一定能够把上海建设成为一个具有稳固经济基础的社会主义城市,使上海走上历史上从来没有过的繁荣昌盛的道路。

过去几年来,上海工业生产在支援国家建设、满足人民需要方面起了重要的作用。上海的技术人才在全国许多新工业基地上作出了重要贡献。可是近百年来逐渐形成的上海工业仍然蕴藏着巨大的潜在力量。上海有巨大的技术力量,上海有近百年的工业建设的经验,上海有十分便利的交通运输条件,港口、码头、仓库的设备齐全,上海有十分灵巧的协作条件,上海有许多专门科学人才,上海有各地的支援,所以上海的工业生产,进行合理的发展,是完全有条件的,既可以做到投资少,又可以做到效果大,速度快。只要我们能够积极地进行企业改造、生产改组和技术改造,积极地总结和推广先进经验,根据需要与可能有计划地进行机床改装工作,进行必要的扩建、新建和改建,就能够大大地提高劳动生产率,我们的轻重工业就能够更好地发展起来,在生产发展的基础上就能进一步改善职工的物质生活和文化生活。潜在的力量发挥出来了,劳动生产率提高了,生产发展了,那么我们就更有力量来支援内地工业的发展,更有条件对全市职工的生活实行逐步地改善。

我们的前途是美妙的,经过我们的努力建设,上海将要成为全国制造中小型机械、造船工业的基地之一;上海的轻纺工业将有所发展;上海将大力生产高级产品以满足国内外的需要;上海将争取在第二个五年计划期末,工业总产值比 1957 年计划水平约增长 80%,争取在第三个五年计划期末比 1962 年计划水平约再增长 49%。这是多么令人鼓舞的前景啊!

中国共产党上海市第一次代表大会已经确定了以充分利用、合理发展作为上海今后工业的方针,并根据这个方针提出了初步规划。这样巨大的任务是能够轻易实现的吗?自然,实现这个方针,完成这一巨大而光荣的任务,就必须把党内党外的一切积极因素,一切可用的力量,全部调动起来。要调动一切力量积极发挥上海工业的作用,为加速国家的社会主义建设而斗争,首要的问题是发扬我党密切联系群众、依靠群众的优良作风,克服官僚主义的毛病,热情地关心群众的生活。所谓关心群众的生活是既要关心群众的日常生活,在可能的条件下,解决他们的困难问题,又要关心他们的工作,关心他们的生产,关心他们的政治觉悟,关心他们文化技术水平的提高,而后者尤其重要。过去我们批判了只关心职工的生产和工作,而不关心他们日常生活的现象,如果反过来只有关心群众穿衣吃饭的这一条,也是远远不够的;或者把关心群众生活庸俗化,把关心当作救济,施舍,当作慈善事业,那也是片面的、错误的。就领导而言,关心群众生活,就是要了解群众的疾苦,了解群众的思想情绪,了解各项工作中的各项实际问题。根据群众的思想状况和实际工作中存在的问题加以研究,把群众的智慧和意见集中起来,经过分析、提高,再贯彻到群众中去,这是我党的群众路线。可惜这条路线在我们实际工作中并不是执行得很好的,这条路线往往被我们忘怀了,因而在我们的工作中就经常出现不接触实际,不接触群众,对基层单位缺少具体的领导和帮助,对工作有布置,少检查,不耐心倾听干部和群众的意见和呼声,不关心群众的思想和生活等等的官僚主义作风。不改变这种作风,就不可能把社会上一切积极因素调动起来,就不能发挥广大干部、群众的创造性和积极性。在我们工业生产领导工作中也还存在着主观片面的毛病,我们对待许多问题还缺乏调查研究,对于许多情况往往还心中无数,机械地搬运外国外地经验。不改变我们工作中的主观主义作风,要想调动一切力量为社会主义建设服务,那也是不可能的。

为了实现发展上海工业的方针,还需要进一步提高党的战斗力。这就要求我们加强基层党组织的思想建设与组织建设,充分发挥基层党组织的战斗堡垒作用;这就要求我们坚决贯彻执行党的集体领导和分工负责制的原则,确立党组织在工业企业中的统一领导地位。有了全党的坚强团结,有了全市广大人民群众的支持和监督,我们就一定能够贯彻执行工业的"充分利用、合理发展"的新方针,就一定能够在上海的社会主义建设和社会主义的改造事业中,不断取得新的胜利。

(《解放日报》1956 年 7 月 27 日)

希望更多地关心科学事业的发展

——罗宗洛　朱冼　胡永畅三代表的联合发言

我们同意柯庆施同志关于"调动一切力量,积极发挥上海工业的作用,为加速国家的社会主义建设而斗争"的报告,柯庆施同志在这个报告中,提出"充分利用,合理发展"作为发展上海工业的方针,号召调动一切技术力量为生产服务。我们认为这个方针,这个号召,是正确的。这个报告中,提出科学技术在发展生产中的重要性,这在上海市首长在人民代表大会上的报告还是第一次,对我们科学工作者来说,是特别令人欢欣鼓舞的。

科学技术在国家社会主义建设中的重要性,是不待多言的。我们的党和政府对此具有远见,开国以来在短短的时期内,不惜人力物力,发展科学事业,把原来基础非常薄弱的中国科学院,发展为规模初具的科学队伍。就机构而言,从十数个单位,扩展成目前的四十一个单位,工作人员增加到二十倍,今年提出向科学进军的口号,周恩来总理在他的关于知识分子的报告中,又提出在十二年内要把国家最迫切需要的科学,提高到国际水平的要求,为了这个目的,在国务院成立了一个科学规划委员会,进行十二年科学技术的远景规划。在周恩来总理、李富春副总理、陈毅副总理的直接指导下,召集全国科学家三百余人,集中于北京,苏联科学院派遣了以十四个院士和四个博士组成的科学代表团来京参加工作,中央各部门的苏联顾问和专家们,也热心地贡献出他们的力量。这样,经过将近半年的工夫,初步完成了几十项"十二年国家最重要科学技术任务"的规划工作。此外对于若干重点科学,也制定了十二年发展规划。这在我国科学史上,可算得一件空前的大事。

我们光荣地参加了这个工作,在工作中我们感觉到有两件事,是值得注意的。(1) 在工作中具体地暴露出我国科学的落后情况,有若干重要的科学部门,在我国是空白点,或者即有其人,而质和量都不能满足国家的需要,从每个中心说明书的具体措施计划中,毫无例外地都要求邀请苏联专家来帮助这一点可以证明。(2)几十项十二年国家最重要的科学技术任务,都是综合性的,需要集中各方面的科学家,在密切的分工合作之下,才能完成任务。可是我国系统纷繁、壁垒森严,谁也不服谁的指导。在规划中,纷纷各自设立机构,要求分配人力,充分发挥本位主义。这对于规划的执行,是一个很大的障碍。对于第一个缺点,我们科学工作者,必须付出辛勤的劳动,排除依赖苏联专家的思想,迅速提高自己的学术水平,大力培养新生力量,保证完成任务。对于第二个缺点,希望政府成立一个强有力的协调机构,将全国的科学家组织起来,合理地安排工作。

为了响应中央向科学进军的号召,很多省市对发展科学事业的积极性也空前高涨。例如西北、广东、武汉、新疆维吾尔自治区等地纷纷制定规划,主动提出建立科学院分院。虽然我们认为这些分院的性质、任务以及如何开展工作等问题还有很多值得研究的地方,但是对于这些地区重视科学的积极性,却是值得赞扬的。

和上述各地相比较,我们感到上海市对科学事业的发展,就显得相当冷淡了。正如柯庆施同志在他的报告中所说的,"上海是科学技术人才大量集中的城市"。在发展科学事业上,上海市是具有优越的条件。可是这几年来,上海市对推动科学工作,缺乏具体的措施。相反地,上海市对于科学家的聚散,科学工作中的困难,似乎取视而不见,听而不闻的态度。请允许我们举几个例:1,中国科学院在上海的部分除现存的单位外,原尚有物理化学研究所和水生生物研究所。但他们已先后迁到长春和武昌。他们的迁出固然有支援其他地区或更接近生产地区的理由,但上海房舍拥挤也是原因之一。在这两所迁移过程中,我们也未曾听到上海市有过惋惜的表示,似乎这两方面的研究工作完全与上海市无关似的。2,除上述两机构迁出上海不计外,中国科学院上海各单位七年来人员已发展了六倍,而房舍,特别是实验室增加不到一倍,因此影响工作的开展。今年以来,不仅工作所需要的器材设备在订购、试制、修理等方面碰到很多困难,实验动物的供应也感缺乏。在人员方面,非但高、中级人员调配困难,而且初级人员的增加也远不能满足需要。即使技术辅助人员,如中等专业学校和高、初中毕业生、技术工人等的增加也有很大困难。这些方面,上海有关部门虽曾帮助我们解决了一些问题,但似乎不能说已经尽到了"大力"。3,帝国主义者在上海遗留下来一批动物标本约计二万件,有关的专家们早在1950年向上海市当局提出建立自然历史博物馆的建议,但经过了五、六年之久,至今仍无着落,令一部分的标本霉烂,甚为可惜。

以上几个例,已足以证明上海市对于科学事业是不够关心的。这并不是说上海市对于上海的科学工作者,毫不关心。其证据是:上海市人民代表中有许多科学家,上海市人民委员会中也有科学家,尤其是当招待外宾时,上海市是并不忘记了科学家的存在的。这些都是上海市给予科学家的光荣,我们是十分珍视的。但是科学家所关心的是他们的业务,他们渴望上海市推动研究工作,改善工作条件,协助解决工作中发生的困难问题。对于这方面的工作,上海市是做得不够的。

有人说,你们都是中央办的机构,上海市管不着。我们说这不是管得着管不着的问题,而是对科学在社会主义建设上重要性的认识够不够的问题。重视了科学事业的发展,就有可能更多地了解和关切科学研究工作,就有可能对在上海市建立什么科学事业机构进行适当的规划,同样也就有可能帮助科学机关解决工作条件的困难。

正如国家的工业不能集中于一处一样,全国的科学研究工作,也不可能全部集中于北京。将来在全国各地将出现若干个科学中心,而上海市无疑地将成为中心之一。希望上海市对于科学事业,从具体的措施上表示更多的关心,使上海市成为强有力的科学中心。我们认为只有这样做,才符合"充分利用,合理发展"的大方针。

(《解放日报》1956 年 8 月 10 日)

充分利用合理发展上海工业与
上海的城市规划及建筑管理

上海市规划建筑管理局局长　赵祖康

我完全拥护陈毅市长的政治报告、柯庆施书记关于上海工业方针的报告和曹荻秋副市长关于去年决算和今年预算的报告。现就充分利用、合理发展上海工业与上海的城市规划工作及其相辅而行的建筑管理工作这一重要的相关问题,向各位代表汇报一些情况并发表一些意见,请批评、指正。

一年余来工作的基本情况:

收集研究基础资料,赶制近期修建规划图和近期发展地区详图——核拨基本建设用地,避免浪费和不合理发展现象。

(一)一年余来城市改建规划及建筑管理工作的基本情况规划建筑管理局自去年四月成立以来,由于对外没有将业务作一些广泛的有系统的介绍,不少单位对我局业务感到生疏。下面作一简略说明。

我局业务分为城市规划、建筑管理、勘察测量三个主要方面,今年还暂时兼办住宅建设。城市规划是城市建设的具体纲领,是城市建设项目的合理安排和布置,使它们能符合为工业生产服务、为劳动人民服务的方针;建筑管理主要是通过核拨建设用地和核发建筑执照,来体现城市规划的要求,克服建筑中的混乱和不合理现象;勘察测量是为城市规划、建筑管理与其他部门的基本建设工程提供地形、地质、水文等自然资料和各种比例的测量图纸。住宅建设是在城市规划近期建设地区内进行有组织有计划合理分布的建设。

去年四月建局以后,即进行较长时期的业务方针学习,初步提高了规划设计思想水平,改进了规划设计的方法;并进行整顿业务,将不属我局正规职掌范围内的工作,如审核工厂接电,核发零星建筑执照等,移交其他单位或各区人民委员会接管,使我局工作,有逐步达到专业化的可能。现就一年余来城市规划和建筑管理属于核拨用地的两方面工作的基本情况简要报告如下,至于核发建筑执照、勘察测量和住宅建设工作从略不谈。

甲、城市规划方面:

1. 认识了城市规划必须建立在比较充分的基础资料之上,一年余来,我们大部分规划力量即放在基础资料的收集整理分析研究绘制方面,业经绘成本市工业、公共建筑、居住建筑、仓库、港埠、绿地、公用事业、市政工程等各种现状图三十余种,计数百幅。

2. 在规划设计工作中,曾绘制过全市生产工人在十六人以上的工厂位置图,并提出分为原址维持,原址扩建及裁并迁移三种处理办法的初步建议,分送各工业主管机关,供选择核心厂厂址的参考。

3. 最主要的规划设计工作,照今年年初打算,原本是在继续完成去年开始的资料工作的基础之上,争取在上半年制成本市城市初步规划草图,以期争取于本年年底完成初步规划图,并可逐步提高各种建设地区或路线的详细规划图的质量。同时,在上级直接具体领导之下,进行1956—1967年的近期修建规划。但自从三、四月间起,上海各项工业、运输、仓库、文教、住宅及其他市政工程的今年或明年的建设,迫切要求我局配合进行选择用地的"案件规划",工作量很大,打乱了原订计划。六月初起,赶制近期修建规划图和近期发展地区的详细规划图,后经城市建设部负责同志和本市领导上交换意见后,对我们工作,作了明确的指示,着重指出本市城市规划应以近期建设为重点,从实际出发,承认现状,逐步改造,分别作出两年、七年、十二年的详细规划,近期内城市建设具体项目以住宅、交通运输和下水道最为主要;这个指示得到我局全体干部的拥护,明确了我们今后的工作方向与途径。

乙、建筑管理关于核拨用地方面:

1955 年核拨用地共为 4 200 亩,较 1954 年减少一万余亩,基本上达到节约用地的要求。1956 年上半年申请用地案件达一千余件,要求拨用地达 15 000—20 000 亩(绝大部分建设地段已经协议选定,其中已得到上级批准的设计任务书,因而我局可以核拨用地的达 9 200 余亩),这些案件的基建投资数一般较大,牵涉问题复杂,但申请拨地时间紧迫,为了节约用地和加速处理,我局因而于今年第一季起,对于审查核拨用地,采取了"全面了解,深入研究,主动联系,充分协商"的办法,收集有关用地的参考资料及现状图作为研究本市各种用地指标的参考,并采用其他各种措施,取得以下一些效果:

1. 在建成区内基本上控制了土地的自由移转和制止了盲目混乱不合理的发展,为生产建设,生活福利设施提供了适当发展的余地和有利条件,对一些条件较好的地区和已具规模的大中型工业企业附近的空地规定了一些控制建筑的原则,保证了部分生产企业有逐步扩建的可能。

2. 在研究用地面积上和申请用地程序上,基本上达到国务院指示避免浪费土地的要求,有不少工厂,所核拨用地面积仅占申请面积的 60% 至 75%,仍能满足其需要。

3. 对就地扩建工厂,我局综合一方面生产作业的要求和另一方面消防、卫生、国防等要求,积极协助建设单位解决问题,避免浪费和盲目不合理发展现象。

4. 对选地新建工厂,我局按照建设单位生产要求,结合各地区现有条件,通过充分的勘查、研究和协商,始作决定,避免使用不适当土地,并在积极方面达到投资少收效大而快的目的,如造船工业应面临深水地区,冶炼工业应接近水陆交通运输都方便的地区,机电工业应在具备交通运输及市政公用设施齐全地区,精密仪表工业一般应在环境较静地区,危害性工厂应远离住宅区等等。

工作中的缺点和错误:

没有能及时适应建设单位要求因而影响生产和建设——忽略为工业服务为生产服务——忽视近期建设规划的迫切性——工作粗糙忙乱被动。

(二)工作中的缺点和错误:

一年多来的工作,由于上级的正确领导,全局职工的努力,虽取得了若干成就,对发展工业生产起了一定的辅助作用,但缺点和错误是存在的。

第一,城市规划设计没有能及时地适应和完善地解决工业、仓库、公共建筑、市政设施等建设单位提出的要求和问题,因而使部分核拨用地工作和个别路线规划工作影响了生产和建设。我局城市规划工作是承前市政建设委员会之后接办的,几年来我们憧憬于"社会主义城市建设"的美好远景,而忽略了规划的现实性,放松了近期建设的调查研究与规划设计以及建设地区的完整勘测与详细规划设计;对于上海这样一个沿海旧工业城市应积极发掘它工业基地的作用,而在城市公用事业(市政建设与交通运输等)上亦应相应地发挥原有设备的潜力进行相应的扩建改建这一基本方针认识不足,加以对上海城市的发展方向与规模捉摸不定,又不能独立思考,确立一个适当的规划政策思想和一套因地因时制宜的规划方法与步骤。以致延长了规划的时间,使本市的城市初步规划至今没有完成,各种详细规划的质量也就很差,远远不能适应当前各方面的迫切需要。

第二,在具体规划设计工作中,过分强调社会主义城市建设对于劳动人民社会活动要求的适应和追求城市艺术布局,忽略了为工业服务为生产服务乃是城市建设方针的重要方面,因而对工业区和工业点(即原有分散的工厂应予保留或合理发展的)的规划,对城市规划与铁路和港埠规划的密切配合,对住宅建筑和公共建筑如学校、医院等与现有的工业地区及工业点适当地相互安排,对道路干线网在原有基础上进行逐步改造和扩展的规划等等,都在不同程度上没有能从切实为工业生产服务这一要求出发;还曾经有一个时期,追求形式,忙着搞这条那条城市主轴和城市中心放在这里那里的规划设计,抱着"一朝实现多么美好"而在事实上很少可能实现的宏愿与想象。

第三,用地管理虽然采取了"主动联系充分协商"的办法以及具备了"掌握原则灵活运用"的一些主客观条件,但由于受规划设计的教条主义的思想影响,某些案件还是过多地考虑了符合城市规划要求这一方面,忽视了近期建设及其迫切性的重要意义,因而使应当可以满足使用的地区却限制得过严,影响了部分单位的建设,甚至个别有可以核拨而不予同意的情况。

第四,由于案件繁多,每件都须实地勘查研究,干部不够,经验不足,产生了某些案件有工作粗糙与忙乱被动或态度生硬现象。

产生缺点和错误的原因:

主观上是缺乏城市规划经验,作风官僚主义经济观点不强——客观上是城市公用事业和市改建设基础较差,有些基建单位计划多变、用地要求过多过大。

分析产生缺点和错误的原因,在我局主观方面,主要是由于我们思想作风上有毛病。最主要的是思想方法上的教条主义,我们是很缺乏社会主义城市的城市规划的经验的。几年来沉醉于社会主义城市建设的远景,在规划工作中不从上海城市的客观实际要求出发,而从抽象的社会主义城市规划原则出发,也就不是从近期考虑到远期,而是强调近期服从远期的进行设计,不是从工业生产和其他经济建设,而是从形式外表考虑设计,直到今年三四月间,由于形势所迫,才逐渐清醒过来。

其次,是具体领导作风上的官僚主义。我们的工作和生产部门、城市建设部门、文教卫生部门等都有密切关系,应当经常倾听他们的意见与要求,从他们的需要出发,结合城市规划的一般原则,并吸取别的城市的经验教训,来进行工作。但是我们还不善于密切联系有关单位深入现场、了解情况、实事求是、灵活掌握原则,充分商量,以解决规划设计与建筑管理上各项问题。这是官僚主义作风的表现。至于向建设单位及社会进行宣传工作,介绍说明我局业务的内容、目的、要求与各项办法,则做得更差,以致不少建设单位还不知道征用土地必须经过一定的申请程序,其实国务院和上海市人民委员会于 1953、1955 两年先后公布办法,作了明白规定。

第三,经济观点不强。城市规划的要求是使城市建设达到经济上的合理性和技术上的可能性,可是我们不善于算账,在经济的合理性研究方面做得很不够,有时只有一个方案,根本不作比较,有时虽有许多方案,但是这些方案是不现实的,对于实现的造价也没有算过,无法比较。归结起来是没有建立经济核算思想,所掌握的经济资料又不多,在与有关单位讨论规划问题时提不出经济比较数字,说服力就不大(这种经济观点不强,各建设单位中也有不少和我们相类似的情况)。

至于客观方面的原因,首先是上海工业潜力很大,而城市公用事业和市政设施基础较差,且极不平衡,两者之间存在着矛盾;这矛盾随着工业潜力的充分发挥,城市居民物质、文化生活的不断提高正在日益尖锐的暴露出来。例如公用事业管线和市政设施的服务面都是很狭窄的,完全具有道路、上下水道、电力、电话、煤气公共交通等设备的地区只占现有"建成区"的一部分,不过是整个上海市区面积的百分之十几左右,形成上海"地虽大而实不大",各种建设的进行,大家都要挤在一起,如在中区扩建,常常和邻近单位发生矛盾,如在郊区择地新建,又因市政设备条件差,大家不愿去,对于城市规划的合理分布增加了很多困难。

其次在上述市区内可用土地较少情况下,由于建设单位众多,建设计划提出和申请土地的时间又先后不一,就时常产生两个或几个建设单位争执用地扯皮很久才得解决的现象;更有某些单位具有严重的本位思想,对拆让或让拨房屋土地给建设单位进行基建采取扯皮不接受统一调拨态度,造成人为的困难,妨碍生产建设亦属严重。

再次,是不少建设单位基建任务迫切,具体生产要求还不完全确定,基建干部对本市公用事业市政设施情况又了解不足,因而提出的基建计划多变,或竟根本尚未确定是否举办,增加我们工作上的忙乱。按照"上海市关于国家建设征用土地实施办法"的规定,凡征用土地,用地单位一般应在征地前三个月,具备已批准的计划任务书送我局审核;这固然不应当拘束当前任务迫切的各项基建,但许多单位计划未定,仅凭口头申请,即要求迅速选地,而我局工作干部以事关生产建设,亦总是不机械按照程序办理,"有求必应,来者不拒",于是有"疲于奔命"的感觉。还有不少工厂的计划是在扩建与不扩建之间摇摆几次后才确定的,有些建设单位则过多过大的要求用地,增加了不必要的长期研究。此外,文教卫生部门和对外交通部门对于近期发展的技术经济资料除了一部分已经有了规划外,一般都正在研究编制之中,这对我们规划设计工作能否顺利进行也有关系。

最后,关于各有关主管单位审核基本建设,我局是采取一揽子"代办"办法,于是在考虑核拨用地(以及核发建筑执照)时,每每通过我局或由我局通知建设单位自行征求有关消防、卫生、港务、铁路、电台、机场等单位的意见,只要其中有一个单位表示不同意见,我局经办的案件便不能迅速地处理,这虽非主要原因,而且我局亦应负一部分责任,但问题还是严重地存在着的。

今后工作要求和希望:

克服主观主义和官僚主义作风,贯彻上海工业方针——希望基建单位提出近期建设规划。

(三)对今后工作的要求与几点希望:

首先,我局全体人员今后应当在中共上海市委和市人民委员会领导下加强政策思想的学习,提高业务水平,坚决克服主观主义和官僚主义作风,纠正各种缺点和错误,建立实事求是从实际出发的规划工作的基本态度。贯彻"充分利用,合理发展"的上海工业方针,和为工业生产服务,为劳动人民服务的城市建设方针。按照上级指示,进行城市规划、建筑管理及勘察测量工作并集中主要力量于编制近期12年的初步规划轮廓和近期修建地区的规划。以便于各生产建设单位进行建设,并加强建筑管理。今年的住宅建设据了解由于建筑材料及劳动力的限制,目前只能完成原计划75%左右,我们恳切要求有关部门大力支持,以争取达到更高的完成百分率;并建议上级考虑在接办单位内设立专业机构,加强领导来大力进行明年和今后几年的住宅建设工作。

其次,希望市政建设、公用事业、对外交通、港埠、住宅建设、文教建设等单位在最近期内提出 2 年(1956—1957)、7 年(1956—1962)、12 年(1956—1967)的近期建设规划或轮廓,以便进行用地的综合平衡,在这个基础上产生近期的初步规划轮廓。

再次,希望工业建设单位将明年用地要求在今年第三季度内提出,以便大家早作准备,由于大部分地区受到市政公用设施、交通运输条件、地形、地质、国防要求等方面的限制,选择用地的因素相当复杂,我们意见:除充分利用已具有条件的地区外,为适应今后工业生产的合理发展,需要适当按照各种类型的建设,选择若干建设备用地,视人力物力财力的可能条件,有计划的逐步建立起来,即是使"市政交通,先行一步"便于工业建设单位的选用,因此我们想早一些知道工业建设明年和今后几年合理发展的规模来配合进行规划。我们还希望工厂、仓库等主管部门在规划裁并改合时,在可能条件下,适当地考虑和城市改建相结合起来进行。

最后,希望各位代表通过视察工作和联系群众的反映,各有关单位在和我局打交道中发现我局工作有缺点和错误时,多多批评并提供意见,督促帮助我们改进工作。

我们坚信在党和市人民委员会的正确领导下,有关单位的热忱协作下,和我局全体人员的努力劳动,不断改进自己工作下,一定能够把城市规划工作做好,更积极有效地为充分利用,合理发展上海工业服务。

(《解放日报》1956 年 8 月 11 日)

要重视,要研究,要解决
——冯勤为代表的发言(书面)

必须加强全面规划工作

(一) 为充分发挥上海工业上的作用,必须加强全面规划工作。

1. 在上海市人民委员会设立固定的规划机构,统一的作上海市工业的规划工作。(国营厂有关的规划工作也应该包括在内。)

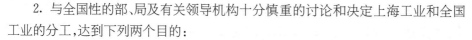

2. 与全国性的部、局及有关领导机构十分慎重的讨论和决定上海工业和全国工业的分工,达到下列两个目的:

甲、确定上海究竟应该有多少厂。

乙、这些厂创造的产品方案是什么,其产品制造发展的方向又是什么。这点十分重要,必须与有关部门彻底讨论后决定之,以防返工。

大声疾呼做好生产协作

3. 主要生产厂和产品方案确定之后,就必须研究和确定厂与厂间的生产协作关系。这一点很重要,可以替国家节省很多投资。但我要大声疾呼,这点我们现在做得很不好。以上海汽轮机厂与上海电机厂的协作来谈,我以前在第二设计分局是负责上海电机厂的设计的,在初步设计(经一机部部长批准)及技术设计中都规定上海电机厂的铸铁件和铸钢件由上海汽轮机厂负责供应,谈得很确切,设计也这样做,电机厂并拿到协议书两纸,二个厂的铁路也为此原则而接通。但现在实际上怎样呢? 汽轮机厂强调自己的任务多而拒绝供应,弄得电机厂很被动。我认为这是汽输机厂领导上的本位观点,类似这种情况很多,要求在大会上加以尖锐的批评。这造成什么后果呢? 由于各厂领导上吃了苦头,都存在"求人不如求己"的思想,什么都想在厂里自己搞,替国家造成浪费。

4. 主要厂及其产品方案及其协作情况确定之后,就要核算增置必需的辅助厂,例如翻砂厂等等,以期达到大部分自给自足的地步。(这等于在设计工厂时当决定了主要生产车间及其产品方案后再需核算所需的辅助部门。)

我在上海电机厂工作,因此在这里提一个具体意见。上海电机厂变压器所需大直径的胶木筒(大的到500公厘直径以上)在工厂设计时考虑由沈阳变压器厂供给,协议书亦拿到,但现在根本不供给(协作问题到处这样,签了协议不作数),因此建议上厂益中厂仍维持胶木筒的制造,并改进其技术设备,以期达到生产上的要求。

以上只提些总体规划的重要性及几个要点,当然整个工作是不止这些的。

继续保持机动性灵活性

(二)为充分发挥上海工业的作用,必须继续保持上海工业的机动性和灵活性。

国营工厂的工作人员有这样的感觉,在去年在上海搞特殊设备订货很方便,而今年呢,由于分了公司并作了归并之后,许多设备等非但订货要一年以上交货,同时有许多东西,说归并之后不是发展方向不做了。这对整个国家工业的发展是有妨碍的。建议:

1. 作厂的合并问题需重新考虑,研究以前的决定是否合适。

2. 要适当留下一些厂来做特殊要求的设备及配件,以保持机动性与灵活性。必要的修配厂亦需要留些下来。

3. 公司与公司间要强调协作,不可官僚主义作风,彼此分界线,彼此推诿,客户就十分头痛了。

做好联系为新建厂服务

(三) 为了充分发挥上海工业对全国工业的支援作用,必须切实的有计划的和有步骤的做好联系工作,以期达到二个目的:

1. 提前试制新厂所需的新产品,使新厂能更快的投入生产。

2. 培养技术力量与技术工人为新厂服务。

上海电机厂目前替西安电容器厂做了不少新产品,使西安厂能提前约两年达到设计水平,是一个很好的例子。

但由于支援新厂的产品有时并不是原有厂的发展方向,因此厂部领导上往往不热心和不主动的支持这些工作,因而造成了损失,这种非整体观点的本位主义思想,亦应该在这次大会上加以批评。

加强研究密切技术协作

(四) 为了迅速的提高工业的科学水平,要求学校及其他研究机构要很好的做好技术协作工作。

目前厂里的同志反映(上海电机厂),学校对工厂的要求太多,一批一批的实习,什么资料都要看,但厂里要求学校作些研究工作往往办不到。

建议加以改善,使协作密切。

(五) 由于上海仍是一个综合性的工业城市,建议交通大学一分为二,一个学校搬往西安,而另一个学校(照原来一样,仍是整体的学校,如仍需包括电机、机械等系)仍设在上海,以达到工业城市的要求。

工资待遇相差过分悬殊

(六)在这次工资改革中必须慎重考虑下列二点:

1. 医院和医学院的医生,工资一般偏低,我的弟弟在同济大学已毕业八年了,工作很重,但目前工资仅七十元,连保留工资到不了一百元。这相当于工厂中四级技术员的工资,我认为不合理,应加以适当的调整。

2. 上海电业局的大部分工程师及技术员在解放八个年头的今天仍拿着太不合理的高工资。我的大学同班同学,是二级工程师(我是一级工程师),直到现在每月还拿900元的工资(我比他高一级,只拿200元),他凭那一点要长期的比我们多拿四五倍的工资呢?政府为什么要这样长期的照顾他们呢?解放后两三年照顾还情有可原,但这样长期的极不合理的照顾是会使我们不服气和不满意的,这样不能巩固我们的劳动热情。为此,建议这次应加合理的削减才行。

(七)请迅速改善闵行区职工的福利。

1. 请迅速在闵行市镇区建立医院。现在闵行二个厂到上海治病工作损失很大。在医院未建成前,建议在精神病院暂时附设内科及外科,这样看病就近得多了(据统计,电机厂每月要损失800人工的病假,到上海看病)。

2. 食品公司在闵行设分店,以解决闵行广大职工的食品问题(现在买鸡毛菜要排队,猪肉一个月每人一斤,亦要排队)。

3. 沪闵公共汽车站建议设到家属宿舍及电工学校。

4. 闵行到上海公共汽车要七角,太贵,建议加以减低,以合乎群众要求,并希望上海到闵行开大公共汽车(如捷克型的)。

(八)全国人民代表大会代表邵力子提出节育问题,我们很支持,但吃活的蝌蚪,女人们觉得相当害怕,建议是否可请中医继续研究,可否做成药粉与丸药,这样吞食就不害怕了。

(九)工程师及技术人员等在星期天缺乏消遣的地方,建议在上海市区内是否设一俱乐部,为他们消遣的地方。

(十)自1953年以来上海电机厂没有分配到一个电机系毕业的大学生,而相反的电业局分配了许多大学及专科毕业生。目前上海工业有一定的发展,这问题应适当的考虑和调整,使制造厂能不断地补充新生力量。

（据大会秘书处注：冯勤为代表因公去北京没有参加这次会议，这个书面意见是他从北京邮寄到大会秘书处的。）

（《解放日报》1956 年 8 月 21 日）

上海市人民委员会二年来的工作和 1957 年的任务

曹荻秋副市长在上海市第二届人民代表大会第一次会议上的报告

各位代表：

上海市人民委员会是在 1955 年 2 月，由上海市第一届人民代表大会第二次会议选举成立的，现在任期已满。我谨代表市人民委员会就两年来的工作提出报告，并就 1957 年的工作任务提出意见，请大会予以审查。

（一）

上海是我国重要工业基地之一，又是我国资本主义工商业的中心。在这两年中，上海人民经历了伟大的社会主义革命高潮，取得了对资本主义工商业的社会主义改造的决定性胜利。这一胜利对于全国资本主义工商业的改造工作起了具有决定意义的作用。与此同时，全市个体手工业者实现了合作化，郊区绝大多数农民参加了高级农业生产合作社。改变生产资料私有制为社会主义公有制的艰巨任务已经基本上完成了。

资本主义企业生产关系的根本改变，进一步解放了受着束缚的生产力，大大鼓舞了全市劳动人民的积极性，在整个生产战线上取得了光辉的成就。全市工业总产值，在 1956 年 9 月已经达到一百零八亿元，提前一年零三个月达到了第一个五年计划规定的 1957 年计划水平。这种重大成就，充分显示了上海工业的巨大潜力和支持国家重点建设的重要作用，证明了本市第一届人民代表大会第四次会议所确定的"充分利用、合理发展"上海工业的方针的正确性。随着生产的发展，就业人员大量增加，社会购买力继续增长，市场日趋繁荣，物价继续稳定，科学、教育、卫生、文化和各种社会福利事业有了相应的发展，人民的物质文化生活水平进一步有了提高。人民民主生活继续扩大，人民民主统一战线更加巩固。肃清反革命分子的斗争取得了重大胜利，社会主义法制建设正在不断发展，社会主义秩序日益巩固，人民民主专政比过去更为加强了。

　　……（中略）

（二）

一、对资本主义工商业的社会主义改造

二、工业

　　两年来,本市工业生产有了很大的发展。在完成生产计划方面,1955 年因 1954 年国内部分地区遭受水灾,轻纺工业受原料不足的影响,完成计划较差,工业总产值比 1954 年下降 3.9％,但重工业产值仍然增长 2.3％。1956 年全市工业生产普遍高涨,全年总产值计划预计可完成 110.4％,比 1954 年增长 26％,提前达到了 1957 年的计划水平,其中重工业产值的比重已经上升为 31％,重工业产值比 1949 年增长十三倍。1956 年预计钢材的产量达到六十九万四千三百六十九吨,比 1954 年增长 94％;钢达到四十万零九千二百一十八吨,比 1954 年增长 80％;棉纱达到一百六十一万六千一百七十一件,比 1954 年增长 9％。产品质量也逐步上升,如各种钢铁、橡胶制品、化工产品和卷烟、罐头食品等合格率保持在 98—100％之间;各种纺织产品、针织品和药品、纸张、搪瓷制品等,大部分都在比较好的基础上继续提高;很多棉纺企业的棉纱标准品率达到 100％,平均水平超过了历史上最高记录。劳动生产率 1956 年预计比 1954 年提高 20.6％。重点企业的生产成本,1955 年比 1954 年下降 6.62％,1956 年第一至第三季度又比 1955 年同期下降 6.22％。

　　在新产品试制方面,1955 年试制成功的有二千二百二十种,1956 年预计可以完成的有六千多种。已试制成功的新产品中,技术水平较高的有一万二千千瓦汽轮发电机、滚珠磨床、苏联 3152 型式的外圆磨床、平面磨床、液压高速车床、高级钢、高频和超高频的电子电热器、半导体热电阻、极谱仪、高空测候仪和有机玻璃等七十多种。这些产品都是过去上海不能制造的,现在能制造了,而且其中绝大多数产品的技术标准达到了国际水平,这就充分说明了本市工业技术水平的提高。

　　在支援重点建设方面,两年来调往各地的金属切削机床共达五千八百多台,各种电机七十多万千瓦,并为国家输送了工程技术人员和技术工人五万五千多人。为支援国家建设和满足本市需要,1956 年工人技术学校吸收学员一万一千多人,在

生产中培训了艺徒三万六千多人。

我们在工业生产中成绩的获得，是和广大职工的劳动积极性和创造性分不开的。在全国社会主义革命高潮到来后，全市广大职工进一步热烈地开展了以先进生产者运动为中心的社会主义竞赛，全市参加竞赛的职工共七十八万多人，百人以上的工厂有 80％ 参加了厂际竞赛，工程技术人员和科室工作人员都热烈投入竞赛。广大职工学习先进经验的热情日益高涨，经初步统计有不同程度经济效果的先进经验共二千多条。先进生产者的队伍不断扩大，仅七百二十四个单位、三十一万职工中，1956 年第三季度被评为先进生产者和先进工作者的即有三万六千八百九十四人。广大职工的社会主义积极性和创造性，有力地保证了各项任务的胜利完成，对于推动生产，克服各种困难，起了巨大的作用。此外，资方人员在生产和管理上积极参加工作，也起了一定的作用。

两年来成绩的获得，是由于在广大职工的支持和参加下，基本上克服了原材料的困难。1955 年轻纺工业缺乏原棉、烟叶等主要原料，1956 年缺乏钢铁、稀有金属、木材和水泥等原料，曾影响到某些工厂一度停工减产，部分产品质量下降，成本提高，基本建设也曾因此一度停滞和削减任务。为了解决原材料不足的困难，各工业部门曾作了多方面的努力，大力节约原材料，加强废品收集，采用代用品。如 1955 年节约原棉一千一百吨，铜八百五十五吨，石油三千九百六十四吨，煤十三万吨，电力七千万度；据不完全统计，两年共收集杂铜四千六百五十二吨，废钢铁六万吨，废橡胶一万四千五百吨。通过这些努力，保证了生产计划的完成，增加了国家财富，并为今后解决原材料供应问题打开了门路，创造了经验。

两年来成绩的获得，是由于随着形势的发展，不断安排了生产任务。1955 年上海地方工业生产任务普遍不足，不少行业发生了困难，其中私营工业的困难更加突出。我们根据"归口挂钩、一条鞭管到底"的原则和"统筹兼顾、全面规划"的方针，适当地调整了公私比重，统一安排了各行各业的生产任务，扩大了维持面，缩小了困难面，并相对地满足了国家建设的需要，推动了资本主义工商业的社会主义改造。1956 年全市工业生产任务大大增加，不但原计划内任务必须完成，而且计划外的任务和协作修配任务亦有很大增长，由过去"吃不饱"的情况变为"吃不了"的形势。加之改造高潮到来之后，某些行业归口时存在着缺点，造成了部分产品协作关系脱节，影响到部分成套产品的制造和部分科学研究、日常生活用品的修配需要。针对这些情况，我们从六月份起先后采取了季度平衡、合理安排、调剂制造力量、调整归口等办法，将市内制造性的协作任务列入计划，对其他协作任务分别不同情况,用固定协作关系和划厂的方法加以解决。经过这些措施,协作问题初步得到解决。

两年来成绩的获得,是由于广泛发动群众,初步地改善了经营管理。对老公私合营厂,我们进行了初步的组织建设和计划管理,建立了一些生产管理的职能机构和责任制度,开始编制计划,按计划组织生产,并推行了技术经济指标下车间、定期检查和考核计划的制度,因而在不同程度上提高了企业的管理水平。对新合营企业,在事业公司的领导下,实行了以中心厂带动一般厂的联管办法,加强了组织领导;并在此基础上,进行了一些初步的经济改组。为了提高地方工业的技术水平,我们进行了新产品按正规程序试制和老产品质量鉴定的工作。对产品质量进行分析鉴定和评比,并征求用户意见,逐步改进了设计配方,修订了指标定额和工艺规程,调整和改装了部分设备,初步建立了一些技术基础工作。同时,进一步通过同工种、同行业之间的竞赛、评比,发现先进,总结和交流先进经验,从而提高了全行业、各工厂的技术水平和企业技术管理水平,培养了大批技术干部。

两年来成绩的获得,是由于加强了基本建设的工作。根据"投资少、收效大"的方针,中央和地方两年来在工业方面共投资二亿四千二百九十八万元,扩大和改建了机器、电机和化工原料等企业。这些企业在基本建设完成以后,不仅扩大了生产能力,提高了产品质量,降低了成本,初步改善了劳动条件,而且所化的投资在短期内即可从利润中全部收回。

以上情况说明本市工业生产上的成绩是很大的。但是在发展过程中还存在着问题,我们在主观努力上也存在着缺点。上海地方工业企业大部分分散落后,设备不平衡,技术力量没有充分地组织和发挥起来,不但品种方面不能满足国家需要,就是很多产品的数量、质量也都远远落在国家需要的后面。资本主义工商业全部实现公私合营后,生产关系虽然改变了,但在经营管理上,我们还缺乏经验,目前很多新合营厂中还保持着旧的不合理的管理制度和管理方法,也有些新合营厂机械地搬用了不适合自己具体情况的国营厂、大厂的办法,都在一定程度上影响了生产潜力和职工积极性的进一步发挥。对先进生产者运动的领导还不够深入,帮助先进生产者巩固成绩,不断提高,以及推广先进经验,带动一般,还做得不够,甚至个别单位在运动中产生形式主义、夸大成绩等缺点。不少生产单位的领导上还没有牢固地树立依靠职工、管好企业、搞好生产的思想;在完成生产计划方面,还存在着单纯追求产量,不顾成本,或片面强调节约,忽视质量,以及不合理地增加劳动强度,不注意安全生产等现象,因而不少单位还不能全面均衡地完成计划,生产中还存在着浪费和质量不高、事故不少等缺点。

……（中略）

五、城市建设和交通运输工作

两年来在市政工程、公用事业、交通运输工作上，继续贯彻了"为生产服务、为劳动人民服务"的方针，发挥了原有设备的潜力，在各方面都有一定的发展。

城市规划方面，两年来进行了住宅建设和各项工程建设的规划布置和用地管理，对现状资料作了进一步的调查研究，初步拟就城市近期发展规划草案，为进一步制订城市初步规划创造了有利的条件。

市政工程方面，在这两年内，完成了肇嘉浜的填沟埋管和唧站工程，使这条贯穿在市南长达三公里、影响沿岸一千一百多棚户，数十万人健康的臭水浜，已经改变成为宽达四十公尺的林荫大道，显著地改善了邻近地区的环境卫生，并为浜南地带的近期建设创造了有利条件。两年来，为改善交通，新建道路一百二十六公里、车行桥梁八十四座；为改善环境卫生和积水情况，共埋设沟管二十一点四公里，并加高了部分主要街道；为绿化城市和便利劳动人民休息，新辟公园、广场、苗圃等面积共一千八百七十五亩。

公用事业方面，两年内为适应工业区、工房区、郊区和某些公共交通空白区的需要，新辟交通线六条，延长原有路线十二条；进一步贯彻了公共车辆的统一调度；新增公共汽车、无轨电车八十六辆。公共车辆、轮渡票价和出租汽车价目先后调整降低，并实行了市区与郊区、公共汽车与电车月票通用的办法，减轻了乘客负担，便利了乘客使用，但也在一定程度上增加了车辆负荷和乘客拥挤情况。两年来，共埋设煤气管线十一公里，自来水管线五十四公里。目前全市用水人口已由解放前的80％上升为92％。1955年全市水管网统一以后，供水质量也有一定提高。在电力供应方面，为了满足工业的用电需要，改建和扩建了南市、闸北、杨树浦等电厂，增加了发电容量，并实行了电力分配办法，以节约用电。但由于工业生产和人民需要的增长，电源仍很紧张。

房屋建造方面，根据市规划建筑管理局1956年11月底的统计，两年来各方面新建的建筑面积共一百六十二万平方公尺（一部分是1954年开工，1955年完工的），其中住宅有五十七万八千三百九十二平方公尺，以每户平均使用建筑面积三十平方公尺计算，解决了近两万户的居住问题。市房地产管理部门维修管理的房屋也比过去增多。1956年第三季度开始,根据定人员、定面积、定租金的"三定"办法,紧缩机关办公用屋,争取增加宿舍等用房面积。

交通运输工作方面,铁路和长江、海运、港务等机构,在中央各主管部门领导下,两年来推行满载超轴,加强调度,开展先进航次,缩短修停时间,并采取相应的组织措施,基本上保证了本市工业生产和商品调运等工作的需要。市内运输1955年任务不足,困难面广,着重对私营运输行业进行了安排照顾。1956年任务突增,运输情况转为紧张,曾一度发生物资堵塞情况,经过调整仓库,增加装卸力量,对公私合营运输车辆实行建场管理,统一调度,并增加卡车、三轮机动货车一百五十多辆,推行日夜班运输,基本上完成了运输任务。

几年来在城市建设方面,贯彻了充分利用原有设备,挖掘潜力,适当改建的办法,这两年内共投资三千零二十万元增加了新的设备(两年投资额占全市基建投资总额27.8%左右)。但在工业生产迅速发展、人口增加的情况下,各方面对城市建设事业的需要都迅速增加。因此,现有设备的供应能力和客观需要之间存在着很大矛盾,出现了紧张情况。要解决这个矛盾,必须与旧上海城市的改造和今后城市的发展相结合,加上又受到国家投资和设备、材料供应的一定限制。因此,这一矛盾不是短时间内所能彻底解决的。除了以上这些客观原因外,我们在主观上也存在不少缺点,如对客观需要的迅速发展估计不足,对城市现状研究不够,对城市建设未能作出全面规划,对某些问题未能及早作出应有的措施,以适当减轻当前的紧张情况。近一时期已在采取措施,争取缓和某些紧张状态,开始对比较系统地解决城市建设上的问题进行全面规划,以便今后逐步加以实现。但这些困难是我们社会主义建设事业发展过程中的困难,必须随着国家生产的发展逐步加以解决,因此目前全市人民还须共同克服困难,忍受某些方面的暂时不便。此外,在城市建设方面还存在工程质量不高和返工浪费等缺点。公用事业中,有些事业的经营管理还不够科学,有些事业的服务质量还不高,在自来水、煤气和电力的使用上还有浪费现象,有待克服。运输工作上,1955年由于对情况估计不足,曾对部分落后的人力运输工具和搬运力量进行了过多的转业和紧缩,以致任务增加后,运输能力不能适应要求,增加了紧张情况;各有关部门的配合协作还不够紧密,也影响到工作效率的提高。

……(中略)

中国共产党第八届中央委员会第二次全体会议号召全党和全国人民开展增产节约运动,这是进一步调动一切积极因素,贯彻勤俭建设方针,推动各方面工作前进的重大措施。我们必须坚决响应这个号召,把增产节约的精神贯彻到各方面工作中去。上海解放以来,我们在中央的正确领导下,曾经多次开展过增产节约运动,取得了不少效果。这就使我们有可能吸取有益的经验,避免错误和缺点,更有信心地在全市范围内广泛深入地开展增产节约运动。我们相信,通过增产节约运动,可以进一步贯彻"充分利用、合理发展"的方针,发挥上海工业基地的作用;可以增加生产,更多更好地满足国家建设和人民生活的需要;可以更加有力地支援国家重点建设;可以整顿组织,改进国家机关工作,克服官僚主义;可以进一步树立广大干部和人民同甘共苦的作风。

……(中略)

在以增产节约运动为中心的前提下,我们提出 1957 年的各项工作任务如下:

……(中略)

五、根据需要和可能,继续改善城市建设和交通运输工作

1957 年城市建设的投资是有限的,不可能解决城市建设中的一切问题。因此,对资金使用,必须根据最有效最经济的原则,对市政建设各项工程项目作合理的安排。首先应配合和满足新辟工业区和住宅区的各项市政公用设施,如道路、给水、排水等需要;有重点地改善严重影响生产和公共交通的积水地区的积水问题,解决消防安全和环境卫生条件特别差的棚户地区的消防安全和环境卫生问题。其次,尽可能利用现有空地争取多辟一些街头绿地和小公园,以增加人民游憩场所。

采取多种办法努力争取新建更多的房屋,以求逐步解决职工的居住问题;实行机关用屋定人员、定面积、定租金的"三定"办法,以紧缩机关用屋,杜绝浪费,并将紧缩出来的适宜于作宿舍、旅馆用的房屋,用来解决职工宿舍不足、城市旅馆不足的困难,以减轻房屋需要上的压力。

城市公共交通的拥挤情况,由于生产发展,城市人口增长,短期内还不可能求得根本解决,但我们只要采取各种措施,这种拥挤情况是可以相对改善的。改善的办法,除了适当增加公共交通工具,发挥现有车辆的潜力外,实行调换机关办公地址、调换住房、调换工作的"三调"办法,以减少居民对公共交通车辆的需要。这些办法能贯彻实现,公共交通的拥挤情况是可以相对减轻的。

城市人口的不断增长,必然会引起房屋住宅、交通运输以及其他公用事业的更大困难。因此,对城市人口的增长,应该进行控制。凡为城市生产需要的人口,应

允许作合理的增加;凡城市不需要的人口,则必须严格加以控制,避免城市人口臃肿现象的继续发展。对于由农村盲目流入城市等候就业的农民,应动员说服他们回乡生产。因为他们滞留城市,对农村生产不利,对城市也无好处。

随着工农业生产的发展,1957年的运输任务是更加繁重的,目前的运输能力已经不能适应运量日益增长的需要,因此,除必须增加一定的运输车辆外,还必须加强现有车辆的维护检修,继续保持日夜班的运输,合理调配,加速周转。

在城市规划方面,应妥善安排1957年各项建设的用地和规划设计,并开始进行第二个五年计划时期内修建地区的规划设计。

……(下略)

（《解放日报》1957年1月7日）

上海面貌将更加宏伟　两个工业区着手兴建

本报记者方远报道:在最新的上海地图上,不久又将出现两个新兴的工业区,这两个未来工业区的名字叫彭浦区和漕河泾区。彭浦区将设在北郊闸北公园、联义山庄和彭浦镇之间,根据初步规划,它的面积约在三点四平方公里左右;漕河泾区则设在本市西南郊漕河泾镇以北,它的面积也有二点四五平方公里。

这两个新兴工业区的初步规划,已根据“充分利用,合理发展”的原则,在最近一次市长会议上作出了原则上的决定。几年以后,上海除了原有的沪东、沪西和解放后新建的桃浦工业区以外,在它的北郊和西南角也将陆续出现许多高大的烟囱。

按照市长会议的决定,市政工程局已着手在这两个未来的工业区兴修马路、埋设下水道和建筑桥梁涵洞。今年年底以前,在彭浦区内将建成由闸北公园到联义山庄和由俞泾浦到共和新路的两段马路,共长约四公里。另外还要完成长达八公里的下水道和若干桥梁涵洞工程。这项下水道工程不但可以解决今后彭浦区的排水问题,而且也可解决现在的第一师范学院和北郊中学的排水问题。在漕河泾区,今年也将完成从漕宝河到宜山路和由桂林路到徐光启墓等四段马路的兴建工程,全长四公里多。同时也要完成由第二师范学院经宜山路、徐光启墓到肇嘉浜的下水道工程。在这条下水道附近的音乐分院、冶金学校、工会干校和第二师范学院的排水问题也同时可以得到解决。另外还要把蒲汇塘(小河)上的桥梁架好。上述工程有的已经动工,有的即将动工。

在这些先行工程完成以后,较大规模的建筑工程便将陆续开始。在这两个工业区建设起来以后,上海的面貌将更加宏伟动人。

(《解放日报》1957年4月6日)

基本建设应该贯彻勤俭建国方针
李富春谈十方面政策 薄一波指出三大思想障碍

新华社重庆17日电 国务院副总理李富春、薄一波十六日下午在重庆四千多人参加的干部大会上,分别谈了他们这次在西安、成都、重庆等地视察工矿企业和城市建设中所看到的一些问题。

李富春着重谈了各地在贯彻"勤俭建国"这一重要方针中的问题。李富春说,根据沿途所见,各地大量的是蓬勃的建设气象,大多数的干部是艰苦朴素的。这是主要的一面;但是另一方面,还感到各地贯彻"勤俭建国"的方针不够,在基本建设方面存在下面十个方面的具体政策问题:

第一,技术政策问题。李富春说,没有问题,我们在某些重要方面,在科学研究方面,采取最新技术是必要的,但不能要求一切厂矿企业都要现代化的技术。目前盲目追求机械化、自动化是值得研究的。例如矿井建设,都要建大型竖井,少数地质条件好的可以,但并不是都要采用比较高的技术水平。现在有中央、省和县管的三种不同的煤矿,中央管的标准最高,每吨投资额平均二十元,大型的九十万吨到一百五十万吨的竖井平均四十元;省管的如四川地区,平均每吨投资额九元,县管的平均只有五元。中央管的比地方管的高一倍到四倍。如把设计标准和机械化程度降低一点,就可以节省大量投资,收效更快。发电站也追求建大型的,要十万、几十万千瓦的,要五、六年才能建成,而我们的生产水平还不能生产这样的大型设备,这就只好进口,这样的技术政策对我们是不利的。我们的技术政策应从六亿人口统筹安排和经济水平出发。首先,考虑这些设备本国能不能生产,其次才是现代化、机械化。我们目前的做法却和此相反。有的工厂用不着现代化的也现代化,反而造成浪费。

第二,基本建设的规模问题。目前一般追求大;似乎大才算社会主义规模。我们需要若干现代的、大的骨干项目,但不能一切都要大,要根据资源、人民需要、技术设备条件来决定规模。中央和地方一般企业应以中小型为主,少数大的要同中小的结合起来。

大型企业有新技术,分工细,产品专一,从一个企业来说,劳动生产率较高,成本低一些;但从全国来说,如果不和资源、销路、中小企业相结合,那就不是经济,而是浪费了。学校建设也有求大的偏向。有的大学大到八千到一万人,这在世界上都是少有的;有的中学大到能容纳一两千人;如果分散一些,办能容纳五、六百人的学校,使学生能就近就学,不用寄宿,能多一些人读书,这不好吗?百货商店也是一样,要盖四、五层,礼拜日拥挤不通;如果分散盖小一些的,人民就不必排队,公共交通也不会拥挤了。特别是服务行业,要分布均匀,便利人民。西安新工业区在东西郊,而大戏院、大商店却在城里,造成大戏院有戏无人看,郊区要看戏的却没有,这是不合理的。

第三,建筑标准问题。一般厂矿生产和非生产建筑标准都偏高偏大。要提倡因陋就简,少花钱多办事。成都刃具厂的办公用房是几幢草屋,每平方米只花八元,可用八年到十年,值得提倡。现在住房都是盖三、四层楼,每平方米六十元,这种标准应当降低;重庆盖竹泥巴墙房屋,只要十五元一平方米,应多盖这样的房屋。在城市盖职工宿舍,应向城市居民看齐;矿山应向农民的居住条件看齐。这样,工农才能打成一片,而且也适合工人和他们家属居住的习惯。

第四,城市规划问题。太原、西安、兰州、洛阳等新兴工业城市,规划都过大,不但现代化,而且是社会主义的标准。有的城市远景规划居住面积每人九平方米,加上绿化面积,每人平均达七十六平方米;估计重庆每人平均只有两平方米,这最好不过了。新工业城市如果从目前实际出发,上下水道、马路等都可缩短。

第五,土地征用问题。由于盲目求高求大,一般征用土地都过多。有些工厂间隔距离远到四百到六百公尺,工人上下班走一、二公里。多征少用,少征迟用和征而不用的现象,工厂、学校、医院都有。西安电讯工程学院单是设计修建的灯亮球场就有七十二个,我们把它从设计图纸上一笔勾销了。

第六,自力更生和力争外援问题。如果能把规模和标准降低一些,我们许多厂矿自己就可以设计。我们应尽可能地自力更生,除了少数大型企业和精密机器由苏联和兄弟国家帮助外,一般新建厂矿的设备应争取自己供应百分之七十——百分之八十,这样就可以减少投资和外汇。

第七,专业化和协作问题,两方面都必须结合。这几年我们注意了专业化,忽略了协作。有许多厂辅助车间可以不盖,目前因重复而造成的浪费很大。关于科学实验、附属车间等都可以由地方统筹安排。

第八,轻工业建设问题。轻工业建设必须跟现有工业、农业、手工业和人民需要结合起来统筹安排。今后轻工业如食品、造纸等,都要以地方为主统筹安排。手工业不要盲目强调机械化,它有几千年传统,可以容纳很多劳动力,可以生产很多特种产品,能满足农民很大部分的需要。今后手工业发展方向应根据人民需要来发展。手工业合作社不可实行行业垄断,妨碍个体手工业者。

第九,建筑基地和职工住宅问题。目前搞建筑基地太多,把工人都固定起来。建筑工人本来带一定流动性,他们本来有自己的家的。搞建筑基地不能适应工人流动的特点,而且工人家属搬来,也使城市人口增加了。现在什么人都把家属带到城里来。我们要采取一些办法,鼓励工人家属不进城,宁可实行休假制,允许工人回家探亲,不然宿舍问题永远解决不了。

第十,劳动工资政策问题。这方面很多问题都值得研究。劳动力统一调配、统一招生造成全国人口大迁移,增加交通、服务性行业的紧张;是否考虑以就地招收、培养和调配为好。

学徒制度不合理,升级太快增加了新老工人的矛盾,这一制度应当改变。临时工人必须订合同,一个月就是一个月,三个月就是三个月。工资方面,主要是城市有些工种的工资要跟农民的劳动收入相衔接,不要刺激农民进城。

此外,福利和奖金制度名目繁多,有不少问题值得研究。

李富春最后说,以上只是初步意见,供大家研究、争鸣和在整风中参考。

薄一波副总理接着对李副总理的讲话作了补充,指出"勤俭建国"方针贯彻不够的三大思想障碍:一是讲享受,有的人不自觉地闹名誉、地位和工资、奖励等问题;二是盲目骄傲情绪;三是大少爷派头。他认为目前贯彻"勤俭建国"方针的基本关键,是在于克服脱离中国实际的主观主义和宗派主义。

(《解放日报》1957 年 5 月 18 日)

是什么影响了设计人员积极性的发挥?

郭望增

解放以后,我大部时间从事于市政工程设计工作。在工作的实践中,我感觉到有三个主要问题,影响了设计人员积极性的发挥。

第一是计划问题　国务院颁布过基本建设工程设计预算文件审批暂行办法，上海市人民委员会并发布了若干补充规定。它规定了设计的步骤和审批的层次，一般设计应当分三阶段或二阶段进行，前一阶段批准后，才可以进行后一阶段的设计。要实行这个办法，基本建设计划必须要提早半年到一年。但是以往情况不是如此。当年基建计划要在第一季度才能核定，就是核定了，变化还很多。往往没有批准的计划任务书就进行设计，没有批准的初步设计就进行技术设计或施工详图。甚至根本不照基建程序，边规划，边测量，边设计，边施工，习以为常。由于不照规定程序，工作草率，质量不高。设计人员常提心吊胆，怕出"庇漏"。今年本市彭浦、漕河泾两个工业区，计划酝酿将近一年，工业部门自己计划没有安排好，去年九月间，定出一张主观主义的进度表，要求人家配合，说"如果不能完成，非但影响第一个五年计划的完成，还要影响国家第二个五年计划。"一拖再拖，直到今年一月底才定下来，就要求市政工程设计四月十日完成，大部分厂房设计上半年完成。像这样的工程，虽然忙了一阵，还看到施工(现在工业计划已变了很多)。可是有些设计，当初急如星火，限期赶完，但计划一变，就不得不把辛勤劳动的成果束之高阁，或者中途原则变更，重行返工。我们国家技术力量已感不足，但是领导上好像不珍惜技术力量。城建部上海给排水设计分院成立三年了，有人说，只有半年紧张工作，另外大部分时间做返工工作。市政工程局技术处，去年下半年统计，三分之一的设计力量耗费于返工或设计了不用之上。我想市委能够到各个设计单位去调查一下人力的浪费情况，一定将使领导上大吃一惊的。

第二是规划问题　上海城市规划已经搞了七年之久，但到现在尚拿不出一张城市规划总图。规划局的负责同志好像愈来愈没有信心了。建设月刊一九五七年第一期文章里说："上海这一个复杂的旧城市，城市的改建除了采取内部改造的方式外，还可考虑采取适当扩大原有市区面积和建立卫星城市的方式。上海的情况复杂，城市远景规模(如人口，工业等)，一时难以定案，完整的总体规划，也不可能在短期内编制出来"。方针难定，资料不全，当然巧妇难为无米之炊，但是上海正在不断地改造，年年在花钱，第一个五年计划市政建设经费已经花了上亿的钱，但是上海还看不出根本性的改造。第二个五年计划要花更多的钱，若干旧社会遗留下来不合理的状况，要开始作根本性的改造。假使没有整体规划和各个系统规划，非特糊里糊涂乱花钱，不能使城市面貌获得根本性的改变，而且将会造成若干新的不合理现象，我们子孙将会不能原谅我们的。

目前上海的规划工作，一条叫做"多变"，一条叫做"不负责任"。由于总图定不下来,和工作制度的混乱,核定的路线大部分要变的,有人称规划路线为"黄毛丫头",因为俗语说"黄毛丫头十八变,临时上轿还要变三变。"我想这也不是言之过甚。例如控江新村,年年规划,年年变更,该区道路宽度有十多种,一条路也有两个宽度。变的结果是否好呢?可以翻开路线图一看,不像区域规划,而像蜘蛛网。例子很多,希望规划局自己检查一下。规划局发出来的图,大都是盖上"仅供参考"之章。我们照他们规划设计了,一有变动,他们可以不负责任,说这是"仅供参考"。

当然规划局也有苦衷:工业发展规模和人口数字定不下来,有些部门强调任务特殊,未经批准拨地或发照,就征地营建。这些问题,应当由市委来主持解决。几年来,市委对于上海市人口数字,存在着一定程度的主观主义。据我看来,上海人口不可能大量下降,控制得好,可以增加慢些。现在可以估计一下,把它定下来。将来就是有出入,对整个市政设备的影响也是不大的。

第三是设计标准规模问题 中央对于设计政策有过几次原则性的规定:"适用,经济,可能条件下美观",又指示要与当前国家经济状况和人民生活水平相适应。但是执行起来,总是左右摇摆。通过几次检查,一方面教育了技术人员,不能好高骛远;但另一方面也带来了若干苦闷,打击了一些积极性。一般反映:早晚行市不同,摸不到底。标准规模,近期远期,艺术处理的看法,见仁见智,不能统一。有时候某些党员对技术问题干涉过多,例如市政工程局计划部门提出的计划任务书,道路规定到路面的结构,沟渠规定到沟管的尺寸。结果设计人员的权限,只是绘图工作。又如单纯节省经费,不照顾应有的设计年限,如肇家浜沟渠管径,近期照三分之二的设计断面建造,使解决积水问题很被动。

另外有些规范要求过高,使设计人员左右为难。

还有使大家思想搞不通的,即运动一来,就找典型,若干原则经上级指定的设计,也要负责具体设计的同志检讨,如武宁路桥,建桥地位、宽度都是市政建设委员会决定的,检查时好像都是设计部门的错误。

五项建议 针对上述情况提出如下建议:一、慎重编制第二个五年计划。限期不要太紧,以免敷衍交卷。二、各单位配合工程,要规定年前三个月提出,否则不予办理。铁路局的办法是过期不候。要求市委、市人委不要随便下令破例。建委的综合平衡处要真正发挥综合和平衡的作用。三、上海市城市规划和各种系统规划早日肯定下来。人口数字和工业文教发展规模市委要作决定。规划工作牵涉面极广,市委要有一位书记来抓。规划局要有职有权,取消规划局改为规划设计院问题,希望重行研究考虑。四、根据勤俭建国方针,结合上海具体情况,广泛征求意见,从速定出标准规模和修订若干标准过高规范。五、对于技术问题,放手给技术人员去做,不要干涉过多,要给予应有的支持。

(《解放日报》1957 年 5 月 24 日)

上海新工业区巡礼

新华社本市 14 日讯　新华社记者贺昌华、徐方义报道:目前上海郊外正在兴建三个新的工业区。在一片片广阔的原野上,将要建设起几十个中小型的机电、化工、仪表工厂。这三个工业区初步规划的土地面积约九千亩,占上海现有工业用地的六分之一。

记者曾驱车观看了这些新工业区的现场,在初具规模的桃浦工业区,一片红色的新厂房已呈现在眼前。这里是上海新的化学工业区,已建设起来的糖精厂、漂染厂、染料厂和金笔厂毗邻相接,远远望去,那边是我国罕有的再生胶厂。泰山有机化工厂的一位厂长陪同我们参观了制造糖精的设备,全国约百分之九十的国产糖精都在这里生产。著名的华孚金笔厂,因为笔杆用的赛璐珞是易燃品,也在这里建设起新工厂,年产华孚、新民、英雄等牌号的金笔、钢笔二百六十多万支。新工业区还留下大片空地,陪同记者参观的上海市规划建筑管理局担任总体规划工作的同志说:在这里的空地上,将要建设一批出产尼龙、有机玻璃、硫酸、原药等化学工厂。

汽车在彭浦工业区——未来的机电工业区行驶,记者从窗口望出去,成群的木船从小河里运来了砖头、石子和毛竹,建设新工业区的工人们首先在建造他们自己的工棚。动工最早的华通开关厂规模很大的配套车间,已经在平整场地。担任总体规划工作的同志在地上摊开了规划图,他说:今年,这里还要建设全国唯一生产五十吨和一百吨造纸机的中华铁工厂,以及生产大型铸件锻件的慎和翻砂厂。

记者从北郊绕过将近半个上海的郊区,最后来到漕河泾工业区。这里是未来的仪表工业区,将来要出产电光分析天平、光电比色计、温度计、压力计等仪表。现在,压路机正在开辟一条把新工业区与市区紧密连接起来的干道;出产绘图仪器著名的普发仪器厂的新厂房也已开始动工,空地上搭起了脚手架。担任总体规划工作的同志指着远远的地方说：我国现代化的手表厂就要建设在那里。它每年能出产手表十几万只。

据记者了解：三个新工业区的工厂，大部分都是从市内迁来扩建的。它们的旧厂很多是座落在市内的弄堂里，厂房狭小拥挤，发展受到很大的限制，有些厂排出的气体还伤害市民的健康。新厂建设起来以后，一般在一个月、半年或一年的时间内，就可以收回全部新建或扩建的投资。

（《解放日报》1957 年 6 月 15 日）

市人民委员会动员各单位
检查基本建设节约用地情况
牛树才提出六项检查原则

本报讯 市人民委员会昨天召集各机关、主要专业公司、中央驻沪单位、高等学校及驻沪部队等二百多个单位负责基本建设工作的负责人举行会议，动员各单位对基本建设中节约使用土地的情况，进行一次认真的、严肃的检查。

市规划建筑管理局副局长后奕斋，在会上介绍了本市几年来因建设需要征用土地的情况和存在的问题。副市长牛树才在会上提出检查基本建设节约使用土地情况的六项原则：一、各单位多征用的土地应立即交还有关部门转还农民或统一安排。二、如征用土地过多而目前又不能立即退出的，各单位应妥善研究，采取适当措施加以处理。三、如因将来业务需要而征用土地过多，现在又尚未使用的，应本着实事求是、要求不要过高的精神，重新审查用地计划，除将必需保留使用的土地保留待用以外，应即将多余的土地交出。四、因土地被征用而影响了农民用水、排水、行路、运输的，应与建筑部门协商，研究改进。五、各单位征用农民土地后，对农民应给予适当安排，使其生产、生活有所保障。关于征用土地赔偿费问题，应与有关方面研究解决。六、对私自征用、租用土地单位的违法行为，应追查处理。

牛树才副市长要求各单位通过这次检查，改正错误，减少浪费，改善农民与政府的关系，进一步树立勤俭建国的思想。（肖连焕）

（《解放日报》1957 年 7 月 28 日）

我们对发展上海化学工业的意见

方子藩　吴光汉　蔡介忠　姚梓良(联合书面发言)

去年一年,上海市经济建设的辉煌成就,充分显示出社会主义制度的优越性,有力地驳斥了右派分子的荒谬言行,使我们感觉到无比的兴奋。现在就上海化学工业在国民经济中所担负的艰巨而光荣的任务,发表一些不成熟的意见,以就教于各位代表,还请批评指正。

上海化学工业,虽然历史比较悠久,但它是在半殖民地的旧中国挣扎过来的,因此非常落后,基础薄弱。解放后,在党和政府正确领导和大力扶植下,面貌起了根本变化,已由加工复制过渡到原料大部由国内自给,并且有许多过去需要进口的原料,如硫化碱、炭酸钙、氟硅酸钠等,已变为出口的产品。化学工业的新产品增加不下一千种,如氧化钴、钛白粉、保险粉、海昌蓝、安安蓝、青霉素、金霉素、雷米风、船底漆、醇酸磁漆、群青等。单单今年的利润就已超过一九四九年度的总产值。飞跃进步的成绩是显著的,但是还远远跟不上国民经济发展的需要。

因此,在第二个五年计划期间,上海化学工业,就必须急起直追,大大发展。根据初步规划的方案,将新建一座炼焦制气厂,一方面解决有机合成化学工业的基本原料,另一方面提供上海钢铁工业所必需的焦炭;建立肥料农药厂,制造氨类氮肥及高效硫磷农药,以支援农业增产;塑料方面,先在高桥建厂专门利用上海炼油厂的石油废气来提取塑料的主要原料乙烯、丙烯等,同时新建扩建各种塑料及合成纤维厂,补充纤维及有色金属之不足;建立电石厂,除供应电焊工业需要外,更重要的是为开辟乙炔系统的有机合成化学工业创造条件;在此期间,并将相应地发展酸碱等基本化学工业及其他必要的化学工业,如染料中间体厂、荷尔蒙维生素及合成药物厂等。新建各厂的规模和经济效果,可以举一二个例子来说明:如炼焦制气厂的用煤量,要超过杨树浦发电厂,所生产的煤气可供应一百二十万市民的需用,而且部分工厂的锅炉也可以改用煤气,使烟囱不冒黑烟,改善城市卫生。制造煤气所用的煤,就是原来市民和工厂所用的煤,消耗量不但不增加,而且可以得到一系列如上节所述的各种化工重要原料。又如塑料厂的投资,等于目前上海市化学工业局系统所有企业的全部固定资产,它所生产的品种中,单就聚气乙烯来说,年产量可供全上海市民每人做两件雨衣之用。举此两例,可见一斑。所以到了一九六二年,上海化学工业的发展，将使它成为一个具有一定规模的综合性的化学工业原料基地，在祖国社会主义工业化中，发挥其应有的作用。

这个计划的规模之大，投资之巨，速度之快，动员技术力量之多，决非我们过去任何时期所能梦想得到的，而现在不久就将成为事实了。回忆从前永利化学厂范旭东先生向国外签订化工机械合同时，因为不能遂宋子文的私欲，指使中国银行不为担保，以致合同告吹，范先生终于抑郁而死；又如天利天原两厂终为官僚资本所操纵，扼杀了我国化学工业仅有的幼苗。而现在党和政府却这样有计划有领导地予以大力发展，想想过去，比比现在，就可以举出无数的具体事例来有力地驳斥右派分子说党不能领导科学技术及经济建设的荒谬言论，也证明了社会主义制度的无比优越性。

我们几个人，都是从事化学工业的，对于这样大规模的发展，为了祖国的繁荣富强，为了人民生活的不断改善，真是感到万分兴奋，同时也感到责任的重大，任务的艰巨。我们深信在党和政府的领导下，依靠群众的智慧和力量，技术人员的积极性和创造性，这个伟大而光荣的任务是一定能够完成的。现在谨就如何在目前上海化学工业的基础上来迎接新任务的几个问题，提出我们一些粗浅的看法。

首先是技术力量问题，大家都知道这是发展工业的主要关键。上海化学工业的技术力量是有一些基础的，人数较多，并且具有一定的理论水平和实际经验。但是就目前的情况而言，无论在数量上或质量上，它还远不能适应今后发展的需要，尤其是对于建立大规模的现代化的工厂，一般的说，经验还是不足的，对于具体的化工设计和机械设计的人才，更为缺乏。因此我们认为要考虑下面几个问题：

（1）要将技术力量组织起来，统一调度。目前化学工业的技术人员在行业与行业之间，企业与企业之间，分布是不平衡的，而且有些力量（包括业内和业外）还没有积极发挥作用，可否在技术人员提高政治认识、克服个人主义和本位主义，进一步树立为人民服务的思想基础上，加强组织，保证在不影响原有生产的前提下，调动一切可以调动的力量，为新的发展进行研究设计和基本建设等技术工作。

（2）我们恳切希望与有关研究设计机构、高等院校和学术团体紧密地联系起来，争取他们的大力帮助，共同来发展上海化学工业。

（3）提高技术水平和扩大技术队伍是当务之急。我们希望望技术人员一面工作，一面不断进修，并且集体研究问题，相互交流经验，必要时到外地参观实习，甚至到国外去专业学习，努力提高技术水平；同时，为了适应生产需要，必须培训大量技术人员、技术工人和管理人员。

（4）希望中央尽量设法供给有关各种技术资料，以节省人力，避免浪费，并保证投资效果。

其次是机械设备的制造和安装问题。第二个五年计划期间，上海化学工业的基本建设，规模非常巨大，其中土建工程所占比重较少，而且现有的设计施工力量，尚可勉力应付，但比重较大的机械设备的制造和安装，力量却大感不足。为了顺利地完成这样巨大的一项光荣任务，我们希望机电部门大力支援，组织力量，协作配合；同时由于这项工作是长期的，希望在上海市人委的统一领导下，组成一支机械方面的基建队伍，解决化学工业专业设备的制造和安装。至于有些特殊设备，可由其他地区制造者，希望能予以供应，以节约人力物力，减少不必要的投资，还有少数国内一时尚不能制造者，则希望准予进口。

第三是关于厂基的充分利用和合理布局问题。市人委规划桃浦区作为"有害工业区"，是符合城市建设布局的原则的，可以作为发展化学工业基地之一。但是由于化学工业产品种类多，生产性质不同，对于基地条件的要求也不同，如有些需要水路运输，有些污水很多，有些危险性较大等，不宜于过分集中一地；尤其是有些工厂，为了综合利用资源，应与其他厂毗连，组成联合企业，更为有利。因此，是否可以考虑在高桥、蕴藻浜、闵行及龙华等地区中，也允许化学工业设厂。希望有关部门从速共同研究，予以确定，以利工作的开展。此外，对现有散处市区的化工厂，除严重危害环境卫生和在经济改组中必须迁厂者外，其余在主动积极设法改善环境卫生和加强安全生产的情况下，希望适当放宽限制，继续容许生产，使企业的潜力能够充分发挥，并可大大节约国家基建投资。

由于第二个五年计划即将开始，上海化学工业的任务如此艰巨，关联到的方面又如此之广，各项准备工作，必须积极进行，刻不容缓。为了迅速地妥善地解决目前存在的问题，我们恳切希望党和政府加强统一领导，给予帮助和督促，并争取各方面的支援和配合。

（《解放日报》1957 年 9 月 8 日）

领导人员发动群众大鸣大放
关键在于"引火烧身"　城市规划
设计院顺利转入专题鸣放

本报讯　领导干部在整改中"引火烧身"，是发动群众热烈展开大放大鸣的重要关键——这一条经验再一次为本市城市规划勘测设计院的情况所证实。

对思想作风问题　最初未引起重视

该院领导干部起初打算把整改的重点放在业务工作和组织体制问题上,而没有把整顿领导思想作风列为首要的问题。后来上级党委指示说,整改先要整领导,领导人员必须"引火烧身",才能发动群众。院内的领导同志在讨论这一指示时,反映出了很多混乱的思想:有的认为自己问题不多,既不违法乱纪,也不特殊化,可放在第四阶段检查;有的顾虑检查了自己的思想作风以后,群众提意见会过火,自己会下不了台,或受到"冤屈",无法辩解;也有的抱着满不在乎的态度,觉得群众已经放鸣过两次了,没什么了不起,只消硬着头皮听就是了;更有的存在着自满情绪,以为上次鸣放时,群众对自己的意见不多,这次也一定不会太多,或以为上次群众对自己提出的都是作风不深入、态度生硬等小事情,很易解决,等等。该院党总支为了澄清这些思想,就组织领导干部认真学习和讨论了邓小平同志"关于整风运动的报告",使大家进一步认识到:整改的成败关键在于领导有无决心"引火烧身",主动检查。同时强调提出,为了搞好整改,领导必须和群众上下一起来放,为此,党组织必须首先战斗起来,开展严肃的思想交锋。

干部互相"揭盖子"　思想认识普遍提高

为了充分揭露问题,党总支接连召开了总支扩大会议、党员科长会议、非党员科长会议和五次群众性座谈会,广泛听取了各方面对领导人员的批评意见。接着,领导人根据已经暴露的问题,在一次又一次的总支委员会上作自我检查,并互相进行批判、揭发。因为批判时能从党的政策原则上来看问题,并贯彻了摆事实、说道理的精神,所以内容一次比一次深刻、一次比一次尖锐。总支书记、副院长熊永龄,起初认为群众对自己有意见,只是因为自己态度粗暴,作风生硬,命令太多和思想方法主观片面的缘故,后来经过大家的批评、揭发和分析,才认识到他的这些缺点和错误的根源,是由于入城以后滋长了功臣思想,产生了一种优越感和骄傲自满的情绪,因而逐渐发展到严重地脱离群众。总支委员、副院长钱圣秩以前认为群众对自己提的意见都是小事情,不大在乎,对某些与事实有出入的意见还有些反感,甚至对他妻子说:"我一不住公家房子,二不坐小汽车,三不吃小灶,毫无特殊。"在总支扩大会上,大家批评他长期以来朝气不足,劲头不大,热情不高,政治责任感不强。他开始时搞不通,觉得自己的问题没这么严重,以后其他同志对他提供大量事实,加以分析,又由总支书记和他个别谈话,进行帮助,他才深深感到自己确实是朝气不足,并有不少地方表现了特殊化,有以领导者自居的倾向。总支副书记戴伟珍和另外一些同志,也在大家帮助下,先后检查了自己骄傲自满、对群众的批评不够虚心等缺点,从而端正了态度,提高了认识。许多人通过思想交锋,都深有同感地说:这种揭盖子的方式,虽然刺得自己很痛,收获却很大。

领导人员分别检查以后,就亲自动手,根据检查的内容,结合研究了过去群众鸣放的意见,加以归纳,找出整改的关键问题,较为顺利地订出整改方案,为发动群众掀起专题鸣放准备了条件。

当众检查收效好　群众争贴大字报

十一月十一日,该院召开群众性的整改动员大会,主要领导干部都在会上作了自我检查,并各自把检查的问题贴出大字报,以表示整改的决心,进一步发动群众鸣放。会后,发现部分群众反映领导上检讨还不够具体深刻,他们就再次召集有关人员进行座谈,进一步展开批评,提高认识,同时又把以前在总支委员会上互相批评的内容,用大字报形式向群众公布。副院长熊永龄在十一月廿日还向群众作了补充检讨。这一来,群众都很感动,许多人在小组会上说:"领导上整改决心的确很大,我们也应该积极帮助领导整改。"在这同时,领导上又根据边整边改的精神,把某些可以立即改进的问题作了若干改进,特别是领导作风有了较多的转变,于是鼓舞了群众鸣放的积极性。有些群众先前怀疑提了意见领导会不会改,或怕报复,怕发言不对被揪住小辫子,因而提意见不积极,现在看到领导决心这样大,就毫无顾虑地大胆揭发工作中的矛盾,向各级领导提出了许多善意的尖锐的批评,截至二十三日为止,全院已贴出大字报一千零五十四张。总工程师钟耀华因过去与熊永龄同志有隔阂,整改鸣放以来,从未向领导提过意见,这次听到熊永龄同志的检查,很受感动,觉得党很伟大,党员很勇敢,能够正视错误,就坦率地向熊提出了意见,批评他在规划布局问题上比较讲究形式,不符合勤俭建国的精神;并且表示自己也要争取检查,提高觉悟。人事科长邹志清作风比较简单和生硬,在以前鸣放中群众曾向他提出过批评意见,事后他改了又犯,群众就再写大字报,严厉地批评他旧病复发。

群众意见质量高　领导受到教育大

由于群众提高了自觉性,树立了真诚地帮助党整风的正确态度,所以鸣放的意见不但数量多质量高,而且揭露的问题既广泛又集中,一般的意见都有事实,有批判,有分析有建议。这些意见所涉及的范围,有关系到规划原则、业务政策方针方面的,也有细小的生活福利方面的问题,而最集中的是有关党群关系和领导作风上的问题,这方面的意见约占全部的百分之七十左右。这一情况深刻地教育了全院的领导干部,使他们更进一步认识到整改思想作风的重要性,纠正了认为问题不大、易于解决等原谅自己的错误看法和想法。

领导干部的认真检查,也为下层领导干部作出了良好的榜样:不少的党员科长有的已在全科大会上向群众作了检讨,要求群众进一步揭露批判;有的正在积极准备检查中。

最近,该院又召开了群众大会,小结前一时期运动情况,宣布运动从一般鸣放转入专题鸣放;还由总支副书记当众公布了关于改进领导、密切党群关系的初步方案。这几天,全院职工都环绕着这一中心,继续大胆、坚决和彻底地进行鸣放。
(陶公达、曹伯渠、夏华乙)

（《解放日报》1957 年 11 月 28 日）

上海将兴建一座年产九十万吨焦炭的炼焦制气厂

上海市人民委员会最近已经确定了这个厂的设计任务书,并已责成上海市煤气公司着手进行总体设计。

这个厂建成以后,每天可以生产一百万立方公尺的煤气,除了供应工业部门用的以外,还可以使十四万个家庭装起煤气灶。这个厂年产九十万吨的焦炭,可以用来满足本市、苏南、浙江等地的冶金工业和化学肥料厂、电石厂的需要,并代替部分民用煤。这个厂还有大量副产品:如焦油、粗苯、硫、硫粉,可以提炼成为合成纤维、塑料、染料、油漆、橡胶、医药等许多化学工业部门的原料。

在第二个五年计划期间,上海要发展合成纤维、塑料等新型的工业部门,需要大量的化工原料。这一座规模巨大的炼焦制气厂建成以后,将为发展上海的化学工业打下基础。据初步匡计,这家厂每年可以生产八千一百吨纯苯,可以制造一万吨的合成纤维原料聚苯乙烯;每年生产两百十吨苯酚,可以制造四百九十吨胶木粉或尼龙66;年产一万两千余吨硫则可以作为肥料,肥田六十万余亩。此外,有许多副产品还可以用来制造杀虫剂、麻醉剂、炭黑以及高级的油漆和染料等。而目前,这些化学工业部门所需要的这些原料,大部分从外地运来,或依靠进口。

这一座工厂兴建工程预定分两期进行:第一期工程决定在今年内施工,明年年底竣工,一九六〇年投入生产后,年产焦炭四十五万吨;第二期预定在第二个五年计划的期末完工,年产焦炭亦为四十五万吨。为了建设这座工厂,国家需要投资五千万元。这笔投资数虽然很大,但能很快地收回经济效果。第一期工程投资三千万元,如果充分利用建成后的设备,每年就可以收回利润一千七百余万元,加上国家的税收,在一年半的时间里,就可以把投资收回了。

上海炼焦制气工业的历史是相当长的。早在九十四年前,英国人就在汉口路建造了一个煤气厂,命名为"上海自来火公司",以后迁厂改名为上海煤气公司。可是直到一九五二年被我接管时为止,近九十年的时间里,英国人发展起来的煤气厂年产煤气不过两千五百万立方公尺。

（《解放日报》1958 年 1 月 14 日）

乘风破浪,在第二个五年计划期间
来个工业生产上的大跃进!

上海市计划委员会副主任　苏展

中共上海市代表大会向全党和全体人民提出在工业生产方面要求在第二个五年计划期末总产值比 1957 年增长一倍以上的宏伟目标,很显然这是要求在第二个五年计划期间上海工业生产来一个大跃进。

我们已经胜利地渡过 1957 年,这是第一个五年计划最后的一年。上海和全国一样,在党中央和市委及市人民委员会的正确领导之下,由于全体人民的努力,第一个五年计划期间在社会主义改造和社会主义建设的各个战线上都取得了巨大的成就。单就工业生产来说,预计 1957 年全市工业总产值为 128 亿元,超额完成第一个五年计划 1957 年水平的 16.3％,比 1952 年增长 96.0％,平均每年增长 14.5％。

五年来在工业构成上也起了很大变化,重工业的比重已由 1952 年的 26.5％上升为 1957 年的 41.2％,轻、纺工业的比重已由 73.5％下降为 58.8％。工业和国民经济其他部门的发展和改造,充分说明上海在第一个五年计划期间已经彻底改变了原来半殖民地工业城市的面貌,对国家的社会主义建设事业作出了重大的贡献。应当指出:第一个五年计划期间,我们在编制和执行计划的过程中是有缺点有错误的。主要是缺乏深入地调查研究和认真地总结经验,很长时期对上海工业发展的方向不够明确。对上海工业的特点如技术力量较强,协作关系较好等方面认识很不够。对于在上海发展工业有可能做到投资小、收效快这一点也体会不深。因而我们把第一个五年计划上海地方工业的投资安排得少了一些,影响到对上海地方工业应有的利用和发展。这种情况直到 1956 年才开始有所改变。

地方基建投资比过去五年增加三倍多
工业百万元以上项目达 126 个

上海第二个五年计划的初步规划,是根据党中央提出的在优先发展重工业的基础上发展工业和发展农业同时并举,勤俭建国,多、快、好、省和统筹兼顾、适当安排的建设方针,以及市委、市人民委员会对上海工业充分利用、合理发展的方针,进行编制的。在发展工业方面,着重考虑到保持原有企业的优点,大力提高技术水平,合理调整组织,加强劳动力的调配工作,以达到增产不增人,不过分增加城市负担和加强与外地协作的精神。要求在资金、技术、物资等方面进一步支援国家建设,作出更多更好、加倍的贡献。初步规划 1962 年上海工业总产值将比 1957 年增长 100.2％,平均速度 15％。其中:中央工业产值比 1957 年增长 90％,平均速度 13.8％,地方工业产值比 1957 年增长 110％,平均速度 16％。

在第二个五年计划期间,全市基本建设投资将比第一个五年增长 60％。其中地方系统投资增长三倍多。在地方系统投资中,工业占地方投资比重 64.7％。在工业投资中,100 万元以上的项目有 126 个,其中新建 30 个,迁建 19 个,扩建 77 个。

在第二个五年计划期间,如上的基本建设投资的安排是否贪多贪大呢? 工业的新建、扩建项目是否太多呢? 我们认为这样的看法是不对的。大家都知道上海工业占全国的比重为五分之一左右。第二个五年计划全国工业产值和基建投资的增长速度还是比较快的,同时要求进一步发展沿海工业和发挥原有工业基地的作用以支援内地的重点建设和农业生产。上海如果发展太慢了,就不能和全国相适应,就会影响全国工农业生产发展的进度,使国家的社会主义建设受到不应有的损失。上海有七万多工程技术人员，几十个科学技术研究机构和高等学校，有几十万工龄较长、技术较高的强大的技术工人队伍。上海又是综合性的工业基地，工种比较齐全，各行业、各种产品之间可以发展广泛的协作关系。在水电供应和市政公用事业、交通运输方面也有一定的基础。特别要着重说明，有的同志以右倾保守的观点来理解充分利用、合理发展的方针，他们认为执行这个方针的重点应放在充分利用方面，如果谈到发展某些工业，他们就认为是不合理是冒进，实质上是不懂得要充分利用上海的技术、设备及一切有利条件就必须进行必要的改建、扩建和新建，只有这样才能做到充分利用。同时只有在充分利用现有技术、设备的基础上，并根据国家的统筹安排进行适当的发展，这种发展才是合理的。因此，这个方针的两句话是一个问题的两个方面，是相辅相成互相联系的一个整体，任何片面的理解都是错误的，有害的。有的同志担心工业发展了就要增加劳动力，就要增加城市的人口，就要加重城市各种事业的负担。实际上并不完全是那么一回事。如1957年由于部分行业供产销不平衡，全年就有相当于九万人的工时未能在生产上发挥作用。在第二个五年计划期间，尽管有不少新建、扩建的基本建设项目，只要我们能适当地进行经济改组和技术改造，认真做好劳动力的调配工作，是完全可以做到发展工业、增产不增人的。至于有的同志担心工业发展了会把城市的面积摊得太大，这也是可以用发展卫星城市的办法来解决的。因此，我们可以肯定地说，在上海发展工业，是有条件做到投资少、收效快，是完全符合中央指示的又多、又快、又好、又省的方针的。

支援农业发展生产满足人民需要
基本建设将有一定规模

为此，第二个五年计划期间，在工业生产方面，我们除了在原有基础上进行经济改组和技术改造以外，初步规划主要将进行如下的基本建设：

第一，为了支援农业生产，将新建年产20万吨的化学肥料厂，每年可增产水稻11.6亿斤；或籽棉3亿斤；迁建年产5 000吨有机磷等高级农药厂。扩建为农田水利排灌服务的大型水泵、动力设备和启闭设备的制造厂；扩大水稻机械和金属材料加工的生产能力。

第二，为了发展原料工业；新建年产90万吨规模的炼焦制气厂；新建煤焦油精炼厂；新建利用石油废气生产聚苯乙烯、环氧乙烷、石炭酸等化学原料的高桥化工厂，用以制造合成纤维和塑料等；新建聚丙烯腈(即人造羊毛)、尼龙66、尼龙11、涤纶等合成纤维的原料制造厂和抽丝厂;聚丙烯腈生产后,每年可减少羊毛进口 2 000 吨;新建年产 5 000 吨卡勃隆抽丝厂,每年生产的产品相当于 12.5 万件棉纱;新建年产 10 000 吨粘胶纤维厂;每年可减少人造丝进口 1 万吨;新建年产 6 000 吨聚氯乙烯塑料车间,其用途很广,可以制造工业用的管子、薄板和日常用的雨衣、台布等;扩建年产 1 000 吨高级玻璃纤维厂,用于国防及电机工业;迁建年产无缝钢管 2 万吨,接缝钢管 16 000 吨的上海钢管厂;新建年产 3 万吨的矽钢片厂;新建年产 3 万吨的黑铁皮厂;新建年产 4 万吨硫酸厂。此外并与江苏、浙江、江西、安徽、山东、福建等省合作建立中小型采煤、采铜企业,炼铁、炼钢企业,盐场和纸浆厂,芦布麻原料加工厂等,以适应各项工业生产发展的需要。

第三,为了支援重点建设和扩大机电设备制造能力,迁建铸锻能力 6 万吨的慎和翻砂厂,建立以 1 200 吨水压机为主的铸锻中心,以解决上海地区大件铸造问题,提高上海机器工业的生产能力和技术水平;迁建年产造纸机 6 000 吨的上海造纸机械厂;迁建新成仪表厂;新建年产 15 000 台示波器电子仪表厂;扩建年产 24 万套的橡胶轮胎厂;新建利用木材废料年产 6 000 立方米的纤维板厂,按使用面积计算,相当于原木板材 26 000 立方米;扩建以大隆、精益、新建、四方等厂为主的化肥设备制造业,五年共产化肥设备 12 套,以适应全国化肥工业发展的需要。

第四,为了节约外汇,扩大出口,扩建年产 26 万只的上海手表厂;新建年产一万架仿莱卡式的高级照相机厂;新建软片厂;改建感光纸厂;扩建五金玩具厂、化学玩具厂;扩建年产 150 万件的紫羊绒衫厂;新建年产 50 万件的兔毛衫厂;新建年产 1 000 吨的透明纸厂。以上基建项目完成后,可以增加大量的外汇收入和节约外汇的支出。

第五,为了满足人民生活的需要,扩建、新建容量在 4 万吨左右的冷藏设备;恢复年产 12 000 吨的上海啤酒厂;改建肥皂厂,年产合成洗涤剂 4 500 吨,可制洗衣粉 14 000 吨,节约油脂 14 400 吨;新建年产 134 万打的尼龙丝袜厂,可节约棉纱 15 000 件;新建生产璜胺噻唑、璜胺嘧啶的合成药厂和维生素荷尔蒙药厂;扩建年产 70 万辆的自行车厂;改建年产 2 000 万公尺的人造皮革厂。

上海将成为现代化工业基地
若干主要产品技术水平争取赶过英美

在第二个五年计划期间,实现以上规划,将进一步大大改变上海工业的面貌。

在化学工业方面：将改变目前化学原料工业严重落后于加工工业的情况，改变化学工业产品在品种上远远落后于需要的情况。初步建成化学肥料、高级农药、高级医药和试剂工业，增加橡胶、造漆和无机盐工业的产品品种，基本上适应本市机电、仪表、轻纺工业的发展，以及适当满足国防工业的需要。特别要着重指出：新建了大规模的炼焦制气厂和高桥化工厂，就形成了一个以煤和石油为中心的综合利用体系，初步建成比较完整的、高级的塑料和合成纤维等新兴工业。以炼焦制气厂来说，上海每年原煤消耗量达 500 万吨，煤炭直接燃烧除利用少量热能外，其他一无所得。新建炼焦制气厂，不仅生产的煤气，其热能利用率超过煤炭直接燃烧，而且可以增产焦炭和大量的焦油、粗苯、硫胺、硫粉等化学原料。高桥化工厂建成后，可以生产大量的乙烯、丙烯、甲烷等化学原料。这些化学原料的生产，是进一步发展化学工业的基本条件。到 1962 年由于煤和石油的综合利用，上海将能够生产耐酸、耐腐蚀的可作为建筑材料用的聚苯乙烯，代替棉花、羊毛的聚丙烯腈、尼龙 66，生产有绝缘性能的乙烯塑料，生产可以代替钢材制造大型容器、汽车壳等的聚脂塑料，生产可代替电焊用的又名万能胶的环氧树脂塑料，生产高级的农药、合成染料、油漆等产品，扩大生产有机玻璃、醋酸纤维等。这就可以部分地解决目前钢材、木材、棉花供应不足的困难，同时为今后化学工业开辟新的广阔的道路。在机电工业方面：除继续保持与各地的协作关系外，将生产炼焦、化肥、轻工业机械(橡胶、塑料加工、造纸、印刷等机械)成套成台设备；建立起生产矽钢片、有缝和无缝钢管、黑铁皮等关键性原材料工业；发展以电子仪器、精密部件为中心的无线电工业，生产无线电传真、半导体收音机等新产品；发展以热工仪表、电子仪表为中心的仪表工业和中小型精密机床制造业。在船舶修造工业方面：主要是发展建造排水量在 7 000 吨左右的沿海客货轮和载重量万吨以上的远洋货轮，并将充分利用现有的船坞及设备，为国内外海轮进行大修中修。在钢铁工业方面：将建成中型的钢铁联合企业，采取富氧炼钢，连续铸锭等新技术，以扩大钢的年产量达 120 万吨以上，同时生产多品种、多规格的中小型钢材。在轻工业方面：结合化学、机电工业的发展，利用上海技术条件和协作关系，大力提高产品质量，扩大花色品种，生产高级照相机、各种塑料制品等高级产品和新产品，对于部分与内地生产发展有矛盾的产品与行业，将逐渐改变生产方向。在纺织工业方面：除扩建 10 万纱锭，适当提高纱支外，为了更好地发挥上海作为一个纺织工业基地的作用，将大力发展合成纤维的聚合抽丝和混纺，如和羊毛混纺的聚丙烯腈和卡勃隆织物和棉、毛、丝、麻混纺或交织的粘胶纤维以及尼龙等织物，以增加新品种，同时并大力发展各种高级的纺织品如防缩、防皱的高档织物、多套色印花布等,以扩大出口。这样,正如党代会决议所指出的,上海将发展成为化学工业、精密机械、仪表、电讯电器、小型钢材、船舶修造、轻纺工业高级产品等现代化工业基地。若干主要产品,可以争取在第二、第三两个五年计划期间逐步赶上或者超过英国或美国同类产品的技术水平。

有信心有勇气完成第二个五年计划
目前主要应该克服保守思想

上海是我国重要的工业基地之一,为了响应党中央和毛主席的号召,在 15 年后,在钢铁和其他重要工业产品的产量方面赶上或者超过英国,我们不但要努力实现第二个五年计划,也必须在全国统一规划下对 15 年美丽的远景作出规划,使我们有更远大的奋斗目标,使上海这一工业基地在彻底完成过渡时期总路线、总任务的前提下,对社会主义建设事业作出更大的贡献。我们能不能做到呢? 必须做到,也能够做到。我们应该有信心、有勇气作出肯定的答复。目前上海生产的各种类型的外圆、平面、内圆、凸轮精密磨床、40 吨/时以下中低压锅炉,400 匹马力以下柴油机,爱克司光机,35 千伏安电缆,钢性玻璃,1 500 倍显微镜,综合式大牵伸纺纱机,电容器,搪瓷,华达呢等产品的质量和优质炭素钢的炼钢技术已经达到国际水平。10 年到 15 年内如光学曲线磨床,2 800 千瓦透平压缩机,25 000 千瓦汽轮发电机、6 000 千瓦列车电站,毛、麻、绢等精纺机、八线电磁示波器,氩气,夹玻璃布酚醛层压板、海底电缆,高级电池,电缆电桥,电传真机,热工、电子、气象等仪表,高级药品,轮胎,金笔,玻璃器皿、呢绒、羊毛衫,印花布等很多产品,在质量和技术水平上,赶上和超过英国,也是完全有可能的。

当然,在我们前进的道路上会摆着很多困难,有待于我们去努力克服。我们相信在党的领导下,根据党中央和毛主席的指示,用促进的精神,采取快一些、好一些的办法,充分运用上海这一综合性工业基地的各种有利条件,来几个大的跃进,争取完成和超额完成第二个五年计划,做到 10 年到 15 年内在许多工业产品的质量和技术水平方面赶上或超过英国的水平,是完全办得到的。为了实现这个令人鼓舞的远大目标,目前主要是应该克服不同程度的保守思想。从 1956 年底上海同样出现了一股"促退"的歪风,有的同志把很多需要办、可以办的事都认为是冒进了。这个行业也不能发展,那个企业也不能扩建,这个产品的质量无法提高,那个新产品也试制不成,好像摆在面前是困难重重,只能如小脚女人走路一样。这种"促退"的歪风,曾影响到一部分同志松了劲头,不仅对于发展工业,新建、扩建没有信心,就是对现有工业必要的技术改造、经济改组也停滞不前了,对于大力试制新产品和提高产品质量以充分发挥现有工业的潜力也劲头不足了。这种情况经过市委和市人委一再指示,特别在八届三中全会上,中央批判了在工业生产上的保守思想以后,才打退了"促退"的歪风。但是在过去一年中已使上海工业生产的发展受到了一定的影响。最值得我们警惕的,一年来有些产品的质量已经落后了,有些新种类产品的试制工作也已经落后了,有些新种类产品的建设项目别的地区已经走在我们的前头了。这绝不能说上海没有条件搞的快一些、好一些,主要是缺乏革命的跃进精神,是右倾保守思想作祟的结果。

右倾保守思想在我们计划工作部门,也是比较严重的。例如在编制第二个五年计划期间对于发展上海工业的劲头也是很不够的,主要是对事物困难的一面看的太多,在困难的面前缺乏苦思多想、勇往直前的精神,怕基建的项目搞大了,新产品搞多了,主观力量来不及。在这方面还必须在整风过程中进一步加以检查。最近时期经过整风运动看到了工厂企业在生产上的新气象,才开始克服了右倾保守思想。事实证明我们只有认真批判自己的保守思想才能更好地贯彻充分利用、合理发展的方针,有足够的劲头去发展工业和各项事业,使上海工业生产和其他各个方面在比较短的时期内出现崭新的面貌。

坚决贯彻勤俭建国方针
建议开展全面的反浪费运动

另一方面,我们必须坚决贯彻勤俭建国、勤俭办企业、勤俭办一切事业的方针,要坚决反对各种浪费现象。根据初步了解的情况,无论在生产方面、基本建设方面,浪费现象都是比较普遍而严重地存在着的。在基本建设方面,有些单位总是把设计标准定得过高,以致增加了造价;有些单位过多地建设了非生产性建筑,如灯光球场、比较讲究的办公大楼、宽敞的礼堂和饭厅,以及超过标准的职工宿舍等,而且有些单位在基建过程中轻重倒置,多动脑筋搞好非生产性的建筑,忽视生产性建筑的质量和进度;有些单位征地过多,或征而不用,长期使耕地荒芜,建筑物之间间距太大,浪费用地。在生产方面:企业人员臃肿,管理机构庞大,非生产开支很多,这已是非常普遍的现象;很多单位使用原材料有大材小用、优材劣用的浪费现象,甚至虚报数字,隐瞒库存,以致把有用的物资闲置起来,把国家分配多余的物资在市场上廉价抛售;还有不少单位在生产上单纯追求产值,追求利润,生产一些质劣价高的产品,造成产品积压,浪费国家资财;有些单位在生产和基本建设中存在本位主义思想,不注意充分利用协作关系,自搞一套,建设了一些重复的辅助车间和添置了一些利用率很低的设备,以致使这些设备经常处于闲置状态。

以上各种浪费现象,我们计划部门是有责任的,在审批基本建设项目、分配原材料、安排生产任务等方面缺乏检查,存在着主观主义、官僚主义的毛病。因此,我们认为有必要建议在企业整改高潮的同时,开展一个全面的反浪费运动,杜绝浪费现象,更好地贯彻勤俭建国和多、快、好、省的方针。

曾对 1956 年工业大跃进认识不足
今年制订指标必须积极

第二个五年计划开始的第一个年度 1958 年已经到来了。实现第二个五年计划我们首先要抓紧 1958 年。1957 年全市工业总产值预计可超额完成计划 8.4%。其中:中央工业超过计划 6.6%,地方工业超过计划 10.2%。一年来,在市委和市人民委员会的正确领导下,全市开展了轰轰烈烈的增产节约运动,依靠广大群众的积极性和创造性,克服了原材料供应不足的困难,获得了巨大的成绩。但是在 1957 年年初时,由于我们对 1956 年工业生产的大跃进这一伟大的成绩认识不足,长时间把 1956 年工业生产的高涨错误地认为是冒进了,在安排计划指标上往往存有戒心,怕安排多了完不成计划,对于依靠广大群众挖掘潜力,千方百计地增产原材料、节约原材料的伟大动力估计不足,因而劲头不大,存在着保守思想,把 1957 年的计划制订得太低了些。事实上 1956 年上海工业生产的成就,也可以充分证明党中央和毛主席把 1956 年看做是我国工业生产上的大跃进是完全正确的。1956 年全市工业总产值为 119 亿元(不包括手工业),比 1955 年增长 35.0%。其中:中央工业增长 32.1%,地方工业增长 38.2%,地方重工业增长 51.5%,地方轻工业增长 31.0%,纺织工业增长 30.0%。这一年显然是上海工业生产上的一个空前的大跃进,如果没有这样一个大跃进,上海第一个五年计划是不会取得像今天这样的成就的。同时也可以看出 1957 年在原材料供应不足的情况下,仍然能在 1956 年较高的基础上超额完成计划,这就说明在社会主义改造高潮的基础上,特别是经过反右派斗争和目前已经全面展开的全民整风运动,广大工人群众进一步提高了阶级觉悟和建设社会主义的热情,只要我们相信和发动群众的力量,在工业生产中任何困难都是可以克服的,生产是一定会不断地以较高的速度上升的。因此在安排 1958 年计划时,我们必须接受 1957 年的经验,相信群众的力量,克服保守思想,把指标订得积极些。

1958 年全市工业总产值计划初步安排比 1957 年预计增长 8.2%。其中:中央工业增长 5.7%,地方工业增长 10.2%;地方工业中机电工业增长 19.8%,化学工业增长 10.8%,轻工业增长 7.4%,纺织工业增长 6%。

1958 年国家批准地方基本建设投资额为 19,585 万元,其中工业投资占 60.3%。

鼓足劲头掀起工业生产高潮
争取超额完成今年计划

目前各种情况还正在变化中,1958 年工业生产和基本建设的安排,可能还会有所增加,特别是由于 1957 年全国农业生产是个中等年成,1958 年全国的基本建设有较大的增长,购买力有所增加,因此,若干商品的供应仍然不能满足需要,尤其是广大农村正在波澜壮阔地掀起兴修农田水利和积肥运动的高潮,某些机电设备和钢铁加工产品,也不能完全适应农业生产的需要,这就要求我们进一步挖掘生产潜力,争取完成并超额完成计划。为了支援农业生产,支援重点建设,全体职工必须从思想上动员起来,在全民整风运动的基础上掀起工业生产的高潮,克服保守思想,认真贯彻多、快、好、省和勤俭建国的方针,鼓起劲头开展广泛深入的增产节约运动。对于国家迫切需要和市场供应紧张的产品,必须积极采取有效措施,增加生产,并注意继续提高技术水平、提高产品质量、降低成本和加强新产品试制工作。克服本位主义思想,加强各工业部门之间,工业和商业部门之间,中央和地方企业之间,工业和市政建设、设计、建筑部门之间等各方面的协作配合。为了贯彻"勤俭建国"的方针,必须根据国家经济委员会的要求,1958 年在基建投资额中至少节约 5%。对重点项目如黑铁皮、矽钢片、有缝和无缝钢管、硫酸等新建、扩建企业,必须抓紧进行。亦须注意改善和提高原料有保障、产品有销路的现有企业的设备能力,以适应建设和市场的需要。同时要批判和克服各种浪费现象。有些项目可以考虑不办或缓办。有些项目可尽量采取利用多余旧厂房,兴办新企业的办法,以减少新建项目,节约投资。有一些限额以上的项目,如化肥厂、炼焦制气厂、合成纤维厂、高桥化工厂等,都是要在 1958 年开始设计施工,或进行筹备工作的,我们必须抓紧进行,立即抽调强有力的干部,建立专门的筹备机构,以便着手进行工作。

现在全国性的、大规模的工农业生产高潮已经来到了,我们一定要鼓足劲头,多出把力,多出把汗,生产更多更好的产品来满足国家建设和满足广大人民的需要。最后,应该重复地说一遍,1958年是第二个五年计划的第一个年头,不论在生产和基建上,只有争取超额完成1958年计划,才能为完成第二个五年计划打下良好的基础,并为实现农业发展纲要四十条,为实现在15年左右赶上或者超过英国创造有利的条件。让我们在党和政府的领导下,乘风破浪,奋勇前进,为尽速实现建成社会主义社会美丽的远景而共同努力吧!

(《解放日报》1958年1月16日)

本市组织科技力量　解决工业重大课题

市计划委员会正积极组织科学研究力量,迎接新的技术革命高潮的来临。

根据本市一九五八到一九六二年的宏伟建设规划,工矿交通部门已提出了一九五八年内要解决的九十八个重大研究课题。其中包括自动化控制的基础——磁放大器设计系数的研究,世界上最新的动力机械——自由活塞燃汽轮机的设计试制,纺织工业新原料——化学纤维的生产技术,新钢铁种类的研究试制,半导体收音机线路的设计,电视广播技术的研究,抗生素的药理作用和疗效,万能代用品——塑料的新工艺技术,煤的综合利用等等。市计划委员会为了促进和保证这些课题的提前完成,已决定组织本市科学研究单位、生产技术部门和高等学校的研究力量,建立各种专业研究组,具体领导有关课题的协调配合,以促进科学研究和工业生产的迅速发展。

目前已组织的有化学纤维、煤的综合利用、仪器仪表三个研究组。参加化学纤维研究组的近六十位科学家、教授、工程师和技术员,正致力研究我国新发展的化学纤维工业的生产技术,并已获得初步成果。对于列入第二个五年计划、年产将达二千吨的人造羊毛(聚丙烯腈)的研究工作,已经完成"单体"的小型试制,现正研究和掌握溶剂抽丝技术。对于可以织成玻璃丝衫裤,也可以把这种织物胶合后代替钢板用的"涤能"(聚脂类合成纤维)的研究工作,已完成"单体"到抽丝的初步试验,预计不久就可投入"中间试制生产"。可以做工业用品和织物的尼龙十一、醋酸纤维等,也都已制成"单体",进入抽丝技术的研究。

在第二个五年计划期间,上海将建立一座年产九十万吨的炼焦制气厂,它不但可以扩大煤的热能利用，并可增产大量的焦油，提取化学原料。煤的综合利用研究组已经分成泸型、焦油利用、民用煤、石油废气和煤气利用、工业用煤和热力供应等五个小组，对建立炼焦制气厂的一系列问题着手研究。

最近建立的仪器仪表研究组，正根据第二个五年计划发展化学肥料等工业所需的控制压力、温度流量等的精密仪器仪表，具体安排课题的协作平衡和协调工作。

为了适应上海工业建设发展的需要，市计划委员会还准备组织冶金、电讯、动力、机械、化学试剂、药学、化工、化肥农药、硅酸盐、轻化工、食品、纺织机械、纺织染整、交通运输等专业研究组。

此外，上海各个工业部门还组织了四十多个由工程技术人员参加的技术研究小组，直接结合生产，研究生产技术的提高和改进。（徐葆璟）

（《解放日报》1958 年 1 月 22 日）

乘风破浪，加速建设社会主义的新上海！

（1957 年 12 月 25 日在中共上海市第一届代表大会第二次会议上的报告）

柯庆施

代表同志们！

根据代表大会所通过的议程，我们这次会议的主要议题是讨论目前我们工作中的形势，讨论和决定上海党组织如何整顿作风、改进工作的问题。

……（中略）

为了在全民整风运动的基础上，进一步动员和组织全党和全上海人民的力量，团结一切可以团结的力量，争取提前和超额完成第二个五年计划，实现上述的伟大目标，市委特提出以下十二条任务，号召上海各级党组织、全体党员、共青团员和全上海人民以空前高涨的政治热情和劳动热情促其实现：

第一，大力发展工业生产。（1）上海工业总产值，在第二个五年计划期末，比第一个五年计划期末增长 100％以上。（2）有计划有步骤地对上海工业实行技术上、组织上的改造，一方面要把原有企业的优点（因陋就简、协作灵活等）保持下来，一方面又要逐步采用新技术，合理调整组织，使上海发展成为化学工业、精密机械、仪表、电讯器材、小型钢材、船舶修造、轻纺工业高级产品、各种文化用品和文化精制品等现代化工业基地。（3）一般轻工业、纺织工业、机电工业、化学工业部门要根据具体情况,争取若干质量较低的主要产品在第二、第三两个五年计划期间逐步地赶上或者超过英国或美国同类产品的质量水平。(4)加强对基本建设的领导,调动一切力量,争取按时完成和提早投入生产。必须根据勤俭建国的方针,反对浪费,保证工程质量。(5)贯彻执行民主办社、勤俭办社的原则,继续整顿和巩固手工业合作社,积极发展对国计民生有利和有广大国外市场的手工业。(6)改善和发展交通运输事业,更好地为生产服务。(7)加强劳动力调配工作的领导,第二个五年计划期间工业生产的增长主要依靠原有职工劳动生产率的提高和劳动力的合理调配。新建企业需要的职工应从劳动力多余的行业中抽调。大部分行业应当加强技术组织措施,以充分发挥现有劳动力的作用。

……(中略)

第九,适当安排上海的剩余劳动力,积极鼓励上海青年和要求就业的人,到农村参加农业劳动。在上海周围建立卫星城镇,分散一部分小型企业,以减轻市区人口过分集中。提倡有计划生育,加强人口管理,争取将上海人口限制在 700 万左右。

……(下略)

(《解放日报》1958 年 1 月 25 日)

建立卫星城镇　加速建设社会主义新上海
嘉定、宝山、上海三县划归本市管辖
经国务院正式批准　交接手续已办理完毕

为了适应本市城市建设发展的需要,加速建设社会主义新上海,经本市人民委员会讨论并商得江苏省人民委员会同意,将江苏省邻近上海的嘉定、宝山、上海三县划归本市管辖。这一意见在 1958 年 1 月 17 日已由国务院正式批准,交接手续,并已办理完毕。嘉定、宝山、上海三县土地面积共有一百二十八万亩。其中耕地约一百十七万亩,主要农作物是稻谷,年产三五,〇〇〇万斤,经济作物如棉花油菜等产量也多。三个县共有人口六十五万,其中城市人口约十万。农村人口五十五万。企业除国营商业外,有大小工厂七十四个,总产值一二,〇〇〇万元。三个县划入本市后,对本市整个城市规划和建立卫星城镇,将有重大作用,特别是对本市副食品供应状况将会大大改善,对下放干部进行劳动锻炼和其他方面亦将会带来有利条件。三个县划归上海市管辖后,县的建制暂不变动,有关油、粮、糖、布等供应标准和若干规章制度原与上海市不同的暂亦不变动,以利当前各项工作的进行。

（《新民晚报》1958 年 2 月 17 日）

适应社会主义建设大跃进需要　上海建立星城
嘉定、宝山、上海三县决定划归上海市管辖

为了适应城市建设发展的需要,加速建设社会主义新上海,江苏省邻近上海市的嘉定、宝山、上海三县,划归上海市管辖。这样,对于整个城市规划和建立卫星城镇,将有重大作用。

建立上海周围的卫星城镇,这是去年 12 月和今年 1 月间中共上海市第一届代表大会第二次会议向上海全党和全体人民提出来的 12 项振奋人心的任务之一。这个任务提出后,上海和附近人民,都十分兴奋。经上海市人民委员会讨论,商得江苏省人民委员会同意,决定将上述三县,划归上海市管辖。国务院在今年 1 月 17 日,正式批准了这一措施。现在,交接手续已经办理完毕。

嘉定、宝山和上海三县,土地面积共有 128 万亩,其中耕地约 117 万亩,主要农作物是稻谷,年产 35 000 万斤,经济作物如棉花、油菜等产量也多。三个县共有人口 65 万,其中城市人口约 10 万,农村人口 55 万。企业除国营商业外,有大小工厂 74 个,总产值 1.2 亿元。这三县划入上海市后,对整个城市规划和建立卫星城镇,将有重大作用,特别是副食品供应状况将会大大改善,对下放干部进行劳动锻炼和其他方面亦将会带来有利条件。

三个县划归上海市管辖后,县的建制暂不变动,有关油、粮、糖、布等供应标准和若干规章制度原与上海市不同的亦暂不变动,以利当前各项工作的进行。

（《文汇报》1958 年 2 月 18 日）

嘉定等划归本市的意义

陈玉华

国务院决定将原属江苏省的上海、嘉定、宝山三个县划归上海市。这一决定,

对上海市人民的生活与上海市社会主义建设事业有非常重大的意义。

首先,上海市是拥有七百余万人口的大城市,每日需要大量的蔬菜、鱼、肉等副食品,今后随着人民生活的提高,人民对副食品的需要会日益增长。当前副食品的供应情况,除蔬菜由郊区供应百分之七十左右以外,其他副食品的供应,几乎全靠各兄弟地区的支援。但由于副食品都是活鲜商品,数量又大,品种很多,易腐易伤,不宜长途运输,而广大人民又天天需要,这就带来了很大的矛盾。造成这种情况的主要原因是郊区土地面积太小。郊区几年来在贯彻为城市服务的方针下,虽然取得了巨大的成就,但有许多副食品还无法做到就地生产,就地供应,不能满足城市人民的要求。例如:在生猪生产方面,由于土地少,饲料困难,生猪的发展就受到很大的限制。这三个县划归上海市后,土地面积比现在郊区增加两倍多,在这样大的土地上,只要我们依靠广大农民的积极性,充分挖掘生产潜力,大力发展生猪、淡水鱼及种植果树等副食品生产,使郊区成为一个可靠的副食品基地,蔬菜的供应就更有保证,猪及淡水鱼在几年之后,也可以作到基本自给。这样,就可以作到就地生产,就近供应。这样,不仅会节省国家运输工具和避免以前在长途运输中所遭受的损失,而且会使上海人民吃到更多、更新鲜的副食品。

其次,上海市是全国工业基地之一,这三个县划归上海市后,就能更好地适应上海市工业的发展及其他建设事业的发展。几年来由于本市工业及其他建设事业的发展,郊区耕地面积逐渐缩小,一九五三年有五十六万亩,现在还不到五十二万亩,因此现有郊区土地面积已远远不能适应这个发展的需要。今后,上海市在贯彻充分利用、合理发展的方针下,工业仍有一定的发展,如现在正在建设的漕河泾、桃浦两个工业区就是一例。这三个县划归上海市后,这个矛盾就解决了,就更有利于上海市工业及各项建设事业的发展。

从上述情况来看,这三个县划归上海市对我们上海市的每个人来说,有很密切的关系,因此我们上海市的人民,特别是工人阶级,必须充分运用本市工业的有利条件,生产更多的农业机器、农业药械和化学肥料等来大力支援郊区的农业生产。我们郊区在农业生产上,必须进一步贯彻为城市服务的方针,搞好现有的蔬菜生产,大力发展畜牧业,争取生产更多的副食品,来支援城市工业生产。

（《解放日报》1958 年 2 月 18 日）

黄浦江边成片土地改变面貌
大规模化工区飞速建设
炼焦制气厂和氮肥厂将提早出图施工

黄浦江的左岸,上海与闵行之间,一个新的规模巨大的化学工禁区——吴泾工业区正在以巨人步伐般的速度建设中。不久的将来,好多新建的工厂将屹立在江边。

筹建中的工厂,规模是振奋人心的。一座炼焦制气厂的第一期工程,可年产焦炭九十万吨,煤气二二〇万立方米,明年部分建成后,即可年产焦炭四十五万吨,输气一〇〇万立方米;一座氮肥厂的第一期工程完工后,可年产硫酸氨十六万吨;一座卡普隆拉丝厂,可年产一万吨;一座热电站第一期工程装机的容量是五万千瓦,每小时输送蒸气四六〇吨。这些规模巨大、技术复杂的工程,在上海还是第一次。以往,建设时间一般都要几年之后,但现在,经过一再跃进,在今后两年中都将陆续建成投入生产。

现在,炼焦制气厂和氮肥厂的总平面布置,已经初步确定,设计部门一再跃进,决定提早出图时间,这就为提早施工日期创造了条件。

为辟建这个新化工区服务的道路、桥梁工程,早就先行一步,已经在 3 月 2 日开工,工地上是一片紧张热闹景象。原来的地形图早就改变了面貌。还不到一个月,一条平坦宽直的交通干道的路基已经形成,其中一座桥梁的基础工程已接近完成。按照这样的速度,全部工程还有可能提早一个月到一个半月。而在过去,按照常规,这样的工程(包括六里道路和七座桥梁),要在三个月左右的时间内完成。职工生活区(包括宿舍和公共福利设施),从勘测、规划、设计到施工,只花了一个月左右的时间,4 月中旬就可进入场地开工了。

农民们和上海县的党政领导,对新化工区的建设,以最大的热忱支援。征地工作的速度是空前的,什么时候确定用地范围,什么时候就可使用土地。

(《新民晚报》1958 年 3 月 25 日)

百年来工业发展畸形面貌将根本改变
上海高速度建设新兴工业区

上海在大搞钢铁工业的同时,新兴的工业区也正在加速建设中。这些工业区建成以后,将根本改变 1842 年以来工业发展的畸形面貌,使工业产值占全国五分之一的上海,成为钢铁、机电、仪表、化工及轻纺工业高级产品的工业基地。

在第一个五年计划期间,工业领导部门除对市区工业进行合理改造、促进发展之外,在郊区开辟了彭浦、桃浦、漕河泾、高桥、闵行等工业区,至 1957 年,已投资 1 亿 3 千多万元,新建、扩建、迁建的项目如:年产 3 570 吨的上海橡胶厂,增加年产 292 万立方公尺氧气的中国炼气厂,年产 274 万支金笔的华学金笔厂,以及上海钢铁一厂、泰山有机化工厂、上海电机厂、上海汽轮机厂等。

祖国进入第二个五年计划时期之后,上海工业飞跃发展,去年年底举行的中共上海市第一届代表大会第二次会议给上海工业发展指出了新的方向;党中央提出建设社会主义总路线以后,上海钢铁工业一马当先,更要求新的工业区以最快速度建设起来,并增加许多新项目。

彭浦工业区规划新建 28 个机电厂,其中 9 个已开始施工。慎和铸铁厂 7 月份完工后,可年产各种大中型铸件 28 000 吨,以解决全市 30 吨以下的铸件浇铸问题。上海锻压厂的 1 200 吨水压机也将在 7 月份投入生产。上月动工的新安电机厂建成后将专门生产大型电机。红星和红旗两机器厂建成后,可制造年产生铁 12 万吨的高炉,6 吨的炼钢转炉和 650 公厘的轧钢机。

闵行工业区初步确定新建 9 个机电及钢铁联合企业。这个钢铁联合企业将是全市最大的一个,定第三季度动工。

漕河泾区将成为仪表仪器中心,设立 16 个无线电、仪表仪器厂,其中 7 个厂已施工,普发、科伟及上海天平厂已部分投入生产。

桃浦、吴泾、高桥等区均发展成为化学工业区。桃浦区新建的林产化工厂、远东塑料厂及第二制药厂等五个厂的初步设计均已完成。吴泾区新建的项目有:炼焦制气厂、氮肥厂、卡普隆厂。为适应新工业区的开辟和发展,电力部门决定将闸北发电厂的发电量增加 10 万千瓦,南市发电厂增加 3 万 6 千千瓦。市政建设方面早就配合新建蕴藻浜大桥、共和新路旱桥、武宁路桥等重大工程,还新辟了道路 14

万 6 千平方公尺,敷设下水道沟管 14 公里,桥梁七座,增加公共汽车路线 9 条。

这些工业区建成后,对支援华东和全国工业建设,将起十分大的作用。

(《文汇报》1958 年 7 月 6 日)

年产焦炭可炼百万吨钢　炼焦制气厂在吴泾兴建

一座规模宏大的现代化工厂——上海炼焦制气厂的筹备工作,已于今天告一段落。明天起即可在吴泾化工区开工兴建。这个工厂建成投入生产后,每年可生产几十万吨焦炭,这些焦炭可用来冶炼百万吨钢铁,除此以外,还将日产副产品一百多万立方公尺煤气,可供吴泾化工区和闵行机电工业使用。

根据规划,这项大工程将分二期进行。第一期工程原定明年 7 月 1 日建成,后在总路线的光辉鼓舞下,得到兄弟单位的大力支持,基建部门决定用高速度进行施工,估计明年 1 月份即可建成投入生产。

第一期工程完成投入生产后,将年产焦炭四、五十万吨,日产煤气几十万立方公尺。在炼焦制气的生产过程中,还将增产大量的焦油、硫胺、硫粉等高级化学原料。

这个工程的技术性极其复杂,砌焦炉所用的耐火砖规格就有百种之多,工厂的煤塔有四十七公尺高,两只烟囱每只比国际饭店还高二十多公尺。

承建这项工程的是上海第四建筑公司和基础公司等单位。

(《新民晚报》1958 年 7 月 18 日)

那里炼钢　那里有水
闵行水厂今天开工　年内还要新建两个

本市今年新建的第一个自来水厂——闵行自来水厂,已于今天在闵行工业区动工。这是本市自来水公司为确保钢铁元帅过关,提出"钢厂造到那里,自来水送到那里"的第一个实际行动。

闵行水厂占地二万七千平方公尺,今年第一期工程完工后,每日即可供水五万吨;全部建成后将出水十五万吨左右。

按照这个公司制订的以钢为纲的基本建设计划,今年下半年还要在吴泾和长桥港新建两个水厂。嘉定、宝山、南翔、浏河的四个新建水厂,也将在 1962 年前陆续开工。以上七个水厂建成后,预计每天可以增加出水量二百卅万吨。

(《新民晚报》1958 年 8 月 5 日)

七县划入本市辖区
川沙青浦南汇松江奉贤金山崇明

十一月二十一日,国务院全体会议第八十二次会议,已通过将江苏省的川沙、青浦、南汇、松江、奉贤、金山、崇明七个县划归本市。这些县划归本市后,对于本市今后的建设与改造以及粮食、副食品供应等方面都极为有利。

(《新民晚报》1958 年 12 月 12 日)

川沙　青浦　南汇　松江　奉贤　金山
崇明七县划归本市
各县人民大力生产副食品满足城乡人民需要

本报讯　十一月二十一日,国务院全体会议第八十二次会议,已通过将江苏省的川沙、青浦、南汇、松江、奉贤、金山、崇明七个县划归本市。这些县划归本市后,对于本市今后的建设与改造以及粮食、副食品供应等方面都极为有利。

本报讯　川沙、青浦、南汇、松江、奉贤、金山、崇明七个县正在大力发展副食品生产,以繁荣农村经济,满足城乡人民的需要。

川沙、青浦等七个县靠近市区,过去曾以大量副食品供应本市。最近,这七个县的人民在听到本县划归上海市的消息以后,纷纷表示一定要在棉粮和经济作物大发展的前提下,大力发展畜、牧、渔、蔬菜等副食品生产,以支援城市工业建设,满足城市人民生活需要,进一步为城市服务。

现在这些县通过自上而下,自下而上的层层讨论,都已订出一九五九年副食品生产大发展的规划。金山县一九五九年的生产指标:生猪一百万头,比今年增加五倍多;家禽生产四百万只,比今年猛跳二十倍;鱼十八万担,比今年加六倍;兔四十

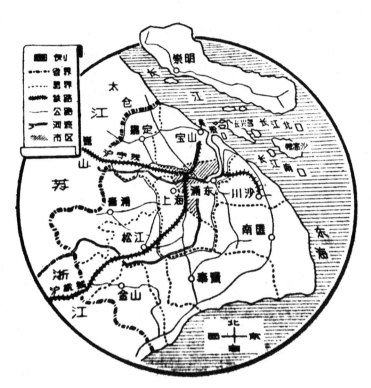

万只,蔬菜播种面积一万三千亩,也比今年多得多;此外,还将扩大果木、瓜类的生产。川沙县向以生产乳牛著名国内,过去这个县的乳牛要行销江苏、广东、浙江等九个省;目前全县共有乳牛三千六百多头,每日供应本市牛乳一万三千斤;明年这个县乳牛将增加到八千头,同时还要大力支援市郊其他县饲养乳牛。青浦县在太湖下游,地势比较低洼,水源充足,河港密布,水产资源非常丰富;而且广大水面中有很多的水草、螺蛳等天然饲料,也是养鱼的好地方。这个县计划明年生产水产三百万担(其中上市量一百五十万担),将成为供应市区淡水鱼的主要基地之一。奉贤县外有海洋内有河,海岸线长达九十多里,今后也将很好地利用这些天然资源,明年就要生产水产六十六万担。

这些县为做到更好地为城市服务,现在已经建立专线专业领导组织,一手抓粮食,一手抓畜牧、水产、蔬菜等副食品。中共松江县委确定由一个书记负责领导全县多种经济的生产,同时组织各有关部门、抽调干部成立副业生产办公室,下设家禽、家畜、水产等组织,进行专业管理和生产领导。各公社也有一个书记或社长专门负责,成立办公室,以下根据需要,建立畜牧、水产、蔬菜等各种专业生产队。

目前,这些县在全面制订规划的基础上,已结合冬季生产,开始行动。青浦县向以捕捞野生淡水鱼为主要生产的解放公社现在正在大规模捕捞。他们要求在春节以前捕捞水产五万担,打响以供应市区水产市场供应为主三炮:一炮是捕捞供应食用鱼四万担,二炮是捕捞足够明年孵化十亿鱼种的亲鱼,三炮是捕捞天然鱼种二亿尾。他们为完成这一政治任务,通过广泛深入的社会主义和共产主义教育插红旗、拔白旗,大搞群众运动,在这基础上,又大搞工具改革,改进捕捞战术,采取了一系列的增产措施。经过准备,初战告捷,到本月八日止,已捕食用鱼一千一百担,鱼种四百四十万尾,亲鱼五万多尾。闻名上海的崇明黄芽菜今年又获丰收。崇明今年共种植上万亩黄芽菜,一般一棵都有七八斤重,大的有二十斤。现在这个县除在积极组织专业队伍及时采收支援市区外,并正在大力施肥,决心种植更多的黄芽菜,以满足城乡人民的需要。

这些县在发展副食品生产中都坚持了自力更生的原则。青浦县为解决副食品的秧苗问题,提出"见母即留,见种即留"的方针,并社社、队队、人人大搞繁殖场,要求一年自给,二年有余,达到自繁自养。浦东鸡是我国的优良鸡种之一,为解决鸡种问题,原来生产浦东鸡著名的川沙、南汇等县,现在都已作出有效措施。中共南汇县委已经发出号召,要求全县为明年饲养一千万只家禽而奋斗。

(《解放日报》1958 年 12 月 13 日)

<h2 align="center">团结全市人民　继续大跃进
加倍鼓足干劲创造新成绩
上海市人代大会三届二次会议隆重开幕
曹荻秋副市长作市人委工作报告
号召以实际行动向国庆十周年献礼</h2>

本报讯　上海市第三届人民代表大会第二次会议,昨天上午隆重开幕。

曹荻秋副市长在会上作了上海市人民委员会的工作报告。他的报告不时地为代表们的掌声所打断。

曹荻秋副市长在报告中首先谈到了 1958 年所取得的辉煌成就。他说,上海人民在党的领导下,和全国人民一样,坚决地执行了党的鼓足干劲、力争上游、多快好省地建设社会主义的总路线,因而在政治、经济、文化等各个战线上都取得了巨大的成绩。

1958 年上海工业总产值,不包括郊区 11 个县在内,达到 171.8 亿元,比 1957 年增长 50.2%,比 1952 年增长 185.8%,比 1949 年增长 453.5%,也就是说,经过解放以来十年的努力,在工业产值方面,到 1958 年,一个上海已经相当于 1949 年的 5 个半上海了。去年钢产量达到 122 万吨,比 1957 年增长 139.5%,去年第四季度平均一天的产量达到 7 400 多吨,比解放前上海钢产量最高的一年——1948 年全年的产量 6 900 多吨还多 500 吨。全市工人的技术水平有了进一步的提高,职工劳动生产率比 1957 年增长 38%,比 1949 年增长 164%。上海的工业面貌起了重大变化,重工业在工业总产值中上升为 45.6%,轻工业和纺织工业分别下降为 21.9% 和 32.5%。

在工业生产大跃进的同时,农业生产也有很大增长。原郊区上海、嘉定、宝山、浦东 4 个县,1958 年粮食、棉花的单位面积产量,比 1957 年增长 1 倍,提前超额完成了全国农业发展纲要修正草案规定的指标。上海农村迅速实现了人民公社化,参加公社的农户占郊区农户总数的 99% 以上。人民公社这一崭新的社会组织形式一经出现,立即显示了它的无限青春活力,解决了农业生产合作社所不能解决的生产、生活上的许多问题。

曹荻秋叙述了商业、城市建设、公用事业、文化教育事业等各方面所取得的辉煌成就后指出:1958 年是伟大的一年。经过 1958 年大跃进,我们的各项工作取得了巨大的成绩,并且为今后的继续跃进指出了方向,创造了经验,造成了有利形势。它的意义是非常深远的。

曹荻秋副市长在报告中提出了 1959 年的上海市国民经济计划。

在工业方面,曹荻秋说,上海工业生产应当根据国家统一计划的要求,在"全国一盘棋"的方针指导下,既要力求满足国家建设和市场需要,又要逐步向高级、精密、大型、尖端的产品方向发展,并进行必要的经济改组和设备更新。因此,在工业产值中,各个工业部门都规定了较高的发展速度。今年的工业总产值,将比去年增长 45%。主要产品产量,无论是原材料、机械设备或者轻纺工业产品,都有很大增长。1959 年上海钢产量将提高到 180 万吨,而且要多产优质钢和扩大钢材品种。同时,高级、精密、大型、尖端产品的比重和新种类产品,都将有显著的增长。特别要注意人民生活迫切需要的产品的生产,以求适应市场的需要。

曹荻秋副市长说,1959 年的计划是进一步大跃进的计划。今年的工业总产值相当于 1949 年总产值的 8 倍，为 1952 年的 4.1 倍。特别是，这一计划还要在不增加人的情况下完成，劳动生产率将争取比 1958 年提高 40% 左右。所以这不是低速度、中速度，而是高速度发展、继续大跃进的振奋人心的计划。

　　……(下略)

(《文汇报》1959 年 6 月 2 日)

坚决贯彻为生产、为劳动人民服务的方针

上海市城市建设局局长　徐以枋

(一)

　　我们城市建设局的全体职工在一九五八年由于整风运动和反右斗争的伟大胜利，在党的鼓足干劲，力争上游，多快好省地建设社会主义的总路线光辉照耀下，提高了政治觉悟，改善了干群关系，千方百计地克服困难，发挥了高度的劳动热情，通过一年来的辛勤努力和各方面的有力支援，获得很大成绩，更好地贯彻了为生产服务为劳动人民服务的城市建设方针。

　　去年完成市政工程投资包括治浜工程在内计三千二百十三万元，为一九五七年投资额一千零四十九万元的百分之三百零六，新建、改建道路通车长度一百十一公里，为一九五七年完成数五十二点五公里的百分之二百十二，埋设下水道长度二百十七公里，为一九五七年完成数的百分之七百，完成桥梁三十五座，为一九五七年完成数十三座的百分之二百六十九，为吴泾、闵行、彭浦、吴淞、北新泾等工业区的新建和扩建创造了有利条件，减轻了昌平路、宜昌路、浙江中路等地区的积水，改善了近郊区的环境卫生。

　　在密切配合全市爱国卫生运动的治理臭水浜的工程中，由于批判了城市建设路线上群众不能搞技术和工程必须由专业机关包办的右倾保守思想，明确了城市建设必须贯彻群众路线，才能达到多快好省的要求，治浜工程在各区人委负责同志直接领导下，获得了各方面的配合支援。工人、学生、解放军、机关干部、商业人员和里弄居民都踊跃地参加义务劳动，不分领导与群众，在工地上大家为消灭臭水浜而斗争，出现了不少动人事迹。结果是在短短六个月中疏导了河浜二百二十八公

里,埋设了大小沟管一百八十公里,造了七座唧站,填没了臭水浜一百五十四公里,几乎等于解放九年来全部填浜的总长度,有的地方还进行了绿化,开辟了小公园。不仅在施工速度和改善环境卫生上取得了很大成绩,而且在政治上也产生深远影响。几十万人受到劳动锻炼,臭水浜附近居民深深地感到治浜的好处,纷纷表示对党和政府的爱戴。

道路工程的成就是与上级的正确领导及各方面的积极支援分不开的。通往工业区的干道工程规模大、路程远、土方多、工期短,在有关局、区、县的大力支持下,我们第一次组织了上万的妇女劳动大军投入筑路战斗,掀起了热火朝天的群众性筑路运动。在短短两个月时间内完成了全线五十余万土方的路基工程,充分显示解放了的妇女的智慧和干劲,这是党的社会主义教育的伟大收获。

建筑管理方面,一九五八年核拨建设用地三万六千八百余亩,不仅是解放以来用地最多的一年,而且超过了第一个五年计划期间用地总数百分之五十以上。其中工业、交通运输、仓库用地共占百分之八十五,标志着工业建设的大跃进,用地绝大部分分布在闵行、吴泾、吴淞、彭浦、漕河泾、周家渡、桃浦等工业区,基本上符合城市规划和城市发展的要求。一九五八年的统一建造住宅,虽然材料供应比较紧张,但因为千方百计克服困难,终于完成了七十八万八千平方公尺,比一九五七年增加近三倍,能够解决十多万人的居住问题。

城市规划方面,配合近期建设的需要,进行了工业区铁路专用线、道路、高压供电线系统等规划,并对越江工程高速干道规划进行了研究。这些规划工作对于合理安排社会主义建设起了有益的作用。按照分区规划和整体规划相结合的原则,在各区配合下,规划设计人员深入实际,进行建成区和近郊区的现状调查和综合分析,并研究了闸北、邑庙、蓬莱区的初步改建方案。对十一个县亦做了些初步调查,为规划生产的合理分布提供了一定资料。

勘察测量方面也做了不少工作。

毫无疑问,以上这些成就是在党的正确领导下取得的,是政治挂帅、解放思想、破除迷信、克服保守、依靠群众、充分发扬共产主义协作精神的结果。

在肯定一九五八年城市建设大跃进的同时,也必须正视工作中存在的缺点。这些缺点主要表现在:一、我们在执行建设社会主义的总路线中有的地方还存在着片面性,强调了多快,忽视了好省,工程质量还有问题。二、两条腿走路的方针没有很好贯彻。抓紧了基本建设,放松了维修养护,以致道路坑洞很多。三、在征地工作中还有征而不用或多征少用的情况,在拆迁农民房屋的安排上还存在着一些问题,说明我们的群众观点不强。今后必须继续发扬整风精神,全面贯彻总路线及两条腿走路的方针,提高工程质量,改善经营管理,加强群众观点。

(二)

十年来上海市的城市建设,随着社会制度本质上的变化,旧城市布局的紊乱状态正在逐步改变。十年来核拨建设用地八十七平方公里,就把帝国主义及反动派统治下发展起来的旧市区翻了一番。我们在近郊四周已开辟了十个工业区,以适应新厂建设和旧厂经济改组迁建之用,分别确定了各工业区的性质,向高级、大型、精密、尖端发展。另外还陆续新建了十几个工人新村,创造了良好的居住条件。在这些新建工业区住宅区与旧建成区间,辟筑了联络干道。这样不仅便利了工业飞跃的发展,而且也使人口逐步向外围疏散。今后更将逐步建立若干卫星城市,以减轻城市人口的过度集中,为改造旧区创造更有利的条件。

截至一九五八年底止,道路长度比解放时增长了百分之三十二点二,下水道增长了百分之四十五点四,防洪唧站能力增长了百分之二百三十三点八,污水处理能力百分之四十一,住宅面积增加了百分之三十九。但改善翻建工程所占的比重大,所以解放后累计实做工程远远超过上述比率,如道路为解放时长度的百分之一百十三点三,下水道为百分之一百二十点二,上述数字充分说明了解放后上海城市建设比过去百年来在半殖民地半封建制度下发展快得多。可是从新建成区比旧区翻了一番,工业生产总值增长了四点五倍,道路货运增长了四点六倍,市内客运增长了三倍,用水量增长了一倍等事实来看,住宅建设和市政工程还远不能跟上客观形势发展的要求。现有许多主要道路的宽度强度已不能负担日趋繁重的交通运输任务;新建区域的下水道系统还跟不上,居住问题还相当紧张。尤以道路问题最为严重,如果不加解决势将影响生产的发展。我们当排除万难,来克服这个薄弱环节,并请有关方面予以督促支持。

(三)

今年城市建设的任务是艰巨的,必须分别轻重缓急进行具体安排,调整部署和力量,采取积极措施,以切实保证重点照顾一般。为此,必须抓紧下列几项主要环节:

在市政工程方面，首先要密切配合工业建设和住宅建设，修筑必要的道路、桥梁和下水道；通往工业区和卫星城镇或交通枢纽的主要干道必须抓紧完成或改善。如沪闵路、华港路、沪太路、真南路、共和新路、逸仙路、谨记路等；对建成区的道路须注意养护，保证质量，维持主要道路的平整。其次是加强防汛工作。今年汛期来得早，必须贯彻中央指示的从最坏处着想向最好处努力的防汛方针，要抓紧下水道和唧站的结尾工程和机电安装工程，疏通已有的沟管；检修唧站、潮门、防水堤闸，并加强维护管理。在汛期中发挥密切注意气象水情变化，加强戒备，保持高度警惕，为减轻市区积水与高潮暴雨台风作坚决的斗争。

在城市规划勘察测量方面，为了逐步改造旧城市和建设社会主义新上海提供远景蓝图并对近期内的各项工程建筑进行综合安排，必须抓紧以下工作：一、大力进行技术经济和城市现状的调查研究，加强地质勘察和地形测量，与有关单位配合分析房屋沉陷对结构的影响，从而草拟上海地基设计规程；二、作出工业布局、住宅分区和干道系统为主要内容的上海城乡总体规划、旧市区改建规划以及重点县和人民公社的总体规划；三、近期辟建的主要干道广场综合布置规划，配合近期建设的工业区住宅区的详细规划以及当前建设的重点工程规划。

在建筑管理方面，必须在服务于当前建设需要的情况下逐步实现规划意图，发挥区（县）建设部门的积极作用，掌握审核建设用地，加强修建管理工作，防止无照建筑的盲目扩充，修订和建立必要的建筑管理制度，抓紧一九五八年的住宅扫尾工程，以便提早分配居住，妥善组织一九五九年的住宅建设，要求分期分批地完成交付使用。

（《解放日报》1959 年 6 月 6 日）

基本建设工作必须跃进再跃进

上海市副市长兼基本建设委员会副主任牛树才

规模、速度俱空前　基建工作成绩大

一九五八年是我国社会主义建设全面大跃进的一年。上海的基本建设工作同其他战线一样，在党的总路线的光辉照耀下，获得了很大成绩。一九五八年是上海解放以来基本建设规模最大、速度最快的一年。全年完成投资九亿七千三百六十万元，为一九五七年的百分之二百六十二，为第一个五年计划期间投资总额的百分之七十一。全年建筑安装工作量完成三亿八千六百五十九万元，为一九五七年的百分之二百一十九点六；竣工的建筑面积达三百八十七万平方公尺，为一九五七年的百分之一百九十九。去年基本建设投资的结果，大大提高了工业生产能力，相应地改善了交通运输状况，加强了文教卫生、城市建设和公用事业设施。

在全部投资中工业建设的比重占百分之七十二，在工业建设投资中，重工业投资又占了百分之八十六点六。全年竣工的工业建筑面积为一百六十四万平方公尺，比第一个五年计划的总和还多百分之四十。另外，一九五八年还有一批土建工程已基本完成而设备尚未安装完毕，或土建已基本完成的大中型车间也未统计在内，这些工程目前大部分已投入生产，少数工程亦将投入生产。

为了保证国家建设和市场的迫切需要，根据投资少、收效快的原则，采取洋土结合的办法，建成了大批中小型的车间，在七百七十四个竣工的车间中，中小型的占大多数。这些工程投资小，建设快，但是发挥的作用却很大。

在城市建设方面，继续贯彻了为生产服务为劳动人民服务的方针，在修建道路、桥梁，埋设下水道、煤气、自来水管道，开辟公园、绿地等建设方面，均比一九五七年有成倍地增加，特别是填埋了市内绝大部分的臭水浜，大大改善了环境卫生。为了改善人民居住条件，建造了一百三十八万平方公尺的住宅，等于解放后所建住宅总数的百分之四十左右。中小学的建设，也超过了以往任何一年。

另外，一九五八年除了完成基本建设投资九亿七千三百六十万元外，全市各部门使用四项投资和企业基金一亿二千七百六十七万元。这些经费有很大一部分用在零星基本建设，生活福利，以及为了安全措施和技术组织措施等设施方面。完成这些任务后，对提高生产、改善劳动条件和职工生活起了很大作用。

贯彻多快好省方针　　基建队伍水平提高

一九五八年，上海基本建设队伍得到很大的锻炼和提高。

设计部门在批判了脱离实际墨守陈规和生搬硬套的教条主义思想后，充分发动群众，深入实际，贯彻了"洋土结合"的方针，因而一般提高了设计质量，加快了设计速度，对多快好省地进行设计工作取得了初步经验。全年为上海设计的建筑面积即达五百五十万平方公尺，基本上扭转了历年来设计赶不上施工的局面。并对许多大中型的、复杂的工厂企业开始能够独立设计。

在施工方面，也改变了过去主要承担民用建筑的情况，开始承担大型装配式钢筋混凝土结构的工业建设任务，从而提高了技术水平，提高了工厂化、机械化的程度；在完成各项任务中贯彻了多快好省的建设方针，加快了建设速度，保证了工程质量，工程造价降低百分之二十二点五九；加强了材料工作，建立了不少材料基地。

一九五八年群众创造了一种多快好省的快速施工方法，这是建筑安装工作中的一件大事。我们绝不能把"快速施工"这种新的施工方法片面认为是单纯图快，或不看具体条件，不作细致准备就仓促开工，或用人海战术，拼命突击。这种多快好省的施工方法应该是：在施工部署上改变过去"分兵把口"的方法，根据重重急急的原则，集中使用施工力量和建筑材料，采取缩短战线、分批施工、完成一批再来一批的方法；在施工组织上实行立体交叉平行流水作业的方法，并组织与之相适应的包括多工种在内的混合工作队，使整个工程全面展开，各个工种上下交叉、前后交叉、紧密衔接、齐头并进；在构件制作上，尽量采取预制构件，在生产设备和水电卫生设备中也采取预先组合，整体安装的办法，由于预制、装配程度的提高和吊装工作量的扩大，为机械化施工创造了有利条件；在领导制度上加强工地党委的集中领导，使各方面更能协同动作，发扬了共产主义大协作的精神，从而改变了过去互相"扯皮"的现象。

一九五八年在上海基本建设取得成就的同时，由于我们经验不足，领导作风和工作方法不够深入细致，在工作上还存在一些缺点，主要是有些工程发生了质量事故。因此，我们在今年年初发动了一次普遍检查工程质量运动，共检查了一千二百四十个工程项目，凡发现有质量事故的工程均采取了相应的措施，其中质量事故比较严重的工程有十一个，这些工程经过补强加固措施后一般都能符合生产要求。这说明了去年大跃进中工程质量一般是好的，真正发生严重事故的仍属少数工程。通过这次检查，使我们对多快好省的建设方针认识更全面、更深刻了，对一九五八年基本建设方面的大跃进认识更清楚了，丰富了我们的建设经验。使我们今后更有信心全面地实现多快好省的建设方针。

开展红旗竞赛运动　克服困难继续跃进

一九五九年是继续大跃进的一年。今年的基本建设任务也是非常繁重的，地方系统投资总额为五亿六千三百五十九万元。在工业建设中，限额以上的项目有三十一个，其投资额就占了百分之七十五点二，今年基本建设完成后，使上海工业生产水平将有很大提高，进一步改变着工业面貌。

随着上海工业迅速的发展,迫切需要加强上海城市规划和建设工作,同时各新工业区的人口日益增加,对这些新区和卫星城市的规划和建设工作必须抓紧进行,以保证生产和人民生活的需要,以适应工业发展的跃进形势。在交通方面由于运输量大大增加,原有的市区、郊区道路的路面狭窄,路基太差,与当前的运输要求不能相适应,必须提高道路等级,拓宽路面,因此今年计划建造几条郊区干道,以改善通往闵行、蕰藻浜、彭浦等工业区的交通情况,并对市区内一些道路尽可能的加以改善。随着各新工业区的发展,必须相应地建造一批职工住宅。今年计划新建的住宅除了一部分作为旧区改建外,主要是分布在各工业区,以减少职工往返时间,有利于生产。同时也可紧缩市区人口,改善市内居住条件。另外,去年为了保证钢帅升账,有部分在建工程让了路,这是完全必要的,因此还有一部分跨年度工程必须进行收尾。

今年基本建设投资总额,虽比一九五八年减少二亿九千万元,但比第一个五年计划期间投资最多的一九五七年仍超过了很大。任务还是很繁重。今年投资比较集中,时间要求急,工程技术复杂。工程的特点是"高、大、重、深",即厂房高,构件大,荷载重,基础深。今年准备建造的厂房有的柱子基础的承受荷重达二千八百吨;行车吨位也比去年提高,上海现有行车最大起重能力是五十吨,今后要建设一些七十五吨、一百二十五吨、一百五十吨直到二百五十吨起重能力的行车,设备基础承受荷重达九千吨,基础也很深,而上海土壤条件很差,对如何处理重型厂房的基础问题是件十分复杂的工作,对这些新技术、新问题我们都缺乏经验,因此建设部门必须加强与各设计部门,科学研究机关,各有关大学协作,共同努力,对建设中所遇到的这些技术问题认真进行研究,共同解决。

我们还将遇到原材料和设备供应不足的困难,这些困难正说明了我们是在继续大跃进中,是前进中的困难,只要我们依靠群众千方百计地增加生产,组织运输,节约用料,防止浪费,根据重重急急的原则,进行工程项目排队,合理使用原材料,保证重点工程完成,这些困难是可以克服的。

从今年五个月的情况看来,基本建设方面的形势也是比较好的,在中共上海市委的领导下,在去年取得胜利的基础上,从事基本建设的全体职工,正在开展一个人人赶先进,个个争上游,轰轰烈烈的红旗竞赛运动。一至四月份内,共完成了投资额二亿二千零三十四万元,比去年同期增长了百分之八十九;完成建筑安装工作量九千一百零四万元,比去年同期增长百分之三十六。四月份止竣工单项工程有一百九十九个(其中有一百四十项系跨年度工程),其中厂房有一百个,工程质量也逐步提高。这些说明了今年的基建工作已有了良好的开端，为争取今年完成和超额完成任务打下了极其有利的基础。

（《解放日报》1959 年 6 月 7 日）

总路线在上海基本建设方面的伟大胜利

上海市副市长兼市基本建设委员会副主任　牛树才

党的八中全会公报和决议的灿烂光辉，照遍上海每一个角落，上海人民更高地举起了党的社会主义建设总路线的旗帜，正在继续向着一个具有高度现代化的工业和科学技术城市进军！把上海建设成为世界上最先进最美丽的花园城市之一！

十年工业建设

回想过去十年来，尤其是去年大跃进以来，上海工业建设和城市建设的前进速度是史无前例的，是任何一个解放前曾经统治过这个城市的帝国主义和任何一个资本主义国家所望尘莫及的。到一九五八年底为止，我们建设的房屋竣工面积达到一千二百十二万平方米，相当于解放前百余年的房屋建筑总面积的三分之一左右。而一九五八年竣工的三百八十七万平方米的厂房和住宅等房屋面积，则超过了帝国主义侵略中国、一八四三年上海开辟为商埠以来至一九〇八年以前六十余年的建筑总量。十年来，经过我们亲手劳动，已经建设成功的工业固定资产的总值，相等于解放前百年来的工业固定资产的百分之五十以上。这充分显示了社会主义制度的优越性。但是，解放以后，我们在恢复生产，挖掘潜力，以及对城市建设的整顿和改造等方面花了很多的时间，大规模工业建设，还只是在对资本主义工商业完成社会主义改造，生产力得到了进一步解放之后的最近几年才开始的，主要又是去年大跃进以来的飞跃。仅从厂房建筑面积来说，去年就建筑了一百五十五万平方米。这说明了富有光荣革命传统的上海工人阶级，在共产党的领导下，正以"一天等于二十年"的建设速度，向着伟大理想社会奋勇前进。

短短的十年来，在这个世界著名的英雄城市里，工业建设和城市面貌起了根本性的巨大变化。解放前，上海在帝国主义垄断和封建买办官僚资本的统治下，工业发展极其缓慢，工业基础十分薄弱，在工业结构上重工业微乎其微。由于资本主义盲目发展的结果，工厂分布极端不合理；市政工程公用事业方面，由于帝国主义的割据，水电管道和交通系统也处在分割的混乱局面。解放十年中，我们基本上把上述这样一个城市改造和发展成为我国先进的重要工业基地之一，把"冒险家的乐园"，改造成为"劳动人民的乐园"。十年中，全市基本建设投资共为卅二亿元，基本建设投资主要用于工业建设，占全部投资的百分之五十八点三。工业建设中贯彻了充分利用，合理发展的方针。在经济恢复时期和第一个五年计划期间，我们改建、扩建和迁建了一千二百多个工业企业，新建了十五个工厂，共投资十亿元，发挥了投资少，收效快的作用。

一九五八年，上海人民得到了总路线的巨大鼓舞，迈开了大跃进的步伐，在以钢为纲、全面跃进的方针下，基本建设的规模和速度有了空前巨大的发展。去年全市完成基建投资总额，比一九五七年增长一点六倍，相当于第一个五年计划期间上海基本建设投资总额的百分之七十一，在全部投资中用于工业建设的占百分之七十二，改建、扩建、迁建和新建的大小车间共有七百多个。在这个基础上，一九五九年仍然继续跃进，一至七月份基本建设总投资比去年同期增长了百分之四十点七，建筑安装量增加了百分之十八点六，今年上半年建成的固定资产总值比去年同期增长了百分之三十。同时今年的工程技术更加复杂，施工中不仅保持了快速施工进度，而且质量更为良好。

十年来，上海市郊一共新建和扩建了十一个新工业区，新工业区建设的巨大成就，使上海工业布局逐步合理，为上海工业向高、大、精、尖方向发展奠定了基础。为改造旧上海留下来的畸形割裂的混乱状态创造了条件。第一个五年计划期间，上海就开始着手新工业区的建设，在闵行地区新建扩建了上海电机厂和上海汽轮机厂，在高桥地区扩建了上海炼油厂，在桃浦地区新建了上海橡胶厂等化工厂。在贯彻了党的社会主义建设总路线之后，大规模的基本建设工程集中在新工业区加速进行，短短一年多的时间中，在吴淞蕰藻浜和浦东周家渡，新建和扩建以上海钢铁一、三、五厂为主的钢铁冶炼工业区，在西北郊彭浦地区建设了机电工业区，在吴泾、桃浦和高桥新建和扩建成为化学工业区，新建了漕河泾仪表工业区，扩建了北新泾和长桥工业区。而闵行工业区，在大跃进促进下，除了上海电机厂和上海汽轮机厂继续进行扩建之外，又新建扩建了上海重型机器厂、上海锅炉厂、新民机器厂等工厂，开始形成了一个新兴的重型机电工业中心，而且成为第一个现代化的上海市卫星城镇。在这里，不仅具有先进技术装备的现代化工厂，而且有与工业区相适应的近代化的水、电、公共交通设施，宽畅的街道、工人住宅和公共建筑物。这许多新兴工业区的迅速出现,在解放之前是根本不可想象的。闵行地区,一九四九年以前,有通用机器厂的九千四百一十七平方米厂房建筑,而在解放以后,就建设了三十一万多平方米的厂房。彭浦地区,一年多的时间,平地新建二十一万五千多平方米的厂房。这些新工业区,有的仍然继续在高速度的规模巨大的建设中。

城市建设大发展

随着工业生产的恢复与发展、新工业区的建立,原有城市的交通运输,市政工程,公用事业,以及住宅文教卫生等设施都远远跟不上生产的需要。因此,除了为改善对外陆路交通,积极建设京沪线复线工程外,还开始兴建了南翔编组站以及为联系主要工业区的铁路支线和货站。在港口方面,除了已扩建的十六铺和汇山码头,新建日辉港水陆联运码头外,正在建设中的还有规模更大的张华浜水陆联运码头。市内道路建设也有很大的发展,一九五八年为止,新建、改建道路一千一百多公里,总长度比一九四九年增长百分之三十二·二。兴建了通往吴淞、闵行、彭浦、吴泾等工业区的干道,以及旧城厢区南北通道,人民广场大道等道路。在苏州河上新建了两座大桥,在共和新路建成了跨越铁路的旱桥。这些工程不仅大大改善了交通运输的状况,而且也在极大程度上改变了交通运输系统原来的布局。

彻底解决城市劳动人民的居住条件,是党所十分关心并已着手解决的重大问题之一。解放以来,修理了原有居住房屋一千一百一十五万平方米,新建了三十四个新村,新建的四百六十八万平方米住宅面积,相当于一九四九年全市居住房屋的百分之二十。今后,我们仍然要对旧上海遗留下的大量棚户和简陋房屋进行改造,在相当的时期内,逐步的彻底地解决居住问题。

在文教卫生方面,新建、扩建大专中小学一百五十五万余平方米建筑面积,医院病床增至一点七倍,还新建了不少电影院、文化宫和俱乐部。

此外,对城市公用事业的改造和建设也有显著的成绩,改变了过去分割的、不成系统的、落后的设施状况,建成了一个统一的城市公用事业网线。如自来水的总售水量一九五八年较一九四九年增长了一倍,煤气销售量增加了一点九倍。公共车辆增加了九百零一辆。旧上海的下水道设施极为落后,严重影响了人民的健康。解放后,除改善严重积水地区的下水道设施外,还在大跃进中,开展了群众性的消灭臭水浜运动,半年中有一百九十五万人次参加了劳动,填浜一百五十公里,埋管一百八十公里,基本上消灭了臭水浜,大大改善了环境卫生。同时去年增辟了三十一个公园,植树八千七百多万株,增辟了街头绿地二千多处,进一步改善了城市环境。

十年来,随着基本建设的飞跃发展,也培养了一支强大的基本建设队伍,特别在去年大跃进以后,基本建设队伍的政治思想和技术水平,都得到很大的锻炼和提高。设计方面不仅能够进行民用建筑的设计,而且已开始独立进行大、中型复杂的厂房建筑设计;建筑和安装方面,已能够承担厂房高、面积大、构件重、基础深的装配式工业建筑工程和比较复杂的设备安装,为今后继续跃进打下了良好的基础。

总路线的巨大威力

上海基本建设之所以取得上述巨大的成就,根本的原因是由于认真执行和贯彻了党的鼓足干劲,力争上游,多、快、好、省地建设社会主义的总路线。党的建设总路线是我国勤劳勇敢的六亿五千万人民伟大的决心和智慧的表现,是党和毛主席创造性地把马克思列宁主义的普遍真理同中国实际结合起来的产物。去年大跃进和今年继续跃进以来,上海基本建设的规模空前巨大、速度空前加速、工程质量不断提高、成本逐渐降低的事实证明,党的总路线和一整套两条腿走路的方针是完全正确的,它在上海工业建设和城市建设中所产生的威力是巨大的。在今后,它对上海建设事业也必将继续发生深远的伟大影响。

基本建设的中心要求,是要尽快地完成数量众多、质量优良、成本低廉的工程项目,而其中建设速度是社会主义建设中具有头等重要意义的。由于我们把多快好省看成为一个互相联系和互相制约的辩证的统一体,坚决的全面的贯彻了多快好省的方针,因而取得了基本建设的巨大成就。去年,在少数干部中,由于认识不够全面,在实际工作中,注意了多快省,对工程质量抓得不够紧,因之,一度在个别工程的质量上发生了一些问题。但是,有一些人,夸大了少数工程质量上的缺点,把大跃进中的建筑工程看成为都是"摇摇晃晃",这是错误的。实际上,当我们注意了这个问题,及时的采取了措施之后,上述个别的缺点就迅速克服了,工程质量也就不断提高。事实证明,基本建设在总路线指导下,是完全可以全面实现多快好省的。大跃进以来,全市基本建设工程质量绝大多数都是好的,成本不断降低,进行高速度的建设。对很多规模大,技术复杂的工程,也同样是又快又好。例如上钢五厂转炉车间，按照过去情况，最快也要一年时间，但是大跃进中只花了短短的一个多月的时间，建成并投入生产，质量完全符合设计要求。又如具有现代化、高度自动化的先进技术的吴泾热电厂和吴泾炼焦制气厂，也都保证工程质量、快速地进行建筑安装，并即将竣工投入生产。

上海的基本建设是在党和国家以钢为纲、全面跃进的方针指导下进行的，正由于正确执行了这一方针，一九五八年以来上海的基本建设才有了史无前例的巨大发展。当然，为了集中力量，保证重点，一切从发展生产出发，在某些时候，非钢铁部门，非重点部门的建设暂时的让路是必要的。但这只是暂时的和局部的，这样做，绝不是意味着只发展钢铁，只建设重点，可以不顾其他，或者放慢其他部门的建设步伐；而是在首先保证了钢铁和重点建设的基础上，加速其他工业部门的建设速度，带动其他各项事业加速前进。去年大跃进以来的事实正是如此。一九五八年上海钢铁工业建设新增加的厂房、机械设备等固定资产比一九五七年增长了八倍。由于钢铁生产大大增长，同时也带动了其他工业建设的发展，例如电力工业建设增长了五倍，机械工业建设增长了一倍半，化学工业建设增长了二倍。生产能力成倍增长，生产以空前的速度向前发展。文教卫生及其他各项事业，也有了很大的增长，如医院比一九五七年增加了一点八倍。上海的城市建设也是在以钢为纲的前提下带动起来的，而且有了很大的发展。城市建设应该首先为生产服务，它的发展与人民生活的改善又具有密切的关系。只有生产发展了，才能有城市建设的发展，也才能有人民生活的改善，而实际上，生产的发展，也非有相应的城市建设不可，事实就是这样。随着闵行地区的工业建设，也开始这个卫星城镇现代化的市政建设。在市区与闵行之间铺设了全长廿三公里的柏油路。在其他工业区，大批的新型的工人住宅正在继续修建，各种公共建筑物和福利设施也正在加速施工。没有以钢为纲，没有重点建设，要大规模的进行城市建设，改善人民生活显然是不可能的。

上海的基本建设工作贯彻了政治挂帅，大搞群众运动的原则。政治挂帅是做好一切工作的灵魂，而群众路线，是我们党的根本路线。群众一旦发动起来，其智慧和创造力量是无可估量的，就可以使我们在客观条件许可下，充分发挥主观能动性，把基本建设工作做得更好。上海基本建设部门在市委直接领导下，加强了党的统一领导，开展轰轰烈烈的大规模的群众运动，大闹技术革命，发扬了广大群众解放思想，敢想、敢说、敢做的共产主义风格，舍己为人，互相协作的共产主义精神。政治挂帅和大搞群众运动的结果，党的社会主义建设总路线深入了基本建设的每一个部门,党的一整套两条腿走路的方针得到了贯彻。设计部门,提高了技术水平,基本上扭转了设计跟不上施工的局面;建筑、安装方面,大力推行了先进的,快速施工方法。既缩短了工期,又节省了成本,而且保证了工程质量,全面达到了多快好省的要求。

然而,正如党的八届八中全会公报所指出的,对于实现今年的继续跃进来说,当前的主要危险是在某些干部中滋长着右倾机会主义的思想。他们对于那些根据客观条件和主观努力本来可以完成的任务,不去千方百计地努力完成。右倾机会主义分子对于大跃进运动以来所取得的伟大成就视而不见。他们看不到党的领导的正确和广大群众的伟大力量。他们夸大了我们一个时期中局部的、已经迅速克服的和正在克服的缺点;以好省为借口,反对多快,实质上反对多快好省的建设方针。他们把以钢为纲、带动一切的全面跃进,诬之为:以钢为纲,挤掉一切的全面跃进;(更正:本报九月八日第三版"总路线在上海基本建设方面的伟大胜利"一文中,倒数第二段,"他们把以钢为纲、带动一切的全面跃进,诬之为:以钢为纲,挤掉一切的全面跃进",最后一个"进"字系"退"字之误。1959 年 9 月 11 日)他们攻击政治挂帅和群众运动,甚至把党领导下的广大群众轰轰烈烈的大跃进运动和人民公社运动,污蔑为"小资产阶级狂热性运动。"如此等等,都是完全错误的。上海基本建设的巨大胜利,也证明了他们的诬蔑是完全不符合事实的,他们攻击的目的无非是为了反对党的社会主义建设总路线。但是,任凭右倾机会主义分子怎样指责和反对,永远也不能阻止社会主义的历史巨轮继续滚滚向前。实际上,在总路线取得伟大胜利的事实面前,国内外反动派和右倾机会主义分子的污蔑和攻击已经遭到了决定性的打击,他们的企图是一定要彻底失败的。

今天,在党的社会主义建设总路线光辉照耀下,上海基本建设部门的广大干部和工人群众,必须在党的领导下,坚决反对一切右倾思想、右倾情绪和右倾活动,更加团结一致,继续鼓足干劲,广泛深入的开展增产节约运动,完成和超额完成今年基本建设计划。以我们的实际行动和新的成绩,来回答国内外反动派和右倾机会主义分子对总路线的污蔑和攻击。让我们高举着总路线的光荣旗帜,沿着胜利的道路,迈着跃进的步伐,向着新的胜利前进!

(《解放日报》1959 年 9 月 8 日)

柯庆施市长向全市人民提出今年奋斗方向
高速度发展生产争取继续大跃进
曹荻秋副市长在市人委会议上报告 1960 年
国民经济初步计划本市 1959 年国民经济
全面跃进工业总产值比 1958 年增长 43.3％

本报讯 昨天,一九五九年的最后一天,柯庆施市长在市人民委员会第十二次会议上,提出了一九六零年的奋斗方向。上海人民要在一九五九年大跃进的胜利基础上高速度地发展生产,争取一九六零年的继续大跃进。曹荻秋副市长在会上就一九六零年国民经济初步计划作了报告。

昨天举行的市人民委员会会议由柯庆施市长主持。

曹荻秋副市长在报告中首先说明了一九五九年上海市国民经济计划的胜利完成情况。他说,上海人民在一九五八年大跃进的基础上继续跃进的一九五九年计划胜利完成了。预计市区工业总产值将超额百分之二点四完成全年的跃进计划,比大跃进的一九五八年增长百分之四十三点三,比刚解放的一九四九年增长六点九三倍,比本市第二个五年计划原定的一九六二年的产值水平,超过了百分之七点七。党的八届八中全会向全国人民提出的提前三年完成第二个五年计划主要指标的伟大号召,已经在上海胜利实现了。

曹荻秋副市长说,一九五九年完成计划比较全面,不但国民经济各部门都多快好省地完成,超额完成了国家计划,实现了全面跃进,而且各个工业部门完成计划也比较全面,一般达到了高产、优质、低耗和安全生产的要求。同时,计划的完成总的趋势也是直线上升的。这样,一九五九年不但实现了继续跃进,而且是大跃进;不但是个别部门或者少数部门的跃进,而且是全面的跃进;不但胜利地超额完成了全年的计划,而且为一九六零年的更好更全面的跃进,造成了极其有利的形势。经过一九五八年和一九五九年的连续大跃进,充分证明了党的总路线和一整套"两条腿走路"的方针是完全正确的。

谈到一九六零年国民经济计划的初步安排时,曹荻秋副市长说:一九六零年的上海国民经济计划是在一九五八年、一九五九年两年连续大跃进的基础上,争取更好、更全面大跃进的计划。它的主要任务是进一步发展技术水平较高、国家迫切需要而上海又有条件生产的高级、精密的产品;努力加强科学技术工作,培养科技人才;积极地进行工业、交通等部门的技术改造,提高机械化、自动化程度,有步骤地进行设备更新,把上海的工业进一步转移到现代化的、更高的技术基础之上;发展国家需要、本市有条件生产的关键性的原材料工业,积极开展资源的综合利用;加强城市的改造和建设,合理分布工业,逐步减少市区人口,建立卫星城镇;同时要大力发展农业生产,提高农业的机械化、电气化程度;相应地发展电力、交通运输和文教卫生事业;在生产继续跃进的基础上,适当地提高人民的物质文化生活水平。总之,要在一九六零年继续大跃进中,更进一步发挥上海工业基地的作用,大力支援各地工业建设、农业技术改造、国防建设和人民生活的需要,争取在加速国家的社会主义建设中,做出更多、更好的贡献。

柯庆施市长在会上就一九六零年的继续大跃进的特点作了重要阐述。他指出:在一九五九年大跃进的基础上,高速度地发展生产,争取一九六零年的继续大跃进,是完全符合社会主义经济建设客观规律要求的;是完全符合我国人民彻底改变"一穷二白"的落后状况的迫切愿望的。

为实现这一目标,柯庆施市长在讲话中要求全市人民在国家给予的原材料基础上,努力节约代用,大力生产原材料,大搞原材料的综合利用,千方百计地超额完成国家任务;为使上海工业向高大精尖方向发展,上海各工业部门应努力抓紧生产高级、精密的产品,生产质量第一流的产品;要不断地提高劳动生产率,继续实现"增产不增人"的口号,甚至做到增产减人,抽调技术力量支援新建单位;要进一步巩固人民公社,更大地发展农业生产和农村经济,开展多种经营;要大力加强科学技术工作,大力培养科学技术人才,大力提高教育质量。

最后,柯庆施市长说,为了更好地保证一九六零年的继续大跃进,这就要求全市人民不断地提高社会主义觉悟,要求各方面人士积极提高认识,以适应新的形势,在社会主义建设中发挥更大的力量。接着,柯庆施市长还谈到在工人、农民和各界人士中进行社会主义和共产主义教育的问题。

柯庆施市长的讲话和曹荻秋副市长的报告,受到委员们的热烈拥护。卢于道、周谷城、吴若安、沈尹默等委员相继发言。表示要为实现一九六零年继续大跃进,贡献自己的力量。

会议最后讨论并通过了拟报请国务院批准的市人民委员会工作人员名单。

(《解放日报》1960 年 1 月 1 日)

上海新建闵行吴淞两区
并将原有十四个区调整合并为十个区

本报讯 为了使上海市市区的行政区划更加合理,进一步加强区的领导,以适应社会主义建设事业发展的需要,经 1959 年 12 月 2 日市人民委员会第十、十一次会议讨论决定,将上海市原有的 14 个区调整合并为 10 个区,另新建 2 个区,并已报经国务院批准。

(一) 将江宁区和新成区成都路以西地区以及长宁区镇宁路以东地区合并为静安区,撤销江宁和新成区的建制。新成区成都路以东地区,划归黄浦区。

(二) 将蓬莱区和邑庙区合并为南市区,撤销蓬莱区和邑庙区的建制。另将原邑庙区西藏路以东、淮海东路以北地区和西藏路以西、金陵路以北地区,划归黄浦区;将原邑庙区西藏路以西、金陵路以南地区划归卢湾区。将原卢湾区成都路以东、金陵路以北地区,划归黄浦区。

(三) 将虹口区和提篮桥区合并为虹口区,撤销提篮桥区的建制。

(四) 将杨浦区和榆林区合并为杨浦区,撤销榆林区的建制。

(五) 建立闵行区(包括吴泾),将原属上海县的部分行政区域划为闵行区的行政区域。

(六) 建立吴淞区,将原属宝山县的部分行政区域划为吴淞区的行政区域。

(《文汇报》1960 年 1 月 13 日)

全市基本建设会议号召有关部门全面贯彻总路线
大家来做基本建设的主人
以工业生产中急需项目、高精尖项目和
薄弱环节的建设项目为重点实现全面跃进
逐步改造旧市区,有计划辟建卫星城市,
把上海建成为最先进最美丽的城市之一

本报讯 为了进一步贯彻党的社会主义建设总路线,实现今年基本建设的更

好更全面的继续跃进，自二月二日开始，本市举行了为期半个月的基本建设会议，基本建设各部门、各单位以及有关工业、交通运输、财贸、文化教育等部门的领导干部共六百七十多人参加了会议。

会议总结了一九五九年本市基本建设工作和经验。一九五九年本市基本建设工作在一九五八年大跃进的基础上取得了继续大跃进的胜利，全年投资额为一九五八年的百分之一百二十六点八，设计周期和施工周期比一九五八年更为缩短，工程质量全部合格，人力、物力、财力大大节约，成本进一步降低。由于基本建设取得了这样大的成就，本市工业生产能力、交通运输能力有了很大的增长，城市建设得到了进一步发展。通过一九五九年大跃进，并且取得了全面贯彻多快好省的方针和进行高速度建设的经验，开展技术革新、技术革命和大搞群众运动的经验，贯彻执行党的上海工业建设方针和城市建设方针的经验，以及大规模组织共产主义大协作的经验。反右倾整风运动是取得一九五九年大跃进的根本保证，事实又一次证明了在基本建设工作中不断坚持政治挂帅的必要性。

会议开始时和结束时，市委书记处书记陈丕显同志都到会讲了话。他除了对基本建设工作提出了详细的意见之外，着重分析了目前形势和上海基本建设的新任务。他指出今年的任务是更好更全面地贯彻执行党的总路线，要求基本建设工作更多更快更好更省地实现持续跃进，并且加速向高、精、尖方向发展。他特别强调地指出，基本建设是全民性的事业，是为加速建设社会主义和将来逐步过渡到共产主义准备物质基础的伟大事业，对于这样的事业必须发动大家来办，大家来做基础建设的主人。

根据中央和市委指示的精神，会议分析了当前的形势和任务：社会主义建设开始进入了一个新的阶段。全国社会主义建设发展的新形势，不仅要求上海原有工业生产要以更高的速度跃进，以满足当前迫切的需要；还要求上海充分利用各种有利条件，使工业迅速向高、精、尖方向发展，迅速攀登世界科学技术的高峰，更好地发挥工业基地的作用，对全国社会主义建设作出更大的贡献。为此，在基本建设战线上就要更高地举起党的社会主义建设总路线的红旗，充分发动群众，开展以技术革命和技术革新为中心的增产节约运动，在去年已经达到的基础上把工作再大大提高一步，以更少的投资和材料建设更多的工程，使所有的工程都以最快的速度建成投入生产或交付使用，以迅速发挥投资效果。要使基本建设战线更好更全面地贯彻多快好省方针，必须分别轻重缓急，做好工程排队，争取主动，首先保证今年工业生产中急需的项目、高精尖的项目、某些薄弱环节的建设项目，以这些方面的工程为重点,带动一般工程,推动基本建设工作全面大跃进。

会议认为:今年本市的基本建设任务是光荣而艰巨的。要完成这个任务,必须继续开展技术革命和文化革命,大力采用和推广新技术,大搞科学研究。这是更多、更快、更好、更省地完成今年任务,实现持续跃进的重要措施之一。建筑工业中技术革命的主要任务,是除个别不能以机械代替的手工操作以外,要基本消灭手工操作,实现半机械化、机械化,不断提高机械化程度。各个部门,应该根据"洋土结合"的"两条腿走路"的方针,提出各工种具体的奋斗目标,努力提高机械化的装备程度,尽快地摆脱繁重的体力劳动,在去年的基础上进一步提高劳动生产率。目前有条件采用的新技术、新结构、新材料,都应积极加以采用。对于目前世界上已有的新技术,经过试验,根据上海的技术水平、材料供应等具体情况和大跃进、高速度建设的特点,加速研究,创造条件,积极采用和推广。

今年基本建设部门的科学研究,应该研究和解决当前生产中迫切需要解决的科学技术问题,属于向高精尖发展的建筑科学技术问题。要求在今年建造的几个大型建筑物,在工程结构、艺术造型等方面达到先进水平。基本建设各部门,要大办业余教育,大搞科学研究,实行"一主、二辅、三结合"(即生产、教学、科学研究单位均以各自本身的业务为主,其他二者为辅,但必须使生产、教学、科学研究三者相互结合)。

会议特别着重讨论了建筑材料问题。认为必须千方百计,自力更生,就近就地取材,并且结合外地的支援,从根本上解决建筑材料的生产和供应问题。凡本市能够生产和供应的建筑材料,应该充分挖掘潜力,提高产量和质量,增加品种,做到自给;凡是本市过去不生产而又有条件生产的品种,应该积极设厂或增添设备,进行生产;对于本市的工业废料和地方材料,要大搞综合利用,变废料为宝物;并且要以最大的努力研究和采取各种代用材料,试制和发展各种轻质的高级建筑材料。在材料使用上要力求节约,反对浪费。解决建筑材料问题,还必须继续加强同兄弟省市的协作,发展砂石基地和木材的综合利用基地,积极开辟货源。

在运输问题上,材料供应和使用单位必须为运输部门创造条件,加强协作,要求各区、县的运输力量支援基本建设,同时也要自力更生地解决一部分运输任务。

为了逐步把上海建设成为最先进最美丽的城市之一,会议讨论了加强城市建设和城市改造的工作。认为城市建设,必须贯彻市委关于逐步改造旧市区,严格控制近郊工业区规模的继续扩大,有计划地辟建卫星城市的方针。进行城市规划、工业改组规划和各项建设事业的时候,要使城市建设和城市改造密切结合,力求以较快的速度改变城市面貌。卫星城市的规模不宜太大。在原有市区和卫星城市之间,卫星城市相互之间要保持适当的中间地带。卫星城市的建设,必须与那些原有城镇的改造结合起来,把它们建设成为社会主义的新型城市。

对于住宅建设、房屋管理、农村建设、城市绿化、地质资源的勘探和测量等方面的工作,会议也作了讨论,提出了具体任务,并作出了相应的规划和措施。

会上,市基本建设委员会副主任牛树才作了"一九五九年上海市的基本建设和一九六〇年工作"的报告。八十四个代表发了言。

会议最后通过了一九六〇年基本建设工作纲要。

(《解放日报》1960 年 2 月 27 日)

关于上海市一九五九年决算和
一九六〇年预算草案的报告

上海市经济计划委员会副主任兼上海市财政局局长　马一行

各位代表:

现在我代表上海市人民委员会提出本市一九五九年决算和一九六〇年预算草案的报告,请予审查。

(一) 关于一九五九年决算

一九五九年在党的社会主义建设总路线光辉照耀下,通过反右倾、鼓干劲、进一步开展增产节约运动,全市胜利地实现了国民经济的继续大跃进,超额完成了国家计划。随着工农业生产的巨大发展,财政收入和支出都超额完成了预算,并且,收支相抵后,略有结余。一九五九年预算的执行情况是十分良好的。

一九五九年本市财政收支决算的数字如下:

全年实际收入八十五亿三千三百万元,为预算数七十四亿二千九百万元的百分之一百十四点九,比一九五八年增加百分之四十三点四。在各项收入中,企业和事业收入五十八亿七千五百万元,为预算的百分之一百十八点四;各项税收二十五亿二千六百万元,为预算的百分之一百零七点五;其他收入一千二百万元,为预算的百分之一百二十一点七;地方自筹收入一亿二千万元,为预算的百分之一百十二点四。

全年实际支出八十五亿零九百万元,为预算数七十五亿六千二百万元的百分之一百一十二点五。其中,上解中央六十八亿五千万元;地方支出十六亿五千九百万元,比一九五八年增加百分之二十九点三。在地方支出中,经济建设费八亿九千六百万元,为预算的百分之一百四十点四;社会文教科学费二亿零八百万元,为预算的百分之八十六点三;行政管理费八千二百万元,为预算的百分之九十三点三;增拨银行信贷资金四亿六千五百万元,为预算的百分之一百;其他支出八百万元,为预算的百分之一百六十八点五。

一九五九年收支相抵,结余二千四百万元,加上一九五八年滚存下来的结余一亿三千二百万元,共计为一亿五千六百万元。

一九五九年本市预算执行的结果反映了以下几个特点:

一、在国民经济大跃进的基础上,财政收入继续保持更高速度的增长。一九五九年初通过工业会议的召开,在本市展开了红旗竞赛;特别是在贯彻党的八届八中全会决议以后,以高产优质、厉行节约为中心的增产节约运动蓬勃开展,经过全市人民的努力,获得了工农业生产的继续大跃进。工业总产值比大跃进的一九五八年增长百分之四十三点三;全员劳动生产率提高百分之三十四点五,主要产品的质量都有显著提高,原材料消耗进一步降低,可比产品成本也比一九五八年降低了百分之四点三。郊区农业生产在战胜了各种自然灾害以后,取得了农、林、牧、副、渔的全面发展,愈来愈显示出人民公社制度的无比优越性。一九五九年的实践进一步证明,工农业生产更好、更全面的跃进,必然带来财政收入的高速度增长。本市第一个五年计划期间,财政积累(包括中央企业收入)的增长速度已经很快,平均每年递增百分之十七点八,增加额为五亿四千万元;一九五八年比一九五七年增加百分之五十四,增加额为二十六亿四千二百万元;而一九五九年又在一九五八年的基础上增加百分之三十点五,增加额达二十三亿五千八百万元,一年的增加额就接近于五年增加额的总和。对于财政收入能不能连续地高速度增长,少数人由于对大局认识不清,对总路线的无限威力认识不足,是曾经有过怀疑的。现在铁一般的事实证明,随着我国国民经济既高速度又按比例的发展,财政收入不但能连续地高速度增长,而且必然会出现长期持续跃进的局面。

二、随着收入的迅速增加,用于发展国民经济的基本建设支出更加扩大。一九五九年,用于基本建设的投资达八亿五千一百万元,占地方支出的百分之五十一点三。加上一九五八年投资,本市两年来基本建设的投资额就相当于第一个五年计划期间的三点五倍。这两年新增的设备能力,对保证本市国民经济的高速度发展起了重大的作用。就新增加的设备能力占现有全部生产能力的比例来看,炼钢方面为百分之七十左右,生产硫酸方面为百分之六十,生产水泥方面为百分之五十,炼铁的高炉全部是新增加的,其他如制造重型机械、滚珠轴承、手表、照相机等方面,也几乎全部都是新增加的。由于从财政上更多地支持了生产和建设事业的发展,这就同时扩大了资金积累的源泉,保证了财政收入的进一步增长。以若干建设项目为例,如天原化工厂投资一百二十一万元,新建了氯磺酸车间,全年可增加财政收入约四百万元;上钢五厂投资二百七十九万元新建了轧钢车间,全年可增加财政收入二百九十五万元。所有这一切,都充分说明了我们的预算是生产建设的预算,我们的财政收入和支出是互为条件,互相促进的,多收入就可以增加支出,多支出反过来又可以增加收入。两年来的实践证明了党所提出的在可能和需要的范围内,多收入、多支出、多建设,更多地收入、更多地支出、更多地建设的政策方针,是完全正确的。

三、在财政收支高速度增长的同时,资金的使用更加合理和节约。一九五九年在基本建设投资中继续贯彻了厉行节约的方针,工程造价不断降低。这一年每增加一千瓦发电能力所需投资,比第一个五年计划期间降低百分之五十五;上海第五钢铁厂每增加一吨钢所需的投资,比一九五八年降低百分之三十七;建筑安装工程的实际成本比预算降低百分之十六;城市建设工程的实际成本比预算降低百分之十四。在企业的生产资金方面,平均每百元产值所需要的流动资金,由一九五八年的八元四角七分下降为八元三角三分,因此,产值资金周转率加速了百分之一点七。各项事业经费和行政管理费,既保证了迅速发展的需要,又都有很大的节约,行政管理费就比预算减少了百分之六点七。以上这些事实,说明了我们的社会主义建设是完全可以用大跃进的速度,用多快好省的方法来实现的。

一九五九年预算执行的结果,具体而生动地反映了我们当前的经济和财政情况的确是好得很,无可争辩地证明了:在国民经济各部门有机联系的整体中,生产是最根本的。只有生产发展了,经济繁荣了,资金的源泉才能扩大,积累才能增加,人民的物质文化生活才能相应地得到改善。一九五九年用于城市建设和社会文教卫生事业的经费共达三亿二千零五十九万元,比一九五八年增长百分之二十六点一,相当于第一个五年计划期间五年增长的幅度。全年新建工房九十五万平方米,有二十多万人迁入新居;修理房屋三百三十一万平方米,比一九五八年增长百分之五十四点六,维修和重点改建简屋八万五千平方米;新建道路一百三十多公里、桥梁四十八座,新排自来水管四十八公里,新增煤气输气能力每日三十五万立方米,新增公共车辆一百三十六辆;还开辟了吴泾、闵行等卫星城市,进行了吴淞、北新泾等近郊工业区的建设。全年全日制学校增加学生十多万人,医院病床新增七百七十多张,新建和改建电影院、剧场十个,新建体育场、馆八个。此外,企业直接支付的集体福利事业费共达六亿四千八百多万元,比一九五八年增长百分之二十三。所有这些,对改变城市面貌、改善人民生活,都起了很大的作用。经过几年来的实践,我们更加体会到毛主席关于发展经济,保障供给,以百分之九十的力量发展生产,以百分之十的力量取得财政收入的思想,是无比正确的。我们在财政经济工作中所取得的伟大成就,归根到底,是毛泽东思想的胜利。在这一思想指导下,我们的财政经济工作将会不断地从胜利走向更加伟大的胜利。

(二) 关于一九六〇年预算草案

一九六〇年,我们要更高地举起毛泽东思想的旗帜,坚持党的社会主义建设总路线,进一步开展以技术革新和技术革命为中心的增产节约运动,在一九五八年和一九五九年两年连续大跃进的基础上,实现更大更好更全面的跃进。今年,要进一步发展国家迫切需要的高级、精密、尖端的产品,要大大提高劳动生产率,要千方百计地节约使用和综合利用各种原材料,还要大搞科学研究的群众运动,大闹文化革命,大办业余教育,把上海建设成为全国制造高级、精密、尖端产品的工业基地之一,成为我国先进的科学研究中心之一,使上海在加速国家的社会主义建设过程中,发挥更大的作用,作出更大的贡献。

本市一九六〇年预算草案是根据上述任务、按照国家预算要求编制的。全年预算收入总数为一百十四亿四千二百万元,其中当年度收入一百十二亿八千六百万元,上年结余一亿五千六百万元;预算支出总数一百十四亿四千二百万元,其中地方支出二十亿零四千四百万元,上解支出九十三亿九千八百万元。

一九六〇年本市预算各类收入如下:

(一) 企业和事业收入七十九亿零八百万元,占当年收入的百分之七十点一,比上年增长百分之三十四点六。

(二) 各项税收三十亿零三千万元,占当年收入的百分之二十六点八,比上年增长百分之二十。

(三) 其他收入一千万元,占当年收入的百分之零点一,比上年减少百分之十七点八。

（四）地方自筹收入三亿三千八百万元，占当年收入的百分之三，比上年增长百分之一百八十二点二。

一九六〇年本市预算各类支出如下：

（一）经济建设费十亿零二千二百万元，占地方支出的百分之五十，比上年增长百分之十四。

（二）社会文教和科学费三亿七千六百万元，占地方支出的百分之十八点四，比上年增长百分之八十点九。

（三）行政管理费八千五百万元，占地方支出的百分之四点二，比上年增长百分之四点四。

（四）其他支出五百万元，占地方支出的百分之零点三，比上年减少百分之三十九点三。

（五）增拨银行信贷资金五亿四千四百万元，占地方支出的百分之二十六点六，比上年增长百分之十七点一。

（六）总预备费一千一百万元，占地方支出的百分之零点五。

（七）上解支出九十三亿九千八百万元，比上年增长百分之三十七点二。

现在就一九六〇年预算的安排，作以下几点说明：

（一）一九六〇年当年度预算收入比一九五九年增长百分之三十二点三，增加的绝对金额达二十七亿五千三百万元，比以往任何一年增加的绝对金额都大。全年预算支出比一九五九年增长百分之二十三点二，增加的绝对金额达三亿八千五百万元，也大于一九五九年支出增加数。这说明本市一九六〇年的预算是一个继续大跃进的预算。一九六〇年预算收支的增长同本市国民经济的继续增长是基本上适应的，是恰当的，同时在预算收入中百分之九十八以上来自企业交纳的利润和税收，因此也是充分可靠的，经过努力是可以超额完成的。

（二）一九六〇年预算支出中，用于各项基本建设的投资，共计十亿零二千四百万元（包括对华东各省的煤铁基地投资一亿七千五百万元，不包括中央单位投资和中央各部专案拨款一亿六千二百万元），比上年增加一亿七千三百万元，增长百分之二十点四，各部门用利润留成资金安排的基本建设还没有包括在内。为了满足本市工业生产继续跃进中对原材料的迫切需要，除了应该千方百计地节约原材料和寻找代用品以外，还要大力增加原材料生产，积极开展综合利用。今年在这方面投资新建的项目，有纯碱厂、钨钼丝车间、煤焦油精炼车间、综合利用石油气体生产聚苯乙烯车间等。在结合技术研究,积极发展高级、精密、尖端产品的投资方面,有发展高级电讯仪器设备的亚美电器厂、上海广播器材厂、电子管厂、仪表轴承厂,生产有色金属和高级合金的车间以及新建电子学、力学等研究所和科技大学工程等项目。为了适应生产飞速发展的需要,在动力工业、交通运输、城市建设等方面也作了相应的安排,主要有新建长桥镇水厂、新排煤气管道和为进一步改善市内运输而续建的中山环路工程等。在上述投资额中,用于对华东各省的煤铁基地投资是由于本市缺少固定的煤铁供应基地。这些基地建成以后,不但可以部分解决本市有关原材料的需要,而且可以加速这些地区的经济发展,有利于国家的社会主义建设。

此外,一九六〇年将新建一百五十万平方米的职工住宅,新建中小学校可增加学生七万七千人,并增添病床三千多张。在这些方面的投资额将比一九五九年增加一点一倍(包括企业自行建筑的职工住宅在内)。这样就在发展生产的同时,相应地满足人民日益增长的物质和文化生活的需要。

(三)为了进一步加强工农联盟,进一步巩固和发展人民公社,进一步推进农业的技术改造,一九六〇年本市郊区将新增拖拉机五百台,脱粒机械三千八百台,还准备新建小型化肥厂十一座、中型化肥厂两座,计划生产化肥二万五千九百吨,其他如机动船舶、载重汽车、机械化半机械化的农具,也比去年有较大的增加。这些方面所需要的资金,除了由人民公社本身积累中解决一部分外,国家将予以积极的支持。全年在农、林、水利等方面的支出达四千五百万元,比一九五九年增加百分之八十六点一;增拨支援人民公社的无息贷金一千一百万元,连同一九五九年已拨三千万元中结余的一千四百万元,本年度可以贷放的无息贷金有二千五百万元,比一九五九年实际贷放数增加百分之五十六点三。此外,人民银行还新增农贷和小型基本建设贷款二千余万元。所有这些,对促进农业生产的迅速发展,都将起很大的作用。

(四)在一九六〇年各类预算支出中,增长比例最大的是社会文教费支出,计增长百分之八十点九,其中又以科学支出增长四点七倍为最多。为了使上海能迅速地成为我国先进的科学研究中心之一,为了使我国能尽快地攀登世界科学技术的高峰,这方面的支出有更快的增长是完全必要的。今年本市将建立和健全各门各类的科学研究机构,增加研究人员,增添必要的仪器设备,并培养一支强大的又红又专的科学技术队伍。在文化教育卫生方面的支出比一九五九年增长百分之五十二点四。主要是为了迅速实现教学改革,提高教学质量,增添教学设备,并积极支持民办学校和业余学校。同时,要在二年内提前完成全国农业发展纲要所规定的除害灭病任务,大张旗鼓,大造声势,大搞爱国卫生运动,移风易俗,改造世界;并且还要进一步大力培养社会主义新文化的接班人,建立各项专业学校,普遍开展群众性的文艺活动。一九六〇年,社会文教经费在地方预算支出中的比重由上年的百分之十二点五增加到百分之十八点四。这些支出将有力地支持文化建设高潮的进一步增长。

从以上收支情况可以看出,一九六〇年本市财政预算是一个全面支持国民经济和科学文化继续大跃进的预算。这个预算的实现,将大大促进生产建设的大跃进,促进文教科学事业的飞速发展和人民物质文化生活的进一步提高。

(三) 为胜利实现本市一九六〇年财政预算而奋斗

各位代表,当前上海的形势和全国一样,是非常好,好得很。在党和政府的领导下,技术革新和技术革命运动正在巩固、推广、提高的基础上,继续沿着正确的科学的全民的轨道胜利前进。在这个伟大的革命运动中,工业生产战线一马当先,其他各条战线万马奔腾,郊区农业、交通运输、基本建设、财政贸易、文教卫生等部门以及街道、里弄,都在大搞技术革新,造成人人革新、事事革新、行行革新的局面。技术革新、技术革命运动是贯彻总路线的一个重要内容,是保证我国社会主义建设持续跃进的重要关键,运动的深入开展将促进生产的飞速高涨、劳动生产率的大大提高、产品成本和经营管理费用的不断降低。这样,就为实现本市一九六〇年的财政预算提供了极为有利的条件。我们必须充分利用当前极为良好的形势和有利的条件,加强党的领导,坚持政治挂帅,大搞群众运动,保证本市一九六〇年财政预算的胜利实现。

群众路线是党的根本的政治路线和组织路线,不仅革命斗争要大搞群众运动,经济建设也要大搞群众运动。我们的财政是人民的财政,收入要靠生产部门的广大群众去创造,支出要靠生产建设部门和事业单位的广大群众去使用。因此,财政金融部门必须继续加强政治、生产、群众三大观点,大搞内外结合的群众运动。组织广大干部积极深入生产,参与生产,为生产服务,充分运用财政金融部门联系面广的有利条件,采取"挂钩"、"搭桥"、"穿针引线"等办法,组织企业之间的协作和各部门、各企业之间的大规模协作,把本部门的群众运动和其他有关部门的群众运动紧密结合起来,依靠广大群众的力量,充分发挥财政金融部门在促进生产,保证需要,调剂分配,增加积累,支援建设等方面的作用。

在工商企业中,在展开增产节约运动的同时,要继续积极地开展群众性的经济核算运动,使它在已有成绩的基础上,不断巩固和发展。当前加强企业的经济核算,有着特别重要的意义,这是因为在生产建设的跃进过程中,职工群众最关心自己的劳动成果,他们需要及时地知道技术革新和技术革命的经济效果;另一方面,本市的财政预算收入占国家预算收入的百分之十五以上,而在本市预算收入中,又绝大部分来自企业积累,只要企业成本降低百分之一,就可以为国家增加积累约一亿八千万元。去年以来,各部门、各企业在党的领导下,广泛发动群众,大力推行了班组经济核算,取得了很大的成绩。现在,让群众自己直接掌握核算工具,促进生产,改善经营管理,已成为客观形势的迫切要求。上海冶炼厂的工人把核算比作自己的眼睛,他们说得好:"人没有眼睛,就要瞎摸,生产没有核算,就要瞎撞。"因此,各部门、各企业必须不断巩固和发展班组核算,特别是在技术革新、技术革命运动深入开展以后,按原来工艺流程的工序所组成的劳动组织发生了新的变化,班组核算的形式和内容必须随着这种变化及时地加以改进和调整,以便使企业管理工作进一步适应生产飞跃发展的客观要求,从而充分发挥班组核算在高产、优质、低耗、安全和提高劳动生产率方面的作用,为技术革新和技术革命的巩固、推广和提高服务。此外,还必须开展仓库核算,在清理仓库、挖掘潜力运动的基础上,加强原材料管理,认真执行"四有"制度(采购有计划,进料有验收,库存有记录,领退有手续),彻底做到账实相符,家底清楚,坚决克服呆滞积压、损失浪费等现象。

农村人民公社必须继续加强财务工作。公社财务工作不仅是一项经济工作,也是一项政治工作。这项工作的好坏,对正确处理国家、集体和社员三者之间的关系和人民公社的进一步巩固、发展,有着密切的关系。因此,人民公社在发展生产、开展多种经营的同时,必须积极加强财务工作,注意精打细算,核算产品成本,加强计划管理,合理使用资金,讲求经济效果,增加收入,增加积累,促进农业的技术改造和农业生产的迅速发展。人民公社各部门、各单位,必须全面建立和健全财务管理制度,做到记清账目,管好财产物资,反对铺张浪费,严守财政纪律,坚持民主办社,实行财务公开,并积极帮助社员安排好生活,更好地发挥人民公社在组织生产和组织社员生活中的作用。

目前,街道工业和集体福利事业正在迅速发展,为大办城市人民公社提供了有利条件。为了促进街道工业和各项事业的顺利发展,必须迅速地建立财务组织,加强领导,切实贯彻勤俭办企业和事业的方针,贯彻民主管理的原则,健全财务会计管理制度,加强经济核算;同时,大力配备和培训一支具有一定政治觉悟和业务水平的财务干部队伍,为今后城市人民公社的财务工作打下基础,以适应形势发展的需要。

为了进一步调动基本建设单位和文教事业单位中广大群众的积极性和创造性,更好地发挥资金的效果,在基本建设方面,必须积极推行投资包干的办法,多快好省地完成各项基本建设任务;在文教事业方面,应当根据各部门和各种开支不同的特点,采取不同的形式,进一步推广经费包干办法,达到用同样多的钱办更多更好的事业。

勤俭建国,勤俭办社,勤俭办一切企业、事业,这是我国社会主义建设的长期的基本的方针。毛主席教导我们:"要使我国富强起来,需要几十年艰苦奋斗的时间,其中包括执行厉行节约、反对浪费这样一个勤俭建国的方针。"我们必须克勤克俭,精打细算,反对贪污浪费,以便把更多的资金和物资投入国家建设中去。

各位代表,目前形势对实现本市一九六〇年财政预算是十分有利的。今年第一季度以来,工业生产和各条战线上实现了开门红,广大群众并且决心要实现月月红、全年红。今年本市第一季度工业平均日产值超过去年第四季度百分之四,历年来第一季度生产低于上年第四季度的常规已经打破。特别是中共上海市委工业会议以后,工农业生产战线与各条战线上的群众运动声势澎湃,捷报频传,形势发展真是一日千里,日新夜异,前景无限美好。今年四个月来,本市财政收支已分别完成预算草案的百分之三十二点三和百分之二十九。照以上这些情况看来,超额完成本年预算是具有充分条件的。当然,在胜利实现本市今年财政预算的过程中,不可能不碰到一些困难。但只要我们在党的领导下,坚持政治挂帅,更高地举起总路线、大跃进、人民公社三面红旗,奋勇前进,我们相信,本市一九六〇年的财政预算一定能够超额完成,本市的社会主义建设事业一定能够取得新的更大的胜利。

（《解放日报》1960 年 5 月 18 日）

关于上海市一九六〇年国民经济计划草案的报告

上海市副市长　曹荻秋

各位代表:

我代表上海市人民委员会提出关于上海市一九六〇年国民经济计划草案的报

告,请予审议。

一

一九五九年,上海人民在党和政府的领导下,坚持了社会主义建设总路线、大跃进和人民公社,开展了反右倾、鼓干劲、增产节约的群众运动,在各条战线上都取得了巨大的成绩,实现了国民经济的继续大跃进,提前三年完成了第二个五年计划的主要指标。这是毛泽东思想的伟大胜利,是党的社会主义建设总路线的伟大胜利,也是全市人民在党的领导下艰苦奋斗、辛勤劳动的伟大胜利。

一九五九年本市国民经济计划执行的结果,工业总产值达到二百四十五亿四千万元,超额百分之六点九完成国家计划,超额百分之二点三完成本市跃进计划,比刚解放的一九四九年增长六点九倍,比大跃进的一九五八年增长百分之四十三点三,比本市第二个五年计划原定一九六二年达到的产值水平超过百分之七点六。这一年不但全市工业总产值在一九五八年大跃进的基础上继续跃进,而且各个工业部门的产值都比一九五八年有很大的增长,实现了"满堂红"。特别是党的八届八中全会以后,由于增产节约运动的进一步开展,全市工人阶级的政治热情和劳动热情空前高涨,工业生产一天高一天,一旬高一旬,一月高一月,改变了过去月初松、月末紧、季初松、季末紧的现象,出现了均衡生产、节节上升的局面。

一九五九年主要产品产量,和一九五八年比较,都有很大的增长。其中,增长一倍以上的,有生铁、焦炭、矿山设备、起重设备、化工设备、直流电机、水泥、硫酸、农业用泵、化学农药等三十六种;增长百分之五十以上的,有钢、钢材、动力机械、民用船舶、交流电动机、变压器、烧碱、织布机等二十八种;增长百分之三十以上的有工业用泵、电力电缆、硝酸、汽车轮胎、缝纫机、纸及纸版、食用植物油等二十三种;增长百分之三十以下的,有重型机械、金属切削机床、锻压设备、棉纱、棉布等二十六种。

一九五九年本市工业生产,不仅产值、产量计划完成得好,而且各工业部门一般做到了高产、优质、低耗和安全生产。许多产品的质量都比一九五八年进一步提高,如钢材合格率经常保持在百分之九十九点七以上;棉纱标准品率从一九五八年的百分之九十三点四上升到百分之九十五点九;棉布一等品率从百分之九十三点一上升到百分之九十三点五。许多产品的原材料消耗定额显著降低,如每吨平炉钢消耗金属料比一九五八年降低百分之零点六,每吨水泥熟料耗用原煤降低百分之八点二;全年各工业企业共节约煤炭一百二十二万三千吨,节约电力二亿九千多万度。各工业部门可比产品成本比一九五八年下降百分之四点三,上缴利润比一九五八年增长百分之七十五以上。

经过一九五九年的继续大跃进,上海的工业结构进一步发生了变化。重工业在工业总产值中所占的比重由一九五八年的百分之四十五点六改变为百分之五十二点五,轻工业所占的比重由百分之二十一点九改变为百分之二十点七,纺织工业由百分之三十二点五改变为百分之二十六点八。在重工业优先发展的同时,轻纺工业的发展速度也相对地加快,一九五八年本市重工业的增长速度是轻纺工业的三倍,一九五九年已改变为二点六倍。同时,重工业内部的比例关系也更相适应,钢产量继续上升,进一步改变了炼钢能力小于轧钢能力的情况,机械制造工业比一九五八年猛增百分之八十以上,重型机械的比重继续增大,机电工业的配套能力也有很大提高。这些情况说明上海工业各部门之间以及各工业部门内部的比例关系都更加协调了。

经过一九五九年的继续大跃进,上海工业的技术水平进一步提高。这一年内,各工业部门试制成功的新产品和新花色品种数以万计,其中重要的有高级合金钢、高速工具钢、电阻合金、十二辊冷轧带钢轧机、二点五米卷扬机、一千二百吨水压机、五万千瓦新型汽轮发电设备、二十二万伏高压成套配电设备、十万倍电子显微镜等。在继续大跃进中,广大工人阶级和技术人员进一步掌握了新技术,如用真空浇铸生产了重达二十多吨的、制造大型发电机主轴的合金钢锭,用碱性转炉生产矽钢,利用超声波处理钢液,以及转炉不烘炉炼钢,冷拉叶片,静电喷漆等。大量新产品的试制成功和新技术的采用,标志着上海工业在向高级、精密、尖端产品方向发展方面前进了一大步。

一九五九年,不但工业生产超额完成了国家计划,国民经济其他各部门也都多快好省地完成和超额完成了国家计划,实现了全面大跃进。郊区农业总产值比一九五八年增长百分之十七点二。全年粮食总产量比一九五八年增长百分之十三点九,平均亩产量提前完成了全国农业发展纲要规定的指标。棉花由于播种面积比一九五八年减少了百分之二十二,皮棉总产量有所减少,但平均亩产量比一九五八年有显著提高。油菜籽总产量比一九五八年增长百分之五十九点八;蔬菜增长一倍以上;猪的年底存栏数增长百分之七十七点六,家禽全年饲养量增长五倍,淡水鱼放养量增长十一点八倍。由于农村经济全面发展,全年社员的平均收入比一九五八年增长百分之二十左右。郊区原有的穷队,经过一九五九年继续跃进,已有五分之三赶上富队和一般队的收入水平。在去年收益分配中，广大农民兴高采烈，到处呈现着一片欢腾气象。青浦县在分配后的几天内，城厢镇上所有毛主席像都被争购一空。上海县三林人民公社有个社员在分配时连放了三个大爆竹，他说："第一响拥护总路线，第二响拥护大跃进，第三响拥护人民公社"。这些情况极其生动地表达了郊区广大社员的欢乐心情。这一年基本建设完成投资额十二亿三千万元（其中地方预算投资八亿五千一百万元），超额完成国家计划，比一九五八年增长百分之二十六点八。交通运输各部门全面超额完成货运计划，铁路和港口货物运出入总量比一九五八年增长百分之四十一点五，市内陆上货运量增长百分之六十七点四，邮电业务量增长百分之三十七点九。全年市场商品购进和销售都比一九五八年增长，库存也有很大增加。社会商品零售额增长百分之十点三，超过了第一个五年计划期间平均每年增长百分之五点九的水平，其中，吃的增长百分之六点八，穿的增长百分之六点五，用的增长百分之十五，供应农副业生产资料增长百分之三十二点五。全年职工工资总额比一九五八年增长百分之七点二。对外贸易超额完成了收购和出口、进口任务，收购比一九五八年增长百分之九点三，出口比一九五八年增长百分之二十一点五。

在国民经济大跃进的同时，科学、教育、卫生、体育、文化、艺术等事业也得到了大发展。科学研究机构和高等学校、生产部门的配合协作进一步加强，这三个方面在一九五九年内完成的研究项目比一九五八年增长百分之五十以上。各级各类学校在校学生数比一九五八年增加十万多人，教师增加一万二千多人。为了适应工业生产向高精尖发展，一年内新成立了十一所高等学校，其中有八所是工业性专科学校。工农业余教育发展很快，参加业余学校学习的人数达一百三十多万人，比一九五八年增长百分之九。幼儿保健教育也有很大发展，全市幼儿园、托儿所增加到二万六千多个，进入幼儿园、托儿所的儿童达六十五万四千多人，占全市学龄前儿童总数的三分之一。以除害灭病为中心的爱国卫生运动取得很大成绩，市民的医疗条件进一步改善，群众性的体育活动蓬勃发展，新闻、出版、广播、电影、戏剧、音乐等文化艺术事业空前繁荣。所有这些，都大大丰富了人民的文化生活，进一步提高了人民的文化生活水平。

随着国民经济的大跃进和科学文教事业的大发展，广大职工和各界人民的精神面貌进一步起了深刻的变化，资产阶级世界观和资产阶级学术思想进一步受到批判，共产主义思想和共产主义风格大大发扬。

一九五九年，我们所以能够在一九五八年大跃进的基础上取得更好更全面的

跃进,主要是由于坚持了党的社会主义建设总路线,坚持了反右倾、鼓干劲。党的社会主义建设总路线是党中央和毛主席把马克思列宁主义的普遍真理同我国革命和建设的具体实践相结合的伟大的创造;它既集中地反映了我国人民要求迅速改变"一穷二白"的状况、尽快地把我国建成为一个强大的社会主义国家的强烈愿望,又确切地反映了社会主义制度的优越性和社会主义经济高速度、按比例发展的必然规律,全面地充分地发挥了人民群众的主观能动作用。一九五九年一开始,中共上海市委召开了工业会议,总结了一九五八年大跃进的经验,提出了一九五九年实现更好更全面跃进的任务,大大鼓舞了全市人民的干劲。特别是反右倾、鼓干劲、厉行增产节约的群众运动开展以后,广大干部和群众更加精神振奋,干劲冲天,生产直线上升,保证了国家计划和本市跃进计划的提前超额完成。事实证明,坚持总路线,反透右倾保守思想,就一定可以轰轰烈烈、生气蓬勃地把生产和工作做得多快好省,不断跃进;如果离开了总路线,就只能是冷冷清清,少慢差费,远远落后于形势。

群众路线是我们党进行一切工作的根本路线,大搞群众运动是贯彻执行总路线的根本方法。一九五九年,我们在各条战线上继续充分发动群众,大搞群众运动。全年通过树立标兵、开展红旗竞赛,力争高产、优质,战高温、夺高产,大干八九两月、迎接建国十周年,反右倾、鼓干劲,以及召开全市群英大会,参加全国群英大会,开展比学赶帮等一系列的运动,一浪接一浪,一浪高一浪地掀起了群众性的增产节约高潮。去年某些原材料供应暂时不足,造成生产上一定的困难,我们大抓物资调度,发动群众大搞清仓调剂,一手抓群众运动,一手抓物资,因而克服了困难,使生产不断上升。在增产节约高潮中,广大职工敢想敢说敢做,越来越多的人解放思想,破除迷信,大胆革新创造,同时,纷纷提出"把困难留给自己,把方便送给别人"的口号,发扬了共产主义的协作精神。全年职工提出的革新建议共达一百五十四万多件,其中工业职工提出的革新建议实现的件数比一九五八年增加二倍以上。由于增产节约运动的广泛开展,工业企业的全员劳动生产率比一九五八年提高百分之三十四点五。事实证明,大搞群众运动,不断激发工人群众的劳动热情,是推动生产持续跃进最积极、最重要的因素;我们要贯彻执行总路线,就必须坚持大搞群众运动。

一九五九年,我们继续发扬整风精神,坚持干部参加体力劳动、工人参加企业管理,改革不合理的规章制度,从而不断改善了领导和被领导的关系,改进了企业的经营管理,更大地调动起干部和群众的积极性和创造性,保证了生产的继续大跃进。

总路线、大跃进、人民公社是毛泽东思想的产物,是我国社会主义建设时期的三大法宝。经过一九五八年和一九五九年连续大跃进,毛泽东思想更加深入人心,总路线的完全正确、大跃进的发展速度和人民公社的优越性为越来越多的人所信服。可以断言,只要我们继续认真地学习毛泽东思想,坚持总路线、大跃进和人民公社,我们就一定可以完成党和国家交给我们的任务,不断从胜利走向胜利。

二

经过一九五八年和一九五九年连续大跃进,我国社会主义建设已经进入了持续跃进的新阶段。由于我们用两年的时间提前三年完成了第二个五年计划,这就大大加快了社会主义建设的进程,并在政治思想和物质技术上,为今后的持续跃进奠定了坚实基础。党号召我们,要争取用比十年更少的时间在主要工业产品产量方面赶上和超过英国,提前两年或者三年实现一九五六年到一九六七年全国农业发展纲要,并争取在比较短的时间内,实现十二年科学技术规划,尽快地把我国建设成为一个具有高度发展的现代工业、现代农业、现代科学文化的社会主义强国。上海是我国老工业基地之一,在加速社会主义建设的过程中,担负着极其光荣的任务。我们不但要完成和超额完成国家计划,而且要积极发展高级、精密、尖端产品,力争产品质量都达到第一流水平;要大大提高劳动生产率,不但做到增产不增人,而且要节约更多的劳动力;要千方百计节约和综合利用原材料,发展多种经营,充分利用上海本地海陆空一切有用的资源,创造出更多的新材料;还要大力发展农业生产,积极促进农业的技术改造;抓紧必要的基本建设,积极解决工业生产、交通运输方面的薄弱环节,有步骤地加强城市的改造和建设;大搞科学研究的群众运动,普遍提高群众的技术水平,更好地组织各方面的大协作,努力攀登科学技术高峰;要大搞文化革命,大办业余教育,努力满足工人群众学文化、学技术的迫切需要,使工人阶级的科学技术队伍迅速壮大起来;同时,在生产继续跃进的基础上,适当提高人民的物质文化生活水平。

根据以上主要任务,我们对工业、农业以及国民经济其他各部门一九六〇年的发展计划,初步作了以下安排:

一、工业

一九六〇年上海的工业生产,继续贯彻执行以钢为纲、全面跃进的方针,初步安排一九六〇年全市工业总产值达到三百五十五亿八千万元，比一九五九年增长百分之四十五。主要工业产品产量比一九五九年也有很大的增长。计划安排钢的产量为二百五十万吨，比一九五九年增长百分之三十八点一；钢材二百五十万吨，增长百分之六十七点六；重型机械十七万九千三百吨，增长百分之二十七点九；汽轮发电机一百五十万千瓦，增长百分之七十五点七；发电量六十三亿度，增长百分之五十；硫酸十一万四千吨，增长百分之七十三点五；手表六十五万只，增长七点七倍。

一九六〇年工业生产的各项具体任务和要求是：

（一）积极发展高级、精密、尖端产品，力争产品质量达到第一流水平，进一步改变上海工业生产面貌，更好地发挥上海在国家社会主义建设中的作用。

一九六〇年计划安排生产各种新产品一万六千种以上，各有关部门要特别注意研究试制对国民经济发展具有重要意义的尖端产品，力求补足空白、缺门，成批投入生产，迅速占领高精尖阵地。钢铁工业要进一步扩大钢材品种，要求比一九五九年增加近一倍。机电工业要积极发展高压、高真空、超低温机械设备和耐高温、超高频的无线电元件、半导体元件和机电设备，并发展重型和精密机械。化学工业在大力增产三酸二碱等基本化工原料的同时，要重点发展合成橡胶、高级塑料、高效农药和各种化学试剂、溶剂。轻、纺工业除了继续生产一般日用品外，要努力发展高级产品。轻工业要生产高级光学玻璃、高级照相机和手表、五彩胶卷等；纺织工业要进一步提高精梳织物的比重，生产防缩防皱防污的高级棉布、透明花布、精纺毛织品和耐高温耐腐蚀的各种工业用织物。今年试制高精尖产品的计划，一定要保证实现。同时，还必须不断对老产品进行改革和提高，力争在质量上、技术上都达到第一流水平，并在降低原材料消耗定额、降低成本等方面，做出更大成绩。

（二）继续发展国家需要而本市又有条件生产的原材料。随着生产能力的迅速提高，各方面对原材料的需要相应地增大。增加原材料供应的基本方针是自力更生，增产节约，把所有原材料都充分利用起来，特别要迅速发展高精尖产品和科学研究所需要的新技术材料。一九六〇年本市钢、钢材、生铁、硫酸、烧碱、水泥、焦炭等重要原材料的产量都比一九五九年有较大的增长，并计划生产大批新材料。发展原材料生产必须贯彻土洋并举、以土为主的方针，大搞小土群、小洋群。经验证明，小土群、小洋群能够最广泛地动员群众，最充分地利用资源，最大限度地实行自力更生的原则，是加强原材料生产上薄弱环节的有力武器，是多快好省地增加原材料生产的道路。此外，我们还准备与各省广泛协作，大搞各种原材料基地。从长远来看,建立各种原材料基地,既可以解决部分原材料的供应,也可以促进有关地区的经济发展。

(三)在继续增产原材料的同时,必须大力开展物资的综合利用。这是衡量工业技术水平的重要标志之一,也是社会主义建设的一项重要技术政策。上海是一个综合性的工业基地,具有一定的技术力量和技术水平,同时对各种物资的需要量较大。一九五八年大跃进以来,各部门对物资的综合利用做了不少工作,取得了一定的成绩。如泰山化工厂过去使用一百吨原料,只生产十吨糖精,其余都成为废气废液废渣,现在大搞综合利用,不仅可以生产十吨糖精,而且可以出产七十吨副产品。目前,综合利用资源的范围还不够广,今后要求凡是已经进行综合利用的物资,要继续扩大利用范围,扩大品种;凡是可以综合利用而没有综合利用的物资,要迅速进行试验研究,充分利用起来。

在全面大搞各种物资的综合利用中,要特别注意煤炭、木材、石油和石油气、天然气、污水、污泥、工业废料等的综合利用。煤炭的综合利用以炼焦工业的高温干馏和火力发电用煤的低温干馏为主,将煤焦油加以分析利用,并迅速实现煤气化。木材要求全年综合利用废料二十万吨,比一九五九年提高三倍。石油气要求全年利用七千吨,天然气采气量要求达到一亿立方米左右,争取全市百分之五的生产单位和公共福利事业用天然气代替燃料。污水污泥的充分利用,不仅有利于生产的发展,而且可以改善环境卫生,并为澄清苏州河创造条件,今年必须大力进行。此外,钢渣、水产品、农副产品等方面的综合利用也要积极开展。

资源综合利用是一项综合性的任务,各有关部门都要把这一工作迅速抓起来,加强领导,统一规划,注意总结和推广先进经验,特别是要广泛发动群众,造成声势,进一步掀起一个大搞物资综合利用的群众运动。同时,必须继续加强节约代用,进一步开展清仓调剂,使物资能各尽其用,供应急需。

(四)大力支援街道工业的发展,为建立城市人民公社打下基础。近两年来,上海的街道工业有了很大发展,大大地解放了社会生产力,已成为工业战线上的一支重要的新生力量;同时,也大大提高了城市居民从生产到生活上的组织程度。目前全市参加街道工业生产的里弄居民已有二十四万多人,预计今后还会有新的发展。发展街道工业必须继续贯彻因地制宜、就地取材、自力更生、勤俭办企业的方针,为大工业、为农业、为人民生活服务。生产的主要方向,应该是充分利用大厂不用的或用不了的各种废料、边料、下脚等,大搞综合利用,挖掘物资潜力,做到变无用为有用,一用为多用,小用为大用。

街道工业是城市人民公社的基础,是大工业的有力助手,各工厂企业都要大力支援街道工业的发展。凡工厂不用或用不了的废料下脚,可以由街道工业充分利用;有些工厂产品已向高精尖方向发展,原来生产过程比较简单的一般产品和生产技术比较简单的部件、零件、配件,可以交给街道工业生产或加工。各工厂企业还要动员和组织老工人和技术人员下里弄进行技术支援,帮助街道工业培训技术力量,提高生产技术水平。工厂企业多余的或更新后不用的设备,可以支援一部分给街道工业。这样就可以使工业生产战线上的这一支生力军更快地壮大起来,为上海城市人民公社化奠定坚实的基础。

(五)大大提高劳动生产率,适当改善职工物质文化生活。劳动工资工作必须更好地组织和调动职工群众的劳动积极性,坚决贯彻执行不断提高劳动生产率、增产不增人、增产节约人的方针。一九六〇年计划要求工业全员劳动生产率比去年提高百分之四十五以上。老企业不仅要做到增产不增人,而且要大大节约劳动力,把节约出来的劳动力,一部分用以支援原材料基地,一部分用在市内调剂。所有的工厂企业都要把技术革新和技术革命的成果,在提高劳动生产率和节约劳动力方面充分反映出来。随着技术革新和技术革命运动的发展,在劳动工资工作方面出现了一些新的情况和问题。必须进一步加强劳动组织工作,积极提高工人的技术水平,促进技术革新和技术革命运动的进一步发展。同时,要加强劳动保护,保证安全生产。在职工工资福利方面,必须贯彻执行政治思想教育与物质鼓励相结合的方针,贯彻执行增加集体福利与增加个人收入相结合而逐步提高集体福利比重的原则。一九六〇年职工平均工资将有所提高,职工的物质文化生活将进一步改善。

二、农业

一九六〇年上海农村人民公社必须继续贯彻执行工业和农业同时并举、商品性生产和自给性生产同时并举的方针,开展农林牧副渔的全线大革命,争取农村各项工作的全面大发展。

农业是国民经济的基础,农业生产必须继续贯彻执行以粮为纲、全面发展的方针。一九六〇年计划安排,粮食总产量比一九五九年增长百分之十三,棉花总产量增长百分之十,油菜籽总产量增长百分之五十,蔬菜、麻、丝、糖、果、药等生产也要求有进一步的发展。为了保证一九六〇年农业生产任务的胜利实现,必须实行多种多收和高产多收相结合的方针,全面地、有重点地、因地制宜地贯彻执行农业"八字宪法",总结和推广适合郊区农业生产的先进经验,大力提高单位面积产量,保证全面大丰收。在畜牧业方面,继续贯彻执行以猪为首、六畜兴旺的生产方针。一九六〇年计划生猪饲养量比一九五九年约增长一倍半,力争实现一亩地一头猪;同时大量发展家禽、羊、兔、蜂、蚕、奶牛等生产,大力发展水产。

县、社工业应当在国家计划指导下,继续贯彻执行因地制宜、就地取材、自力更生、勤俭办企业的方针,充分地综合利用当地原材料,发展农副产品加工,积极发展小型农具、改良农具和半机械化农具的制造、修配和建筑材料的生产,贯彻为农业生产、为大工业、为市场和社员生活服务的原则。计划要求一九六〇年县、社工业的产值比一九五九年增长一倍以上。

为了保证一九六〇年上海农村各项任务的胜利实现,必须进一步巩固和发展农村人民公社,从各方面发挥人民公社的优越性;必须采取机械化和半机械化同时并举、土洋并举、以土为主的方针,发动全郊区的广大农民大搞改良农具和工具的技术革新。全市国民经济各部门都要以积极支援农业的技术改造为自己的光荣任务,进一步加强对农业的支援,逐步把人民公社从技术上装备起来,促进农业生产更大的跃进。工业部门在这一方面担负着特别重要的任务,必须生产更多的农业机械、半机械化的农具、发电设备、化肥农药等产品,供应农业不断跃进的需要。

今年计划支援郊区农田排灌机械电动机一万五千匹马力,基本上实现排灌机电化;支援三十五匹马力的拖拉机五百台、手扶耕耘机七百台;供应化肥九万吨、农药九千吨,使每亩播种面积的化肥施用量比去年略有提高,农药由一点一斤提高为一点八六斤,增长百分之六十九。此外,并提供郊区机动脱谷机、青饲料切割机、粉碎机、三轮卡车以及其他农副产品加工机械等。

工业部门除了生产更多的生产资料支援农业外,还要组织城市技术力量,有计划、有目的地支援农业进行技术改造,必须继续采取区县挂钩、厂社挂钩、厂厂挂钩等办法,协助郊区大办公社工业,全面支援农村的技术革新和技术革命运动,使农林牧副渔的生产工具配套成龙,并帮助培训技术力量。

三、交通运输

适应工农业生产发展的需要,大力发展交通运输业,是一九六〇年发展国民经济的一项重要任务。交通运输必须继续贯彻执行为工农业生产服务的方针,积极促进工业、农业、基本建设和其他各项事业的持续跃进。一九六〇年计划铁路货运量比一九五九年增长百分之五十左右,港口吞吐量增长百分之四十左右,市内货运量增长百分之五十左右,邮电业务量增长百分之二十左右。今年的运输任务是繁重的。交通运输部门一定要做到铁路日卸二千辆不堵塞,日装一千辆不积压;港口每日吞吐二十五万吨能够保持畅通；市内货运在高峰期间日运四十万吨；郊区力争每月运量达到一百六十万吨。

为了完成上述任务，首先要继续大搞技术革新和技术革命，大力巩固、推广、提高现有技术革命的成果，进一步提高装卸机械化、半机械化的程度，实现邮电通讯多路化、自动化，以大大提高劳动生产率和运输通讯效率。其次，积极改善运输和通讯的组织工作，研究和推广"线性规划"，努力减少运输的中转层次，坚持合理运输，千方百计地压缩车船在站停港停留时间，挖掘现有运输设备的潜力。所有工厂企业在抓生产的同时，要重视和关心运输工作，搞好厂内运输，并与厂外运输很好配合起来，做到紧密衔接，避免脱节。第三，抓紧进行基本建设。铁路三线（南翔—新桥，彭浦—上钢五厂，吴泾—周家渡）、二场（新桥、南翔编组场）工程，必须加强领导，狠抓进度，保证按时完成。张华浜和日晖港泊位的修建工程要加速施工，争取及早建成。第四，继续大搞"一条龙"大协作，进一步打破企业和地区间的界限，把与运输、通讯有关的部门组织起来，密切配合，互相支援。第五，为了彻底解决薄弱环节，还应在当前需要与长远规划相结合的原则下，积极规划和抓紧进行车站、码头等的总体改造，加速设备现代化的进程。

四、基本建设

一九六〇年基本建设计划，初步拟定投资额为十亿零一千一百万元（其中包括中央单位投资和中央有关部专案拨款一亿六千二百万元，不包括本市在外省的原材料基地投资一亿七千五百万元）。各部门投资的分配如下：工业占总投资额百分之五十八点四，农林水利占百分之四点五，交通邮电占百分之九点七，城市建设占百分之十七点九，文教卫生占百分之七，其他占百分之二点五。

一九六〇年基本建设的主要任务是保证工农业生产继续跃进和工业、科学迅速向高级、精密、尖端方向发展，填补工业和科学研究中的缺门以及加强某些薄弱环节。在一九六〇年建设项目中，用于加强科学研究、发展高精尖产品、填补缺门和加强薄弱环节的投资，占总投资额的百分之五十三点二；用于增加原材料生产和物资综合利用的投资，占百分之十点二。在投资安排中，除了必要的限额以上项目外，对于积极发展小洋群和小土群项目也作了安排。

城市建设必须贯彻执行逐步改造旧市区、严格控制近郊工业区规模的继续扩大、有计划地辟建卫星城市的方针；并根据这一方针，进一步作好规划，以较快的速度改变原来的城市面貌。那些工厂应该迁建，那些应该就地改建，必须认真加以分析研究，通盘考虑，反对贪大贪新，不愿就地改建的思想。此外，还要加强住宅建设和农村建设。

要胜利完成今年的基本建设计划,必须坚持缩短战线、分批分期进行建设、迅速发挥投资效果的原则,以更快的速度保证重点工程按时或提前建成投入生产或交付使用。同时,使一般工程有计划地分批分期完成。建筑安装部门必须重视质量,积极采取措施,力争工程质量全部达到第一流水平。

五、商业

今年由于生产发展,产品增多,社会购买力继续提高,市场情况必然更加繁荣。商业部门要全面地组织和安排好市场,大力支持工农业生产发展,积极组织城乡人民经济生活,努力完成和超额完成工业品、农副产品的收购和调拨供应任务,进一步为生产和城乡人民生活需要服务。

一九六〇年社会商品零售总额计划为三十五亿二千万元,比一九五九年增长百分之十三点五。

在工农业生产发展的基础上,扩大商品货源,是安排好市场的物质基础。商业部门要积极做好工业品和农副产品的收购工作。在工业品收购工作中,要做到多生产、多收购、多供应,更多地生产、更多地收购、更多地供应,并积极推广工商结合、产销结合、上下结合的先进经验。在农副产品收购工作中,一方面要保证完成收购任务,另一方面又必须注意安排好公社社员的生活需要。在生产资料的供应方面,必须大力支持和促进工农业生产发展,进一步协助工业部门扩大原料来源,增加生产,认真做好农业生产资料的供应工作,保证不误农时。同时,发挥商业部门的技术能力,推广技术下乡,大力支援郊区农业技术改造;还要做好饲料分配工作,帮助人民公社扩大饲料来源和饲料加工能力,指导饲料收集、保管,努力促进以养猪为中心的畜牧业大发展。

为了更好地便利消费,合理分配产品,满足各方需要,商业部门必须不断提高服务水平,改进供应方法,合理调整商业网,扩大修配业务,发扬经营特色,千方百计地满足消费者的需要。今年商品供应总量虽然有很大增长,但是还有少数商品,主要是少数副食品生产的增长赶不上人民消费需要的增长。商业部门除了积极组织货源,加强合理分配以外,还要大力开展宣传教育工作,争取各有关方面和市民群众的支持配合,共同做好市场安排和商品供应工作。

上海是全国主要的对外贸易口岸之一,今年上海对外贸易的收购、出口和进口任务都比去年有所增长,必须认真贯彻执行国家的对外贸易政策,按质、按量、按时地完成各项对外贸易任务。

六、科学研究和文教卫生事业

工农业生产的持续跃进和技术革新、技术革命的伟大实践,对科学研究和文教卫生工作提出了更高更广泛的要求。科学研究和文教卫生部门必须继续大搞群众运动,以最快的速度和最大的干劲,掀起科学文化建设高潮。

科学技术研究工作必须与工农业生产更加紧密地结合。对技术革新、技术革命运动中所涌现出来的带有方向性的新技术、新工艺,应该认真总结,找出理论根据,为巩固、推广、提高工作服务;要研究试制各种高精尖的新产品,使主要产品在技术上跃登世界先进行列;要进行地下和近海资源的调查勘探和开发利用,解决物资综合利用中的技术问题。

随着科学技术的发展和研究领域的扩大,必须积极建设一批新的研究机构,在较短时间内把上海建设成为比较完整的先进的科学研究中心之一,建立起一支又红又专的科学研究队伍。较大的工厂、企业和各县、区、人民公社应该根据新技术应用和新产品试制的需要,广泛建立简易中心试验站或研究室,补充必要的设备和仪器,以满足科学研究工作的需要。在大力发展工业科学和尖端技术的同时,必须十分重视基本理论的研究工作,积极发展新学科,创造新理论。

为适应广大职工群众学科学的需要,要进一步开展群众性的科学技术活动。目前许多工厂、公社和学校已建立了大量的群众性的科学研究组织,开展研究活动,这是一个全民性的大搞科学技术的好形势,应该使它有进一步的发展和提高。

教育事业必须继续贯彻党的教育为无产阶级政治服务、教育和生产劳动相结合的方针,贯彻全日制教育和业余教育同时并举、成人教育和儿童教育同时并举的方针,深入教育革命,既要大发展、大普及,又要大提高。

一九六〇年本市的教育事业需要在原有基础上进一步发展,新建一批全日制学校,扩大招生规模。计划拟定,高等学校招生二万八千五百人,比一九五九年增长百分之七十七左右;中等专业学校招生三万多人,增长百分之六十一左右;高中招生五万人,增长百分之三十九以上;同时继续普及小学和初中教育,初中招生十五万人,比一九五九年增长百分之四十三以上,小学招生三十二万人,增长百分之二十五以上。业余教育方面,今年要完成扫盲任务,同时,开始在工农群众中普及初等教育,大办业余中等专业学校和业余高等学校,全年将有二百二十万人左右进入各级各类业余学校学习。今年新办的一批全日制学校,除国家办的以外,高等学校和中等专业学校的一部分将由各业务部门负责筹建,一部分中小学将由工厂、公社、机关筹建。随着各级各类学校的发展,必须相应地培养师资。为了进一步解放妇女,必须大力加强幼儿保健教育工作,继续发动工厂、企业、人民公社和机关、团体、部队多快好省地大办哺乳室、托儿所、幼儿园。同时,要加强保健教育人员的训练培养工作,不断提高保健教育工作质量,使儿童比在家里生活得好,教育得好。

本市各级学校还必须在过去教育革命取得成绩的基础上,不断革命,以马克思列宁主义、毛泽东思想为指导,坚决地、有步骤地对教学体系、教学内容、教学万法和教学制度从根本上进行改革。全日制中小学应该根据适当缩短年限,适当提高程度,适当控制学时,适当增加劳动的要求,扩大试验规模,以便摸索和积累教学改革的经验,为今后逐步分期分批实现全日制中小学的学制改革创造条件。高等学校在大搞群众运动开展教学革命的同时,要大力开展科学研究工作,特别是尖端科学的研究,努力攀登科学高峰,并且积极参加当前工农业战线上蓬蓬勃勃的技术革新、技术革命运动和实际斗争,以进一步贯彻党的教育方针,加强理论联系实际。

文化艺术要继续发展群众文艺运动,根据业余、自愿和群众需要相结合的原则,进一步普遍开展工厂、农村、学校、里弄的群众业余文艺活动,特别是要加强农村的文化工作。文艺创作要热情反映劳动人民的生活和斗争,表现工农群众改造世界、创造社会主义新生活的冲天干劲和英雄气概,以不断鼓舞群众的政治热情和生产积极性,促进工农业生产大跃进。在电影方面,要摄制更多更好的影片来满足广大人民日益高涨的文化生活需要。一九六〇年计划摄制故事片二十六部,并发展农村的电影放映网和幻灯放映工作,要求今年年内基本上做到每个人民公社建立一个放映单位。在出版方面,要积极配合理论战线和思想战线上的重大任务,以总路线、大跃进、人民公社为中心,出版和供应宣传毛泽东思想的书刊和为工农业大跃进、科学文化大发展服务的技术图书。此外,必须进一步发展广播事业。

卫生事业必须进一步大搞群众运动,更加广泛、深入、持久地开展以除害灭病为中心的爱国卫生运动,在年内做出显著的成绩,使上海成为环境清洁,人人大讲卫生的城市。同时,进一步提高医疗质量和服务质量,大搞科学研究,大闹技术革命,攀登医学科学高峰,创立新医学派,做好中西医的团结工作,实现卫生工作的全面跃进。一九六〇年计划发展医院病床三千多张,并且要大力发展简易病床,加强农村医疗预防工作,积极支援农业生产。

体育工作要继续贯彻执行普及与提高相结合的方针,密切结合生产、工作和学习,大搞群众性体育运动和国防体育运动,以进一步增进人民健康,更好地为生产建设和国防建设服务。

各位代表,本市一九六〇年的国民经济计划,是既积极又可靠的计划,是更好更全面地继续跃进的计划。只要我们坚持不懈地努力,这个计划是一定可以完成和超额完成的。

三

六十年代的第一个春天,对于我们说来,的确是"春色满园,万紫千红"。上海和全国各地一样,今年一开始,一个以机械化、半机械化、自动化、半自动化为中心的技术革新、技术革命运动,就在全市范围内广泛展开,广大职工意气风发,敢想敢做,革新创举,层出不穷;各行各业互相协作,互相支援,比、学、赶、帮形成热潮,推动了生产力的迅速发展,取得了今年年初开门红、月月红、全面红的巨大胜利。第一季度本市工业生产完成的情况很好,全市工业总产值超额完成季计划百分之三点七,平均日产值比去年第四季度增长百分之四,胜利实现了中央和市委提出的第一季度生产不低于去年第四季度水平的号召。在主要产品产量、质量、试制新产品、节约和综合利用原材料、提高劳动生产率等方面,也都有很大成绩。在工业生产跃进的同时,基本建设、交通运输、郊区农业、财政贸易和科学研究、文教卫生事业,都有了很快的发展。第一季度任务完成得好,实现了开门红、月月红,就为完成全年任务打下了基础,为争取季季红、红到底,创造了有利的条件。自从中共上海市委召开工业会议以来,全市工业生产的大好形势又有了进一步的发展。技术革新、技术革命运动的内容愈来愈丰富,机械化、半机械化、自动化、半自动化的程度进一步提高,并且已经大大超出了"四化"的范围,创造了许许多多的新工艺、新技术、新产品和新材料。特别是在运动发展过程中,我们找到了一条多快好省地发展技术革命的道路,沿着这条道路前进,就可以迅速攀登现代科学技术高峰,大大提高社会生产力,加速社会主义建设的步伐。

在当前的大好形势下,为了实现今年更好更全面的继续跃进,必须巩固、推广、提高各方面技术革命的成就,把技术革命运动的成果充分地反映到生产上来。凡是行之有效,本身已比较完善的革新成果,要迅速推广。应当把运动中涌现出来的新工艺、新技术,加以排队,属于有普遍意义的,在全市范围内组织推广,属于行业性的,在本行业中组织推广。在推广过程中,一个厂在技术上或者设备制造上有困难,就要组织厂与厂之间的协作和支持。有些革新项目还不完善的,要逐步做到完善。对于性能规格还不能完全适应生产要求的部分新设备,要集中广大职工群众的智慧,采取领导人员、工人和技术人员三结合的方式,积极加以改进。对于已经试验成功的新产品、新技术、新工艺、新设备，要进行技术鉴定、选型、定型、配套成龙，普遍地使单项的技术革新发展成为成套的技术革新，使各个企业、各个行业、各个部门的技术革新互相配合，形成系统，并加强协作，互相推动，互相促进。在巩固、推广的基础上，要进一步加以提高，采取群众与专业机关相结合的办法，动员科学研究机关、大专学校、工厂的技术人员，把运动中涌现出来的新产品、新技术、新工艺、新设备，分门别类从理论上加以研究总结，使技术革新和技术革命运动在普及的基础上不断提高，在提高的指导下继续普及，不断把运动推向更广、更深、更高的阶段。

在继续大闹技术革命和进一步开展巩固、推广、提高工作中，都必须坚持土洋结合、以土为主的方针。所谓土法，是从有丰富生产经验的群众中来的，是土生土长的，是切合生产实际的独创的办法，因而它往往是先进的、科学的、有强大生命力的，有些甚至远远超过洋办法，产生意想不到的巨大经济效果。因此，必须满腔热情地对待土办法，坚持贯彻土洋结合，以土为主，继续让土办法大显威风。

技术革命运动的开展，促进了生产能力的迅速高涨，对原材料的需要相应增大，这就可能出现部分原材料供应不能完全适应生产增长需要的矛盾。现在广大职工纷纷提出了"向技术革命要原材料"的口号，许多企业通过改进产品设计，改进工艺等办法，已经使新产品用料只等于老产品的几分之一甚至几十分之一。事实证明，这方面的潜力很大，只要我们充分发动群众，依靠群众，深入挖掘，大力节约代用原材料，做好综合利用工作，某些原材料不足的困难是完全可以解决的。

随着技术革新、技术革命运动的深入发展，上层建筑与经济基础之间、生产关系与生产力之间已经出现一些新问题、新矛盾，在企业内部和企业与企业、行业与行业之间，也出现了一些新的不平衡。对于这些新问题、新矛盾、新的不平衡，要把它们看做是革命大风暴中必然会发生的现象，是推动运动不断前进的动力。应该采取积极态度，大抓薄弱环节，组织新的平衡，推动先进部门帮助落后部门，保证整个企业、整个行业的全面跃进。同时，相应地修订工时定额、经济指标，确定新的技术革命目标，及时地建立新的工艺操作制度和设备检修制度，保证生产的持续跃进。对于生产组织和劳动组织，也要作合理的调整。

总之，我们一定要以不断革命的精神，大抓巩固、推广、提高工作，继续深入开展技术革命运动，充分挖掘企业潜在力量，不断提高劳动生产率，力争实现"一个人顶几个人用，一份材料顶几份材料用，一个厂顶几个厂用，一件产品顶几件产品用"的奋斗目标。

由于大跃进形势的发展，大量培养又红又专的工人阶级知识分子，迅速壮大工人阶级技术队伍，已经成为当前一项迫切的政治任务。培养工人阶级知识分子的方法，一方面是在生产实践中锻炼，并把他们选拔出来，最近市人民委员会决定提拔了一批工人当工程师，就是这方面的一个措施，今后还必须继续从工人阶级队伍中，选拔出各种科学技术人才；另一方面，要采取有力措施，通过边生产、边学习的办法，有计划地大量培养工人阶级的知识分子。因此，必须加速文化革命和教育革命的进程，继续大闹文化革命，大办职工业余教育。凡是已经办起来的职工业余学校，都要在现有基础上巩固提高，并扩大名额，逐步把本单位有条件学习的职工统统组织起来学习。凡是有条件单独举办而没有办起来的，都要迅速办起来；没有条件单独举办的，也要和其他单位联合举办；既要办小学、中学，又要办专科以至大学；在学习内容上，既要学文化，又要学技术。总之要迅速掀起一个大办职工业余教育的群众运动，加速实现工农群众知识化。同时，也要注意促进知识分子劳动化，充分发挥现有知识分子的积极作用，加强思想领导，帮助他们在实际斗争中不断锻炼提高。

当前，一个波澜壮阔的城市人民公社运动正在全国范围内蓬勃发展。上海和各地一样，也要大办城市人民公社。这是我国社会主义建设加速发展的必然趋势，也是广大劳动人民的迫切要求。对于这样一个新生事物，我们都要采取十分积极、十分热情的态度，欢迎它的诞生，促进它的成长。上海的城市人民公社要以组织和发展街道工业为基础，在此基础上大办集体福利事业和文化教育、生活服务等事业，在条件成熟时，分期分批地建立。由于上海人口集中，情况复杂，各阶层的思想觉悟、经济收入、生活水平和生活习惯有一定差别，对成立城市人民公社的要求不尽一致，有些人生活习惯的改变，还需要有一个较长的过程，同时，要把全市人民的集体福利和生活服务办得更多更好，也还需要一个相当的过程。因此，我们组织城市人民公社，应该贯彻执行党中央的方针政策，既要积极发展，又要坚持自愿原则，决不要求一切人都一起参加。对于一时不愿意参加的人，决不勉强。不论已否参加人民公社，副食品都照常供应。我们一定要把生产和集体福利事业办好，充分显示集体生活的优越性，用事实来吸引他们。这样，我们的城市人民公社就一定能够办得很好，就能更加广泛地调动全市人民的积极性，在不断推动生产发展，保证实现继续跃进中，充分发挥城市人民公社这一崭新的组织形式的优越性和巨大作用。

为了实现今年的继续跃进，各级领导和广大干部必须坚持整风精神，不断改进领导作风和工作方法。必须肯定，自一九五八年整风以来，各级领导作风都有很大的改进和提高,这是基本的方面。但是,在当前飞跃发展的形势下,在某些部门、某些单位中,又开始出现会议多、文件多、报表多等现象。这些现象如果不及时改变,就有可能使领导脱离群众、脱离实际,妨害群众积极性、创造性的发挥,影响工作开展和生产跃进。因此,所有部门的领导干部一定要坚持整风精神,坚持深入生产实际,密切联系群众,到生产中去领导生产,到群众中去领导群众。干部种试验田、两参一改三结合、抓两头带中间等行之有效的办法,必须继续认真贯彻执行。市、区、县领导部门一定要精简不必要的会议、文件、报表,代之以生动活泼的工作作风和工作方法,帮助基层开展工作,做到抓紧、抓深、抓细、抓到底。在抓生产、抓工作的同时,还要注意抓生活,全面关心人,做到劳逸结合。必须继续贯彻执行勤俭建国、勤俭办企业、勤俭办一切事业的方针,反对铺张浪费,真正做到克勤克俭、精打细算,以同样的人力、物力、财力,创造出更大的经济效果。

各位代表,一九六〇年的形势是极好的,摆在我们面前的任务也是光荣和艰巨的。虽然在前进道路上还会遇到各种各样的困难,但是我们深信:只要认真学习毛泽东思想,用毛泽东思想指导各项工作,加强领导,充分发动群众,依靠群众,我们就一定能够不断战胜困难,不断取得成就,从胜利走向胜利。让我们全市人民在党和政府的领导下,一致团结起来,高举毛泽东思想的红旗,高举总路线、大跃进、人民公社的红旗,进一步掀起技术革命、文化革命的高潮,积极开展建立城市人民公社的各项实际工作,巩固和发展农村人民公社,为完成和超额完成今年本市国民经济计划,实现今年更好更全面的继续跃进,为尽快把我国建设成为一个具有高度发展的现代工业、现代农业和现代科学文化的伟大的社会主义国家而奋勇前进!

(《解放日报》1960 年 5 月 18 日)

上海市人委决定并经国务院批准
撤销吴淞和闵行两个行政区
市郊各县设置三十四个城镇

本报讯 为适应本市经济建设事业发展的需要,上海市人民委员会决定,经国务院批准,撤销吴淞、闵行两个行政区;原吴淞区的行政区域划归杨浦区、闵行区的行政区域划归徐汇区。

本报讯 为了贯彻执行党的以农业为基础、以工业为主导的发展国民经济的总方针，使郊区城镇设置适应国民经济发展的需要，上海市人民委员会决定，经报请国务院批准，在市郊各县设置三十四个城镇：上海县的龙华、莘庄、七宝、北新泾、漕河泾，嘉定县的城厢、安亭、南翔、真如，宝山县的城厢、罗店、大场、江湾、五角场，川沙县的城厢、高桥、杨思、洋泾，南汇县的惠南、新场、大团、周浦，奉贤县的南桥，松江县的城厢、枫泾、亭林、泗泾，金山县的朱泾、张堰，青浦县的城厢、朱家角、练塘和崇明县的城桥、堡镇。

（《解放日报》1964 年 6 月 18 日）

三、上海卫星城曲折发展时期 (1967年—1978年)

"文革"时期,国家缩短重工业战线、压缩城镇人口支援农业生产等政策实践,使得这一时期上海卫星城建设遭遇瓶颈,建设脚步放慢,可是卫星城作为城市发展模式始终被坚持。

1973年上海城市建设局革命委员会在编制城市规划时,着重指出"卫星城还要有计划的继续建设"。① 1975年国家建委工作组来上海进行调查,肯定了上海城市发展方针"市区抓改造,近郊抓配套,新建到远郊",肯定了上海发展闵行、吴泾、安亭等郊区小城镇的做法。② 1976年初,上海市革命委员会在讨论上海今后城市规划,提出"把工业改造和城市改造结合起来,充分利用,合理发展,市区抓改造,近郊搞配套,重点发展远郊,努力把上海渐成为一个综合性的先进的工业和科学技术基地",并指出在工业建设上应该首先利用原有卫星城镇加以发展。③

在规划的同时,上海的卫星城镇有新的发展。1971年国务院决定引进国外先进的成套石油化工化纤设备,1972年在金山卫围海造地,建设上海石油化工总厂。1977年冶金工业部决定建设一个大型钢铁基地,1978年在宝山建设上海宝山钢铁总厂。这两个大型企业的规划建设,预示着金山卫、吴淞—宝山两个卫星城的崛起。

---

① 《上海市城市建设局革命委员会关于城市规划资料的函》,上海市档案馆藏,档案号 B257 - 2 - 765 - 1。

② 《关于上海高速度发展生产,严格控制城市规模的调查》,上海市档案馆藏,档案号 B246 - 2 - 1405 - 19。

③ 《城市规划初步讨论情况》,上海市档案馆藏,档案号 B252 - 1 - 95 - 69。

金山卫卫星城

金山卫卫星城，是伴随上海石化总厂建设发展起来的。它位于上海市西南金山县南端的金山卫，距市中心人民广场72公里。

1971年，中共中央、国务院决定，引进国外先进成套石油化工化纤设备，在上海建设大型石油化工企业。6月，市城建局、市化工局、市纺织局等组成上海石油化工规划小组，进行上海石油化学工业现状调查和厂址选择。由市规划建筑设计院编制《上海石油化工新装置选址初步意见》，经对高桥、泥城、柘林、金山卫比选，推荐金山卫选址方案。上海市革命委员会工业交通组以此为基础，于1972年6月向中共上海市委提出《关于石油化工总厂厂址选择情况报告》。中共上海市委领导在实地考察、征求各方意见后，于同年6月18日定址金山卫。1973年11月，国务院批准选址方案。

由于上海石油化工总厂远离市区，因而在总体规划布局时，作为一个相对独立、配套功能相对齐全的社会小区统一安排。全厂分东西两片，西片为生产区，东片临海最佳地段为生活区。在生产区与生活区之间，设置一道南北长1 100米、东西宽264米的卫生防护林带，以过滤、净化生产区排放的有害气体，使生活区保持洁净的空气。生产区与生活区的建设，统一规划，分期实施。在生活区内，市政道路、商业网点、交通、邮电、文教、卫生、园林绿化等各项公建配套设施与住宅新村统一规划、建设。

（《上海城市规划志》，同上，第205—210页。）

吴淞—宝山卫星城

吴淞—宝山卫星城位于黄浦江口长江南岸，是上海市北翼的水上大门。吴淞镇和宝钢厂区分别距市中心的人民广场18和26公里。

1958年，上钢一厂进行原址扩建。为保证蕴藻浜以南上钢一厂等单位生产发展需要，逸仙路从大八寺(今大柏树)至长江路辟建复线、长江路至蕴藻浜大桥单向拓宽，并拓宽江杨南路、长江路等道路。同年9月，利用在建的2万吨合金钢厂基础,建设以生产合金钢为主的新厂,定名为上海第五钢铁厂。奠定了吴淞作为钢铁工业基地的基础。

1959年8月,市城市建设局规划设计院编制《吴淞—蕰藻浜总体规划》及规划图(图4-13)。工业用地安排在蕰藻浜以北、同济路以西、宝杨路以南、北泗塘以东和蕰藻浜以南、郝桥港以西、长江路以北、南泗塘以东范围内。蕰藻浜以南、逸仙路—军工路以东,为张华浜水陆联运码头。逸仙路西侧除上海钢管厂、大中华造纸厂外,均作为仓库用地。居住用地的安排,蕰藻浜南,以南泗塘以西的长江西路(辟筑时称张庙路)成街建设为中心,同时在长江西路以南建设另一个居住区;蕰藻浜以北利用吴淞镇改建扩建,并在江杨北路西或宝山城附近预留居住备用地。

在蕰藻浜两岸新建和扩建了上海第一钢铁厂、上海钢管厂、钢铁研究所、张华浜港区、外贸局张华浜仓库等14家企业,形成拥有6万余职工、占地500公顷以钢铁、港口为主的吴淞蕰藻浜工业区。1959年按规划建成商业、文化、教育设施配套的临街建筑群体——"张庙一条街",与闵行卫星城的"闵行一条街"齐名。它东起西新桥,西迄爱辉路,全长700米,路宽50米,沿街建筑总面积4.5万平方米。建有四层楼房9幢,五层楼房4幢,住宅底层布置商业建筑。插建低层招待所、餐馆、茶园,并建街心花园、假山、大片绿地、广场。埋设水管、下水道、煤气管,电话线、路灯线全部入地。全街建筑、道路、绿化工程近百天全部建成。

1977年,冶金工业部决定在沿海地区建设一个大型钢铁基地。经对上海、连云港、镇海等地综合比较,定址于上海。随后,在上海地区广泛搜集资料、实地考察比较,认为宝山月浦具备较好建设条件。1978年3月9日,国家计委、建委、经委、中共上海市委和冶金部将宝山月浦作为推荐厂址上报国务院。同月10日,经中共中央、国务院批准。工厂定名为宝山钢铁总厂。

(《上海城市规划志》,同上,第212—216页。)

上海师大地理系坚持科研为政治服务的方向
积极为金山建设工程作出贡献

本报讯 上海师范大学地理系河口海岸研究室,坚持科学研究为无产阶级政治服务,为工农兵服务的正确方向,积极承担在杭州湾北岸建造万吨级油轮码头的选址任务,为上海石油化工总厂建设工程作出了贡献。

这座为上海石油化工总厂输送原料的万吨级油轮码头,建造在工厂西面不远的杭州湾海边。两年前,这里还是一片悬崖峭壁,山崖下面浪涛汹涌。而今,一座同时可以停靠两艘万吨级油轮的码头矗立在海上,大量的原油将通过铺设在码头和陆地上的油管,源源不断地供应工厂生产的需要。

杭州湾是举世闻名的强潮海湾。有些人根据"洋框框",否定了在杭州湾北岸建造码头的任何尝试。师大地理系河口海岸研究室的同志,坚定地同工人阶级站在一起,与资产阶级的陈腐偏见和保守思想作斗争。他们运用毛主席的哲学思想,对杭州湾的自然条件进行了深入地仔细地分析。他们发现,正如毛主席所指出的,事物总是一分为二的,一向被看作是对建港不利因素的急流和大浪,同时也是造成杭州湾水位较深的两个重要动力因素,而水位深正是建造万吨级油轮码头的一个必要条件。过去,有些人用资产阶级形而上学的观点看问题,只看到不利因素,看不到有利因素。此外,事物除了有它的一般规律,还有它的特殊规律;除了整体,还有局部。就杭州湾的整体来说,流急浪大,但是在某一局部也存在着流速和风浪较小的地区。而且,潮流的流速是周期性地变化着的,最大的流速通常只有一个小时左右的时间。因此,只要善于利用潮流运动的规律,选择适当的时间和地点靠船停泊,就可以有效地削弱以至避免不利因素带来的影响。通过具体分析,他们初步得出结论:在杭州湾北岸建造码头是可能的。

为了彻底冲破资产阶级的"洋框框",亲手取得大量第一手水文测验资料,充分掌握在杭州湾北岸建港的科学依据,师大地理系河口海岸研究室的十多个教师和工农兵学员,在系党总支副书记、工宣队员沈荣福带领下,协同交通部第三航务工程局,多次到杭州湾现场,乘着沿海渔民的机帆船,进行实地调查。去年二月,一天,气象台预报海上将出现历史上少见的大潮汛,他们为了取得可靠的科学数据,"明知山有虎,偏向虎山行",在数九寒冬,冒着风雨驾船出海。茫茫大海上,风大、雨大、浪也大,小渔船不停地颠簸,绝大部分同志都晕船呕吐了。瓢泼似的大雨打湿了他们身上穿的衣服,从雨衣、棉衣直到内衣。他们在十分艰难的情况下,坚持在海上工作了三十多个小时,一次又一次冒着危险探出船舷去,运用仪器准确地记录下观测的数据。在这同时,他们并且虚心向有经验的老渔民请教,还查阅了近百年来收藏的历史资料,又进行了大量的分析计算工作。经过一年多时间的辛勤劳动,反复调查研究,几次修改方案,终于胜利完成了码头选址任务,为施工单位提供了可靠的科学数据,打赢了在杭州湾北岸建港的第一仗。

(《解放日报》1975 年 8 月 9 日)

前进啊，金山工程！

——记上海石油化工总厂建设新事

一九七四年一月一日，在东海之滨的金山海滩上，建筑工人冒着凛冽的寒风，胸怀朝阳，细心地抹去了洒在钢筋水泥桩上的雪花，把上海石油化工总厂的第一根基础桩高高竖起，以无比英雄豪迈的气概，打响了第一锤！

"嘭！"响亮的锤声呵，震撼了金山工地，召来了千军万马的建设大军，揭开了金山工程大会战的序幕。

金山工程的第一锤就定下了一个高音符，预示着金山工程向着高速度、高质量、高水平猛进。

从打下第一根基础桩迄今，在一年半时间里，建筑工人在这一片近万亩的海滩上，打下了八千根基础桩，为我们社会主义祖国的一项宏伟工程，打下了坚实的基础。就在这个基础上，高楼耸立，建筑物成群，塔罐林立，地下管道纵横通向大海，一座现代化的石油化工城已初具规模，在东海之滨巍然屹立。

过去的岁月，人们在海堤上，远眺大海，在瑰丽的彩霞中，忽然出现了海市蜃楼的奇景。那毕竟是"海市蜃楼"，眨眼之间就隐去了，留下的只有对美好未来的憧憬。如今，你站在海堤上，极目远望，衬托着波涛起伏的大海，恰是一座实实在在的石油化工城。一年半以前，这里还是一片水汪汪、白茫茫的海滩，奇迹般地冒出了一座城，一眨眼一个样，日长夜大。这不是神话，不是"海市蜃楼"，这是中国工人阶级在文化大革命中，在批林批孔的斗争中，在学习无产阶级专政理论的运动中，创造出来的奇迹！

上海石油化工总厂，包括了六个生产厂，四个辅助厂，一座停靠万吨油轮的码头，一条铁路专用线，一座黄浦江大桥，还有工人生活区、商店、学校、医院。这项工程的建成，可以解决一亿人的穿衣问题。这是伟大领袖毛主席对八亿人民的亲切关怀，这是毛主席、党中央交给上海工人阶级和上海全市人民的光荣任务。

"我们决不辜负毛主席的期望！"建设上海石油化工总厂的消息传来，上海工人和郊区贫下中农群情振奋，纷纷报名，要求参加工程的建设："为金山工程挑一担土，砌一块砖，制造一颗螺丝钉，也是幸福的！"

整个工程需占地近万亩。筹建人员和设计人员说："建设石油化工总厂是贯彻执行毛主席关于'广积粮'指示的一项工程,我们决不能为了建造这样大的工厂而占用大量农田。"他们踏遍黄浦江两岸,最后选定了金山的一片海滩。这儿,潮来水滔滔,潮去白茫茫。设计人员顶着台风,踩着海浪,取得第一手的水文地质资料。农田是占用得极少了,工程建设的困难可就增大了。困难再大,工程建设的速度不能慢;困难再大,工程建设的质量不能降低。金山工程从选定地点,迈出第一步开始,就是从难从严,打的是一场高速度、高质量的硬仗。

金山工程的第一仗,是围海筑堤。

一九七二年十二月二十八日,由五万贫下中农和城建、交通、打桩工人组成的围海筑堤大军,一齐开赴海滩,在十七华里长的一条线上,摆开了阵势。一天之内,就建起一条小堤,挡住了潮水,保证大堤施工的顺利进行。

一下子集中五万大军,吃的,住的,怎么个安排? 有人说:"这是个好机会,向上级申请拨给一批建筑材料,建造一批临时工房。"五万人住的工房,就是一人一支毛竹,也得要五万支啊,那得要国家多少建筑材料,得花多少时间才能建造起来? 金山的贫下中农说:"毛主席决定把这么大的一个工厂造到我们家门口,我们金山贫下中农不出力,谁出力? 房子,我们让出来;灶头,我们让出来;饭菜,我们送!"一下子,靠近工地的六千多户贫下中农,让出了自己的客堂间,让出了卧房,让出了灶头。

那围堤的战斗场景,真是蔚为壮观啊! 五万大军,搬动六十万吨石块,挑起一百二十万方泥土,筑起一条长十七华里、高九米二、底宽十四米、顶宽四米的石头大堤。朔风凛冽,雨雪交加,他们大战三十二天,雨雪下了半个多月。海滩上,汽车开不进,几十万吨的石块运不进,他们用钢板焊成一只只平底船,把石块装在船上,用拖拉机拉着跑,叫做"陆地行舟"。五万大军,中午吃饭不回营地,五千多贫下中农就肩挑饭菜,手提热水瓶,浩浩荡荡地开进海滩。此情此景,不由得使人想起当年千百万贫下中农支援前线的动人情景。

围海筑堤这个前哨战的速战速决,为金山工程的大干快上创造了条件,也充分显示了贫下中农对金山工程的热情支援。可以看到,人们对金山工程是倾注了何等深厚的感情! 有一次,台风袭来,海滩上的几根吹泥管眼看要被大潮席卷而去。在这危急关头,人民解放军海军战士跳下了水,工人们跳下了水,堤岸上两个农村妇女,本来是帮助看管下水救险人们的衣服,她俩眼看台风夹着大潮来势凶猛,就把岸上的衣服安放好,也扑通扑通,一齐跳进水里……

金山工程呵! 人们为什么对它的感情这么深?

金山的海滩上,有着三十多年前帝国主义侵略者从这里登陆的脚印。金山工地的北面,跨过一条马路,就是金山县的老城。在这里,杀人塘,吊人树,侵略者留下的血迹斑斑的罪证,金山人民记忆犹新;阶级仇,民族恨,中国人民怎能忘记?!

金山工程的建设者们,到金山老城,接受一次阶级教育。批林批孔,斗志倍增,林彪要搞"克己复礼",复辟倒退,我们决不答应!

金山工程的建设者们,到金山老城,看一看吊人树,杀人塘。学习无产阶级专政理论,斗志更坚,搞清楚对资产阶级专政,是关系到不吃二遍苦、不受二茬罪的大事情。

用尽全力,加快金山工程建设的步伐,这就是为巩固无产阶级专政,铲除滋生资本主义土壤,创造强大的物质基础。

了解了金山工程建设者们这种崇高的精神境界,也就懂得了在金山工地的日日夜夜,为什么会涌现出这么许多动人的事迹。

隧道工人的一支小分队开进工地的时候,头顶蓝天,脚踏荒滩,住到金山县城里,每天往返需要三四个小时。不行,那会耽误工程建设的进度。他们从上海搞来了几节废旧的电车车厢,等潮水一退,运进海滩,砌起几个柱脚,把车厢往上一搁。工人们亲切地给它起了一个名字,叫"海潮新村"。

有一套装置是西安工人制造的,工地等用,但那里火车一时运不出,工厂的隔壁恰巧是个汽车运输队,听到了上海金山工程告急,立即派出最好的车子,最好的司机,由党支部书记带领,装上设备,就往上海进发。路上遇到洪水,他们赤脚下车,边探索,边引导车子前进。赶了七天七夜,到了上海郊区,车队特地停下来,把车子擦洗得干干净净,整整齐齐地通过上海市区,把设备及时送到工地。

建设码头用的打桩机有近五十米高,从造船厂运到金山,按常规应该把打桩机从打桩船上拆下来,但是,工人们一算,一拆一装,要花两个星期时间,不能这么干。于是,打桩船就装着高高矗立的打桩机,冒着颠覆的风险,出黄浦江,直奔波涛汹涌的大海,驶向杭州湾。

河南一支建筑队伍的司机,在运输大件时,驾驶室对装卸设备碍事误时,他们索性把驾驶室的顶棚割去,宁愿自己日晒雨淋,不愿耽误一分一秒。

"争分夺秒",金山工程的建设,用得着这四个字来概括。在这四个字中,包含着极其生动、丰富的内容。它反映了工人、贫下中农无坚不可摧的革命英雄气概,它表达了人民群众无高不可攀的无穷智慧。

那第一锤打的第一根基础桩,就是石油化工总厂发电厂的基础。这发电厂的烟囱高踞于石油化工城之上,它是我国第三只这样高的烟囱,也是用我国自己的新工艺建造的第一只一百五十米高的烟囱。按照过去苏修的工艺,造这样一只烟囱,得花一、二年时间。我们金山工程的烟囱呢? 只花了七十四天的时间。七十四天,这是什么样的速度? 过去,光是搭个脚手架,就得花四个月,一百二十天时间哪!可我们一〇七工程队的工人,不用脚手架,用的是无井架滑模液压顶升。这是高空建筑的新工艺。有了这个新工艺,加上一股子拼劲,烟囱就象长上了翅膀,一个劲儿地往天上飞啦!

烟囱飞到一百零三米高的那一天,正是施工队长唐玉龙带着全体战士正在紧张施工的时候,天气骤变,狂风卷着乌云,吹得人们睁不开眼,站不稳脚,暴风雨就要来临了。地面施工组的负责人打来紧急电话,叫他们立即停止施工,撤离现场。可是,平台上二百多公斤混凝土还没有浇完,雷雨一淋,就会全部报废。唐玉龙问大伙:"能这样撤下去吗?"全体战士齐声回答:"不,要抢在雷雨未到之前,把混凝土浇捣完毕!"

二十七位战士,顶着暴风,在一百零三米的高空,使出浑身的劲,拼命地干。一声响雷,暴雨倾盆。指挥部的领导同志也赶到现场,关心大家的安全,要大家马上撤下来。可是,工人们心里明白,如果此时此刻停止作业,会影响工程质量。他们只有一个心愿:"宁可自己担风险,决不让工程出危险!"他们背诵着毛主席"下定决心,不怕牺牲,排除万难,去争取胜利"的教导,坚持施工,同时采取紧急措施,保证工程质量不受雷雨影响。

这时,又一声响雷,金山变电所被雷击中,霎时供电中断。没有电,上下升降梯开动不起来。面对险情,战士们面不改色,继续战斗,直到把混凝土全部浇捣完毕,才从容不迫地一个扶着一个,从百米高空,沿着烟囱外边的消防扶梯鱼贯而下。雷雨一停,二十七个战士又立即冲上去战斗了。

正是有着这么一股劲,这么一股拼命精神,才能在短短七十四天里把胜利的红旗插上一百五十米的高空。

在地面上,一座座厂房的建设,也是"朝看是平地,日落已成楼"。腈纶厂的北纺丝车间,由于客观上的原因,工期拖后了足足四个月。工人们下定决心,打一场为社会主义祖国争得荣誉的争气仗:要用四十五天时间,拿下北纺丝车间三万四千平方米的土建任务。三万四千平方米的大车间,在上海数千个工厂中也是少见的。这么大的车间要在四十五天时间内完成土建任务,更是建筑史上没有过的。那真是一个与时间赛跑的激动人心的场面。机械施工工人和土建工人开展接力赛;砌墙的,扎钢筋的,浇混凝土的,各个工种交叉作业。各个工种,有一句共同的口号:

"绝不让社会主义列车在我们这里误点!"日日夜夜,你追我赶,一环扣一环。大车间一个劲地往上长,仅仅用四十天时间,这座巨型的车间就落成了。

在地下,且不说城建工人埋设的一千二百公里长的管道。单说隧道工人"打开隧道天灵盖,征服龙王显神威"的一次战斗,又是何等惊心动魄!

污水处理厂是专门处理生产过程中的污水的。污水净化后,通过海底四米以下的隧道出水口排放出去。造海底隧道出水口,通常是筑岛,把海水排干,然后用沉井,打开海底,接通隧道。但隧道工人为了争取时间,他们破除迷信,解放思想,决定用盾构往上顶,冲破海底,由下往上,打出一个出口来。

用盾构法打隧道,从上往下打,深钻千米,有过;在地底下,如蚯蚓钻洞,横行几十里,有过;从下往上打,没有过,找遍文献也没有。

"文献上没有的,我们把它写上去!"隧道工人有志气,敢把重担挑在肩。他们经过周密设计,精心研究,制定作战方案,最后党支部挑选了十九位同志,由党支部书记和施工队长带队,向海底进军,向"龙王"宣战。

一九七五年一月六日,正当并管破土出海的时候,突然发现井管一角有泥浆往下窜。在这紧要关头,当班组长汤四弟等几个同志马上冲上前去堵漏。不料,漏水的洞口被角钢挡住,堵不住。水,越漏越急,十分危险。英雄的隧道工人临危不惧,胆大心细,当场研究分析情况。他们分析:当时正是退潮时分,如果冒着漏水的地方顶上去,有可能化险为夷。决心一下,齐心奋战,冒着哗哗的流水,顶啊,顶啊,经过一个多小时的紧张战斗,终于从漏水的地方顶出海面,战胜"龙王",打破"天灵盖",出水口成功了。

工人群众以自己革命的胆略,高度的政治责任心,无穷的智慧,写下了隧道工程史上新的一页。金山工程是一场全国支援、全市动员的人民战争。五万会战大军,来自四面八方,为了一个共同的革命目标,以加快工程建设步伐为己任,自觉当主人,那真是"可上九天揽月,可下五洋捉鳖"。

工程在飞快地进行,设备源源不断地运进工地,其中有二百五十多件"超高、超重、超大"的大件设备,给运输工人出了一个难题。这些大家伙,最长的有六十米,竖起来,二十层楼高,最"胖"的直径六米多,最重的二百多吨。公路不能过桥,铁路没有建成,过海没有码头……

群众面前无困难,困难面前出英雄。解决这个难题的,是在上海这个现代化工业城市中难得找到的扎排工人。运输这些大件的不是火车,不是轮船,不是汽车,却是如同《闪闪的红星》中小冬子奔赴新的战斗岗位时乘坐的小小竹排那样的木排。这种木排,是扎排工人特制的,是南市区和川沙县扎排队的工人精心设计出来的。当初,扎排工人接到这个任务,个个动脑筋,人人出主意,他们凭着多年来斗风踩浪、走河渡江的经验,用粗大的双手,画出了一百五十多张草图,然后集中起来,设计了一种箱形木排。设计好后,他们又买来了一千双竹筷,扎成模型,又对河道、桥梁,进行实地勘察。于是乎,特制的木排,载着超高、超大、超重的庞然大物,上溯黄浦江,行经小小的张泾河,遇到桥洞挡住去路,把木排往下一压,乖乖地过去了,一路上,经过十九座桥,没有拆一座。那个景象,使那些小看中国人民革命志气的人,使那些崇洋迷外的人,惊得目瞪口呆,半天说不出话来。

大件运到,怎么把它一个个搬上岸去?"向国外买二百五十吨的汽车吊。"用不着,中国工人阶级有办法。解决这个难题的,是一家社办工厂的工人们。他们造了一个人字把杆,装在张泾河畔,二百多吨重的大家伙,从木排上轻轻的一抓就起来,又稳当,又安全。这个奇迹,使那些本来以为非买外国汽车吊不可的人,翘起了大拇指。

值得翘起大拇指的事还多着呢!

设备到了工地就要安装,整个工程需要安装的设备包括管道在内有二十多万吨,质量要高,速度要快,难度却很大。就说那裂解炉的装置吧,是由八百多根钢制梁柱拼装起来的,有二万多个接点,用螺丝连接。这样一座高达七层楼的巨型钢架大楼,从顶到底,不能倾斜一厘米。按照国外的技术资料规定,安装这么个大家伙,只能搭好脚手架,由下而上,一根根地安装,需要半年时间。能不能采用别的更好更快的办法呢?国外也曾有过,那就是在平地上分片安装,再竖起合拢。但是,在国外,这种办法,只有失败的教训,没有成功的经验。可是,我们的安装工人硬是要闯出一条自己的路子来。不用散装,不用片装,干脆来个整体吊装!

整体吊装,谈何容易!那是用八百多根钢梁柱连接起来的钢架大楼啊,怎么个整体吊装法?我们的安装工人不是莽干家,方向既定,他们就认真学习毛主席的光辉著作《实践论》、《矛盾论》,分析研究为什么散装能达到精确度,为什么片装会失败,整体吊装又会出现什么弊病。利弊得失,一一分析,不同的矛盾,用不同的方法解决。结果,整体吊装,一次成功,半年任务,两个月就完成了。检验证明:偏差不到半厘米。

你说奇不奇?说奇也不奇。路线对了头,就会全心全意地依靠工人群众,相信工人群众;工人群众认真学习无产阶级专政理论,一旦明白了自己肩负的历史使命,为了巩固无产阶级专政,反修防修,就会自觉地、坚定不移地向着共产主义的大目标迈进。所以，在他们面前，什么样的困难都能克服，什么样的人间奇迹都能创造出来！

在金山工地，日日夜夜，每时每刻，都有无数感人肺腑的事情在发生，无数新生事物在成长，无数的共产主义思想的火花在闪光。去年，批林批孔，促大干；今年，学习理论，劲更猛。真是革命向前进，面貌日日新呵！

在这里，基本建设中甲、乙、丙三方扯皮的陋规打破了，为了巩固无产阶级专政这个革命目标，还分什么你、我、他；

在这里，工人们劳动不计时间，不计报酬，工作不分工种；各级干部，常年累月，和工人群众跌、打、滚、爬在一起；设计、技术人员同工人一起战斗在现场；

在这里，一方有困难，八方来支援，说一声金山工程有困难，千百双手伸过来。市区的工厂工人到工地来参观，看到工程中有个难关，就把重担抢挑在肩……

金山工程离开点火试车的日子越来越近，工程进展的速度也越来越快，提前再提前。

海水厂是为生产提供冷却水的。一试车，一次就要供水七十万吨。这个水厂有两条海底取水管，长三千二百八十米，直径三点六米。按常规施工需要一年半时间，工程进展要求把施工时间压缩到半年，后来又压缩到三个月。九十天完成一年半任务，该有多少紧张啊。可工人们豪迈地说："学习理论鼓干劲，工期要提前，再提前！"今年六月十日，向大海进军，战斗一打响，就遇到了地下作业中最伤脑筋的流沙。工人们豪迈地说："头顶东海万顷浪，脚踏海底金沙江，胸怀着八亿人民，争分夺秒建水厂。"

胸怀八亿人民，心胸何等宽广！陈山码头是石油化工总厂的咽喉，油轮一到，就要把油送往油罐，然后输送到厂。今天，一座五万立方米的巨型油罐已经巍然挺立。这只储油罐，冶金安装大队的工人只花了十个月时间就完成了，比原计划缩短一个半月。当时有同志称赞说："你们抓得真紧！"工人们响亮地回答："是八亿人民要求我们抓紧！"

真不愧是肩负历史使命的国家主人的英雄气概！

工业锅炉厂的工人在这高温季节战球罐。这球罐，直径九米三。球外面，焊缝部分的温度是二百多度；球里面，人从一个直径四十厘米的口子爬进去，里面的气温高达五十三度。工人们日夜战斗，没叫一声苦。

彭浦机器厂工人攻的是大型球罐。这球罐直径十六点三米。他们敢想敢做，走的是自己的工艺路线，焊出了一个"争气球"。就在大战"争气球"的日子里，一个青年女工的眼睛被砸伤了。当战友们慰问她时,这位青年女工说:"一只眼睛瞎了也不要紧,我还要继续参加金山工程的战斗!"

金山工程,紧紧沿着毛主席的革命路线前进。在这里,多少英雄在诞生!

今天,去年一月一日打下第一根基础桩的发电厂的发电机,已经运转发电了;黄浦江上的第一座大桥的铁路钢轨已经接通了;空分装置,已经出气了;离总厂二十多公里的陈山,一座外岛式的新型码头,已经屹立在波涛滚滚的杭州湾口。

一九七五年七月二十九日,一艘万吨油轮,满载大庆原油,停靠陈山码头,正式开始输油了。

前进啊,金山工程!

(《解放日报》1975 年 8 月 22 日)

众 志 成 城
——从金山工程三谈加快社会主义建设步伐
严 平

围海筑堤,是金山工程的第一仗。一支以贫下中农为主体的五万围堤大军,脚踏海滩,头顶蓝天,战风雪,斗严寒,在十七华里的战线上,争分夺秒,大干苦干。他们以"愚公能移山,我们就能拼龙王"的英雄气概,在短短三十二天时间内,就在海滩上筑起了一百二十万土方的大围堤,向大海夺回万亩石油化工城的基地。真是:众志冲霄汉,"龙"盘石化城!

围海筑堤不过是金山工程的一个序幕。然而,这个壮丽动人的序幕一拉开,千军万马战金山的宏伟场面就扣人心弦,显示了社会主义建设大搞群众运动的巨大威力。

历史是群众创造的。我们从事的社会主义革命和社会主义建设事业,就得靠千百万人民群众来创造。充分发动群众,依靠群众,把千百万群众组织起来,发挥他们的革命积极性和创造精神,这正是我们取得社会主义革命和建设胜利的最深厚的力量源泉。金山工程五万围堤大军一到海滩,如果单靠国家解决吃住问题,那得花多少力量和时间呀!但是,把工程的政治和经济意义一宣传,一发动附近的贫下中农,立即就有六千多户贫下中农腾出自己的住房、灶头,并主动为围堤大军送中午饭菜。这样,五万围堤大军的吃住问题,在不多拖延一天工期的情况下就顺利解决了。这不禁使人想起战争年代千百万贫下中农车轮滚滚、支援前线的动人情景。确实是众志能成城。过去,我们依靠千百万群众推倒三座大山,夺得革命政权;今天,我们又依靠千百万群众建设社会主义,巩固无产阶级专政。

早在十七年前,毛主席就曾经深刻指出:"什么工作都要搞群众运动,没有群众运动是不行的。""我们还有一些同志不愿意在工业方面搞大规模的群众运动,他们把在工业战线上搞群众运动,说成是'不正规',贬之为'农村作风'、'游击习气'。这显然是不对的。"

我们历来主张干革命搞建设,都要依靠人民群众,大家动手,坚持群众路线,反对只靠少数人冷冷清清地做工作。人是生产力中最重要的因素。社会主义制度的优越性要通过人的活动才能发挥出来。在资本主义国家,广大工农群众处在被剥削被压迫的地位,办事情只能是靠少数人。而在无产阶级专政条件下,工农大众是国家和企业的主人,他们对于搞社会主义革命和建设,有着极大的积极性和强烈的主人翁责任感。所以,我们搞社会主义建设,要争取时间,就一定要依靠群众,把一切社会主义积极因素统统调动起来,打一场人民战争。众人拾柴火焰高。广大群众的积极性调动起来了,人多热气高,干劲大,许多事情领导没有想到的,群众想到了;许多工程靠一方面的力量搞不成的,通过大家动手就搞好了,搞快了。金山工程围堤之战旗开得胜,不正雄辩地说明了这一点吗?

社会主义建设总路线要求我们鼓足干劲,力争上游。这个鼓足干劲,就是要鼓足千百万人民群众的干劲;这个力争上游,就是要动员千百万群众去力争创造物质财富和精神财富的上游,从而达到"多快好省地建设社会主义"的目的。但是,怎样才能调动广大群众的积极性?请看,金山工程五万围堤大军的吃大苦,耐大劳,艰苦奋战,靠的不是物质刺激;六千户贫下中农让住房,腾灶头,送饭菜,靠的不是金钱挂帅。而是一个共同的目标——用尽全力加快社会主义建设步伐,为巩固无产阶级专政、铲除滋生资本主义土壤创造强大的物质基础,把成千上万工农群众紧紧地团结在一起,并肩战斗,排除万难,无攻不克,无坚不摧。

众志成城。我们要依靠千百万人民群众为在本世纪内把我国建设成为社会主义的现代化强国的雄心壮志,去夺取成千上万、大大小小各项社会主义建设工作的胜利,为巩固无产阶级专政筑起强大的钢铁长城!

(《解放日报》1975 年 8 月 24 日)

在毛主席无产阶级革命路线指引下
上海石油化工总厂建设工程进展又快又好

主要经验：在上海市委统一领导下，坚持无产阶级政治挂帅，大搞群众运动，调动各方面的积极性，千军万马进行大协作、大会战；运用毛主席的军事思想，集中力量打歼灭战；坚持独立自主、自力更生的方针；切实加强党的一元化领导，要有一个坚强有力的现场指挥班子。

新华社上海一九七五年八月二十八日讯　在毛主席无产阶级革命路线指引下，上海工人阶级正在东海之滨、上海市金山县的海滩上，高速度地兴建一个现代化的石油化工基地——上海石油化工总厂。

这里原是一片海滩，如今塔罐林立，管道纵横，建筑成群，生气勃勃。一九七二年十二月，广大职工和贫下中农利用冬季低潮位时期，围海筑堤，夺地万亩。从一九七四年元旦上海石油化工总厂建设工程打下第一根基础桩起，在短短一年半时间内，总厂的六个生产厂和四个辅助厂中有八个厂的土建工程基本完成，为总厂服务的配套工程铁路支线、黄浦江大桥、专用卸油码头、污水排放管道以及一批职工宿舍、医院、商店等生活福利设施也先后建成。

这个化工总厂是上海解放以来最大的一个建设项目，它是以石油为原料，生产多种合成纤维的大型联合企业。

金山工程的建设者们，在中共上海市委的领导下，坚持以党的基本路线为纲，贯彻执行社会主义建设总路线和集中力量打歼灭战的方针，使工程进行得又快又好，为我国建设大型企业提供了新的经验。他们的主要经验是：

第一，在中共上海市委统一领导下，坚持无产阶级政治挂帅，大搞群众运动，调动各方面的积极性，千军万马进行大协作、大会战。

从工程筹建开始，全市进行了广泛的政治动员，大讲这项工程建设的重大政治意义和经济意义。各行各业广大职工斗志昂扬，纷纷表示一定要把金山工程迅速建设好。全市工、农、商、学、兵，都争先报名上阵。建设大军浩浩荡荡开到金山工地。

金山工程规模大，技术要求高。上海市委充分调动全市各行各业的力量，实行"统一领导，对口包建"的办法。根据国家对金山工程确定的规模、总体设计和工程进度的要求,分别由有关工业局实行对口包建。承担包建任务的单位,从筹建、施工设计、配备领导班子、培训技术力量、生产准备工作,直到建成投产,一包到底。全市各行各业都动员起来,开展社会主义大协作,收到了多快好省的效果。

金山工程还得到全国许多省、市的大力支援。他们为金山工程送来了技术力量,赶制了设备,送来了材料。

第二,运用毛主席的军事思想,集中力量打歼灭战。

围海筑堤,夺地万亩,是一场成功的歼灭战。五万贫下中农象革命战争年代随军作战的民兵那样,自带工具和箩筐参加围海筑堤的战斗。他们战风雪,斗严寒,只用三十二天时间,就突击完成了一百二十万土方的工程,筑起了八点四公里的长堤。

要作到集中力量打歼灭战,必须大家胸中有全局。在施工过程中,金山工程现场指挥部及时组织职工学习毛主席关于集中力量打歼灭战的方针,批判本位主义,树立了想全局、为全局、保全局的思想,广大干部和群众对整个工程建设作了分析,从工程总进度的需要出发,确定作战部署,做到确保重点。因此各个施工单位都围绕着统一的奋斗目标,排进度,订计划,分清轻重缓急,做到该上的大上,可缓上的不争先。这样突出重点,保证了一个战役一个战役地打好歼灭战。

上海市建工局承担的土建、安装任务很重。他们根据轻重缓急确定了施工部署,集中力量打歼灭战,在不到一年的时间中,完成了按常规要增加三倍施工力量才能完成的任务。

"分工虽不同,都是主人翁。"广大职工在会战中,心往一处想,劲往一处使,消除了过去筹建、施工、设计有时三足鼎立,互相扯皮的现象,主动抢重担,讲风格。一个单位会战出现了困难,许多单位打破分工界限,全力支援。总厂的化工二厂要安装四套外国装置和三套国内装置,任务很重。大家都抢困难,让方便,协同作战,使建设速度大大加快,土建、安装的时间分别缩短了三个月到半年。

第三,坚持独立自主、自力更生的方针。

上海石油化工总厂有一部分生产装置是从国外引进的。在建设过程中,广大工人、干部和技术人员反复学习了毛主席的教导:"自力更生为主,争取外援为辅,破除迷信,独立自主地干工业、干农业,干技术革命和文化革命,打倒奴隶思想,埋葬教条主义,认真学习外国的好经验,也一定研究外国的坏经验——引以为戒,这就是我们的路线。"批判了洋奴哲学、爬行主义。通过学习,广大职工认识到:引进外国技术的目的是为了加快我们的建设速度,增强我们自力更生的能力。他们说:

"外国的先进技术我们可以引进一些,但建设社会主义还得要靠我们自己。"他们坚持做到凡是有条件、经过努力自己可以做到的就坚决自己干。引进装置的土建设计、施工和安装,全部由国内承担,从而掌握了工程建设的主动权。

从国外引进的乙烯装置的裂解炉框架有七层楼高,它由八百多根钢制柱梁拼装起来,有两万多个接点,都用螺丝连接,从底部到顶点要求垂直度不能倾斜一厘米,按照国外技术要求,必须搭好脚手架,由下而上一根根地安装,需时六个月。安装工人根据自己的经验,采用整体吊装方法,把原来在高空作业的大量工作,改在平地上进行,既保证质量,节约时间,又安全。两个月就完成了任务,经过检验,质量良好。偏差还不到规定的一半。

工人们说:"外国的好经验我们要学,自己的好经验决不能丢。"金山工程有一批球罐,全部由我们自己安装焊接。球罐的焊接技术要求比较高,在国外要由技术全面的所谓"神仙焊工"才能焊。上海市有关领导部门在工地集中一批焊工,打了一场焊接球罐的人民战争。许多青年工人,虽然过去连球罐的样子都没有看到过,但他们勇敢地接受了任务,虚心学习,刻苦钻研,很快掌握了技术,焊接质量完全符合要求。

第四,切实加强党的一元化领导,要有一个坚强有力的现场指挥班子。

上海市委对金山工程十分重视,工程建设中的方针政策和建厂的指导思想、总体规划、作战部署等重大问题,市委都认真讨论,还多次在工程现场召开市委常委会议,及时研究解决金山建设中的关键问题。

金山工程现场领导班子,在上海市委的领导下,在头绪多、任务重的情况下注意坚持无产阶级政治挂帅,抓路线,抓政治思想工作。他们在全工地广泛深入开展工业学大庆的群众运动,自始至终把批林批孔和学习无产阶级专政理论作为头等大事来抓,通过大学习、大批判,不断肃清修正主义路线的影响,把广大群众的社会主义积极性进一步调动了起来。金山工程的生产装置中有三百多件"超重、超长、超大"设备,其中最重的二百多吨,最长的六十米,最粗的直径六米六。怎么运到工地? 用汽车、火车、船舶运输,都有困难。南市区和川沙县的扎排工人采用特制的木排把设备安全地运到了工地。上海起重热加工厂、静安区起重队和川沙县高桥公社高南农机厂的工人、技术人员共同设计制造了一种人字形的土把杆,把大件轻轻一抓就抓起来了。土设备解决了大问题。

金山工地各级领导班子敢于领导,敢于负责,敢于同错误倾向作斗争。他们深入群众调查研究,抓典型,树先进。在工程建设初期,他们表扬了以艰苦为荣,用七节旧车厢作工房,大战海滩的隧道工人,发扬他们吃大苦、耐大劳的革命精神;在施工高潮中,又表扬了建筑工人不怕困难,采用新工艺,高速度造起一百五十米烟囱的先进事迹,发扬他们勇攀技术高峰,越是艰险越向前的革命精神。在学习无产阶级专政理论运动中,总厂的化工二厂筹建领导小组主动联系实际,揭露了那种宽打宽用的错误思想,并举办了"学理论,讲路线,增产节约展览会"主动把积压的价值一百二十多万元的各种设备调拨给兄弟单位使用。工程现场指挥部就及时召开了现场会,推广化工二厂的经验,发动群众在全工地批判大手大脚、本位主义等思想,促进了广大干部正确处理局部与全局的关系,对集中优势兵力打歼灭战起了良好作用。

工程建设现场的各级领导成员,日日夜夜和群众滚打在一起,那里有矛盾,那里有困难,干部就在那里出现。许多干部真正做到工人身上有多少汗水,他们自己身上也有多少汗水;工人身上有多少泥巴,他们自己身上就有多少泥巴,受到了工人的赞扬。

最近,国务院在金山工地召开了现场会议,总结和推广了上海石油化工总厂建设工程的经验。金山工程的广大建设者受到了很大鼓舞,他们决心戒骄戒躁,再接再厉,高速度、高质量、高水平地把整个工程建设好,为祖国社会主义革命和社会主义建设作出贡献。

(《解放日报》1975年8月29日)

把上海建成社会主义的现代化城市

上海市基本建设委员会主任　鲁纪华

建国以来,在毛主席的革命路线指引下,上海工人阶级和广大人民群众艰苦奋斗,勤俭建国,把上海建设成为一个生气勃勃、欣欣向荣的先进的工业城市和科学技术基地,为我国的社会主义革命和建设作出了贡献。但是,在"四害"横行的一个时期,上海的城市建设和管理受到了极大的破坏。

一年来,在华主席抓纲治国战略决策的指引下,在中共上海市委领导和关怀下,在全市广大人民群众的支持下,大干市政、公用事业,大治城市管理,大搞城市建设,已经初见成效。

针对"四人帮"破坏城市规划,破坏城市管理造成的严重后果,一年来,我们对上海工业布局、道路交通、住宅建设、市政公用设施、环境保护等方面的现状,作了一些调查研究,提出了上海城市规划的初步设想。城市管理也正在不断改进和加强,整顿马路、整顿交通、整顿市容的工作取得了初步成绩,使市区二百三十条主要干道已经畅通,市容面貌有所改善。针对"四人帮"破坏住宅建设的情况,一年来,我们狠抓了住宅建设和房屋修理,今年交付使用七十万平方米住宅的计划可以完成,房屋大修比去年增长百分之二十二。针对"四人帮"破坏公用事业,造成供求矛盾十分突出的情况,一年来,我们努力提高服务质量,扩大服务面。公共交通学习北京公交工人全心全意为人民服务的革命精神,大张旗鼓地推广十九路车队"人民交通为人民,鉴定来自工农兵"的先进经验,出现了一批先进车队,服务质量有所提高。自来水和煤气的供应情况也有改善,减少了用水低压区,增加了民用煤气新用户。针对"四人帮"破坏环境保护的情况,一年来,我们集中力量抓了重点污源的治理。园林绿化工作也有进展,新辟了许多街头绿地,还发动群众战胜台风灾害,救活了数以万计的行道树。

我们一定要在中共上海市委、市革委会的领导下,依靠全市人民群众的努力,把城市建设和管理工作切切实实地作好;把上海建设成为一个规划布局合理,公害基本消除,公用事业适应,市政设施配套,居住条件显著改善,道路畅通,交通便捷,市容整洁,绿树成荫的社会主义的现代化城市。当前,我们着重抓好以下几项工作:

一、抓好城市的规划。全市要有总体规划,也要有分区的规划,以至每条道路都要有具体规划。根据上海城市规模已经过大,不宜再扩大市区规模的实际情况,今后要加速建设郊区特别是远郊工业城镇,逐步做到工业城镇星罗棋布,和市区互相配合,形成一个有机整体。今后新建工厂,一般都应建在工业城镇和新工业区。同时,还要积极开辟新工业区。

二、抓好城市的管理。各项建设,都要在统一规划下进行。目前正在开展的整顿马路、交通、市容的工作,要依靠各区委、街道党委和各个工厂企业党委加强领导,发动群众一齐动手,继续抓好,使市区主要道路都能畅通。

三、要把有关方面的力量组织起来,加快住宅建设的步伐。不但要确保数量,还要确保质量。

四、大力加强公用事业的建设。公共交通和过江轮渡要在现有基础上,进一步提高服务质量。要千方百计扩大煤气气源,积极发展新用户。自来水要加强管理,做到计划用水,节约用水。

五、大力抓好市政设施。要采取切实措施,使上海市区的道路交通,在近几年内,就要有一个较大的变化,逐步形成一个交通便捷,通行能力较大的道路网。对城市排水系统要加速建设,提高排水能力。

六、大力治理"三废",保护城市环境。

当前,国民经济正在日新月异、突飞猛进地向前发展,我们有决心、有信心,把上海的城市建设和管理搞得更好,跟上这个飞跃发展的形势。

（《解放日报》1977年12月30日）

为掌握、运用和发展国外引进的先进技术
上海石化总厂成立研究院

本报讯 十一月二十八日,上海石油化工总厂正式成立研究院。

上海石油化工总厂是一个大型的综合性石油化工化纤联合企业,大部分生产装置是从国外引进的。在炼油、化工、化纤、环境保护、防腐蚀、自动化控制、计量技术等方面有繁重的科研任务,急需在老老实实学习的同时,建立专业的机构进行科学研究,以掌握、运用和不断发展引进的先进技术。为此,中共上海市委和纺织工业部在去年批准了研究院的基建项目。目前图书馆、资料室、办公楼等都已建成,试验大楼及测试室也即将竣工。

二十八日,研究院举行成立大会。会上,上海石油化工总厂领导同志提出了研究院科研工作的主攻方向。

为了充实科研手段,加强科研的基础工作,研究院正在筹建一个技术资料和书刊比较丰富的中心科技图书馆,建立高水平的分析测试室,培养一批专业的分析技术人才,创造较好的试验条件,促进科研工作的顺利进展。

研究院还将建立学术委员会和各种专业学术小组,广泛开展学术活动,同时聘请专家、研究员、教授来院指导专题研究,带研究生,提高科技人员的水平。

（本报通讯员）

（《解放日报》1978年11月30日）

索 引

说明：本索引按词目首字笔画排序，首字笔画相同的，按第二字笔画排序，以此类推。

后　记

2013 年初,我们决定进行新中国卫星城建设课题的研究。时光如梭,两年转瞬而过,两卷本的《上海卫星城规划》资料集,数易其稿,终于付梓成书。

此书按编年体例,对《申报》、《民国日报》、《解放日报》、《文汇报》、《新民晚报》以及其他期刊杂志、地方志网站中有关上海卫星城规划的资料进行了详细整理,勾画和再现了上海卫星城的决策历程。

作为上海卫星城研究课题的阶段性成果,该资料集凝聚着研究团队集体的心血。忻平教授总揽全局,吴静老师具体负责,对资料集的编写进行了精心周密的部署与规划;在资料收集整理和校对过程中,包树芳、周升起、夏宣、许欢、王雪冰、李如璐、闫艺平等均做了大量的工作,付出了艰辛的努力;包树芳、张坤、鄢进波、潘婷等也提出了一系列建设性的意见,在此对他们表示衷心的感谢。这一研究是愉快的、令人难以忘记的,在合作过程中,我们积累了学识,增进了友谊,培养形成了良好的责任意识和团队意识。

上海市图书馆、上海市档案馆、解放日报社、上海大学宝山校区图书馆、上海大学嘉定校区联合图书馆、上海大学出版社等单位及其工作人员在本书的资料收集和出版方面提供了很大的帮助,谨此一并深表谢忱。

鉴于上海卫星城的资料卷帙浩繁,时间仓促,加之编者学识粗浅,能力有限,本资料集难免会有些许不足之处,烦请各位专家学者多多批评指正。

在今后的科研工作中,我们将继续秉承“不让历史湮没,不容青史成灰”、实事求是的史学研究态度,不懈努力,使卫星城的研究逐步走向深入,在这一过程中,真切的欢迎更多的专家学者参与进来,共同探讨,批评指正。